Für den **interessierten Leser** wird unter folgendem QR-Code ein Anhang mit vertiefenden Betrachtungen der im Text aufgebrachten mathematischen und physikalischen Grundlagen zu Künstlicher Intelligenz bereitgestellt.

Philosophische Praxis 6

Paul A. Truttmann

Künstliche Künstler

Kann Künstliche Intelligenz der Materie Geist einhauchen?

ACADEMIA

Die Deutsche Nationalbibliothek verzeichnet diese Publikation in der Deutschen Nationalbibliografie; detaillierte bibliografische Daten sind im Internet über http://dnb.d-nb.de abrufbar.

ISBN 978-3-89665-968-2 (Print)
ISBN 978-3-89665-969-9 (ePDF)

Onlineversion
Nomos eLibrary

1. Auflage 2021

Besuchen Sie uns im Internet
www.academia-verlag.de

Inhaltsübersicht

Teil I:	Grundlagen	13
1	Die Provokation Künstliche Intelligenz	13
2	Grundbegriffe: Kreativität, KI	30
3	Indeterminismus und Emergenz	44
Teil II:	Der Geist im Körper	90
4	Ein lernendes Wesen	92
5	Ein bewertendes Wesen	108
6	Ein denkendes Wesen	128
7	Ein tauschendes Wesen	149
8	Ein gebrechliches Wesen	190
Dank		218
Literaturliste		221
Abbildungsverzeichnis		231
Register		235

Inhaltsverzeichnis

Teil I: Grundlagen 13

1 Die Provokation Künstliche Intelligenz 13

1.1 Was ist eigentlich das spezifisch Menschliche? 13

1.2 Das Verhältnis von Geist und Materie experimentell erkunden? 14

1.2.1 Sind Information und Materie äquivalent? 14

1.2.2 Ist Information beschränkt? 15

1.3 Was Sie erwarten dürfen 15

1.3.1 Die Struktur des Textes 15

1.3.2 Die Anhänge: formale Beschreibung 16

1.3.3 Die Metapher des Tunnels 17

1.3.4 Zwei Ebenen und der dünne Faden 18

1.3.5 Die Metapher des Containers 18

1.3.6 Die Metapher des «Als ob» 19

1.3.7 Achilles und die Schildkröte 19

1.4 Fünf Schulen künstlicher Intelligenz 21

1.4.1 Der rationale Agent 22

1.4.2 Erste Schule: Regeln einprogrammieren 22

1.4.3 KNN und zusätzliche Schulen 23

Wahrscheinlichkeits-Strategie 23

Analogie-Strategie 24

Evolutionäre Strategie 25

1.5 Das Vorgehen und die Hypothesen 25

1.5.1 Haupthypothesen 25

1.5.2 Das methodische Vorgehen 27

1.6 Was Sie nicht erwarten dürfen 28

1.6.1 Keine Phänomenologie 28

1.6.2 Kein Kunstsachverstand 28

1.6.3 Keine theoretische Biologie 29

1.6.4 Keine strenge Begrifflichkeit 29

2 Grundbegriffe: Kreativität, KI 30

2.1 Kreativität 30
2.1.1 Der Schreiner – Ihr Macher 30
2.1.2 Den Mut haben, zufrieden zu sein 31
2.1.3 Offene Fragen 31
2.1.4 Schönheit und Ästhetik 33

2.2 Künstliche Intelligenz 34
2.2.1 Gehirn-ähnliche Programme 34
2.2.2 Neuronale Netzwerke 35
2.2.3 GANs 36
2.2.4 Leistungsfähige Rechner 37
2.2.5 Moore'sches Gesetz 37
2.2.6 Parallel geschaltete Prozessoren 38
2.2.7 Big Data 39
Der Mensch als Datenproduzent 39
Kognifizierte Dinge als Datensammler 40
Automatische Verarbeitung 40

2.3 Drei grosse Aber 40
2.3.1 Der technische Nachbau ist primitiv 40
2.3.2 Probleme mit den Repräsentationen 41
Putnams Gedankenexperimente 41
2.3.3 Die Emulation komplexer Systeme 42
Gehirn im Tank 42

3 Indeterminismus und Emergenz 44

3.1 Mangelnde Vorhersagbarkeit 44
3.1.1 Künstliche Neuronale Netze (KNN) 45
3.1.2 Ein Computer kennt eigentlich keine Freiheiten 47
Das System kann uns überraschen 47
3.1.3 Gewisse Programme trainieren sich selbst 49

3.2 Bieri-Trilemma 49
3.2.1 Magnetpendel als komplexes System 51
Laplace'scher Dämon 53
3.2.2 Schmetterlingseffekt: Zahl-Genauigkeit 57

3.3 Emergenz beim Magnetpendel 58
3.3.1 Zwei Ebenen: System und Output 58
3.3.2 Reduktion: die Leiter abwärts steigen 60

3.3.3 Kreativität 61
3.3.4 Hypothese 62

3.4 Weitere komplexe Systeme 62
3.4.1 Mandelbrot-Menge 62
Komplexität: Eine einfache Regel oft anwenden 65
3.4.2 Populationsdynamik 66
Informationsfluss und mathematische Beschreibung 68
3.4.3 Zusammenfassung 71

3.5 Begründungen des Indeterminismus 73
3.5.1 Indeterminismus und Freiheit 73
Handlungsfreiheit 73
Willensfreiheit 74
3.5.2 Chaotische Natur des Systems 75
3.5.3 Quantennatur des Systems 76
3.5.4 Fazit für den Menschen 79
3.5.5 Der Reduktion entgeht die Komplexität 80
3.5.6 Philosophischer Zwischenhalt 81
Virtuelle Zwischen-Welt 81
Geist im Laufe der Geschichte der Philosophie 83
3.5.7 Eine neue Denkweise 84
Präexistente Gesetze? 84
Auch Kräfte sind eine Folge der Raumstruktur 86

Teil II: Der Geist im Körper 90

4 Ein lernendes Wesen 92

4.1 Lernstrategien im Lauf der Evolution 92

4.2 Das Lernen der Menschen 92

4.3 Was Roboter besser können 94
4.3.1 Massive Leistungszunahme und -grenzen der Computer 94

4.4 Können Roboter Gesetze lernen? 94

4.5 NETtalk und überwachtes Lernen 95
4.5.1 Kann jemand, der dumm wie ein Esel ist, doch richtig sprechen? 95
4.5.2 Das Netzwerk trennt Vokale von Konsonanten 98

4.6 Klassifizieren: SVM 100

4.7 Der Tunnelblick wird erweitert 102
Ein Meilenstein auf dem Weg zum Fortschritt: Erweiterung der Sinnesorgane 103
4.8 Schlussfolgerungen 104
4.8.1 Das Lernen des Menschen wird erweitert 104
4.8.2 Ein Computer identifiziert Kategorien 105
4.8.3 Roboter sind intelligent – auf einer tiefen Stufe 105
4.8.4 Lernen ist nicht gleich Lernen 106

5 Ein bewertendes Wesen 108
5.1 Konzept der basalen Emotion 109
5.2 Elman-Netz: rückgekoppeltes KNN 110
5.3 Körpersteuerung und Merkmalsraum 111
5.4 Kategorien und Gesetze (Kognitive Fähigkeiten) 113
5.5 Rückmeldungen des Körpers 119
5.5.1 Bewusst oder unbewusst? 119
5.5.2 Frei oder unfrei? 120
5.6 Geist: bewertete Information? 121
5.7 Semanto-Pragmatik 121
5.8 Die Zwillinge und das Gewitter 123
5.9 Philosophischer Zwischenhalt 124
5.9.1 Fazit: Der Körper erzeugt Emergenz 124
5.9.2 Der Körper als Prototyp des Selbst 125
5.9.3 Der Körper misst das Risiko 125
5.9.4 Ein Körper ist autonom 126
5.9.5 Ein Körper mit seinem Geist ist ein evolvierendes System 126
5.9.6 Die Kluft ist tief 126

6 Ein denkendes Wesen 128
6.1 Begriffe klären 129
6.2 Merkmale reflexiven Bewusstseins 130
6.3 Experimentelle Bestätigungen 132
6.3.1 Die Privatheit von Bewusstsein: das Selbst 133
6.3.2 "Als ob… " 134
6.3.3 Das Prozesshafte am Bewusstsein 134

6.3.4 Die Ganzheit von Bewusstsein 136
6.3.5 Die Selektivität von Bewusstsein 137
6.3.6 Strukturen und Funktionen 138
6.3.7 Der Reentry-Prozess 139
6.3.8 4-Stufen-Modell von Kaku 140

6.4 Simulation des Reentry-Prozesses 144
6.4.1 Parallel geschaltete Prozessoren 144
6.4.2 Reengineering 144
6.4.3 Die Benutzerillusion 145

6.5 Darf man Gehirnaktivität mit Geist gleichsetzen? 146

7 Ein tauschendes Wesen 149

7.1 Kunst und Kultur 149

7.2 Kultur und Sprache 151
7.2.1 Die drei Formen der Objekt-Zeichen-Beziehung 151
Das Leben in grossen Gruppen 155
Soziale Kompetenzen 156
7.2.2 Instabile Stammesgruppen 156
7.2.3 Symbolisches Denken formt das Gehirn 159
7.2.4 Gemeinsames Entscheiden erfordert vollausgereiftes Denken 160
7.2.5 Geteilte Intentionalität als Grundlage von Intelligenz? 161

7.3 Information: NC3R-Modell 162
7.3.1 Informationsbegriff von Boltzmann 162
7.3.2 Negentropie 165
7.3.3 NC3R-Modell der Information 167
7.3.4 Informationsbegriff von Shannon 167
7.3.5 Aktuelle und potentielle Information 168
7.3.6 Nachrichtenübertragung ist ein Tunnel 169
7.3.7 R: Tippfehler und Redundanz 170
7.3.8 R: Referenz 171
7.3.9 R: Relevanz 175

7.4 Darwin-Information 175
7.4.1 Mutation entspricht einem Rauschen 176
7.4.2 Evolutionär erzeugte Information ist normativ 177

7.5 Computer-Information 179

7.6 Probabilistische Algorithmen und Sprache 181
7.6.1 Spamfilter, Such-Abfrage und Siri 181
7.6.2 Call the police 184
7.7 Philosophischer Zwischenhalt 186
7.7.1 Zwei Denksysteme 186
7.7.2 Für ein intelligentes Design fehlt die Energie 187
7.7.3 Verstehen als Resultat einer Wechselwirkung 187

8 Ein gebrechliches Wesen 190
8.1 Kein blinder Uhrmacher 190
8.1.1 Menschen sind evolvierende Systeme 191
8.2 Evolutionäre Algorithmen 192
8.2.1 Evolutionäre Algorithmen optimieren besser 193
8.3 Physiologische Frühgeburt 195
8.4 Sehen und Erkennen 197
8.4.1 Grundprinzip eines CNN 199
8.4.2 Resultate und vermutete Wirkungen von CNNs 203
8.5 Soziale Verbundenheit 207
8.5.1 Die Gebrechlichkeit des Menschen 209
8.5.2 Ausschalten des Evolutionsprozesses 210
8.5.3 Das Wegfallen einer Angstphase 211
8.6 Philosophischer Schlussspurt 211
8.6.1 Die Wunde des Kartesianismus 211
8.6.2 Metaphern für eine neue Denkweise 212
8.6.3 Müssen wir uns fürchten? 216

Dank 218

Literaturliste 221

Abbildungsverzeichnis 231

Register 235

Teil I: Grundlagen

1 Die Provokation Künstliche Intelligenz

Die so genannte Künstliche Intelligenz, die Frage nach menschenähnlichen Robotern, übt auf uns eine grosse Faszination aus: Die einen entwickeln Horrorszenarien von einer Intelligenzexplosion, die innert Tagen superintelligente Roboter hervorbringe, die den Menschen dann ausschalten. Andere phantasieren euphorisch Szenarien, wonach der Mensch ein gottähnliches Wesen schaffen und wir ab ca. 2045 in eine Phase des „Transhumanismus" eintreten werden. All das basiert auf dem Glauben, dass lernende Maschinen angeblich intelligent sein könnten.

1.1 Was ist eigentlich das spezifisch Menschliche?

Können Maschinen tatsächlich lernen? Sind sie gar intelligent – eventuell sogar intelligenter als Menschen? Kann ein Roboter mehr sein als Drähte, Transistoren und Programme? Kann er Neues schaffen? Kann er gar kreativ sein? Kann ein Roboter denken? Kann er dann auch ein Selbstbild, ein Bewusstsein und eventuell eigene Interessen entwickeln? Und wenn nicht, ist Denken ohne Bewusstheit möglich? Stehen wir also vor einer nächsten Stufe der Evolution?

Roboter oder künstliche Intelligenz (KI) fordern uns ziemlich stark heraus. Viele Menschen fühlen sich überfordert und reagieren mit einer plumpen Antwort, zum Beispiel der Mensch sei interessanter als eine Kombination von 0 und 1. Wenn wir die Fragen aber ernst nehmen, lernen wir mehr über uns selbst als über Naturwissenschaften und Technik. Wir müssen über die menschliche Art nachdenken – und werden auf einige Beschränkungen stossen, bei denen uns Roboter überlegen sind. Und wir sind mit der Jahrhunderte alten Frage konfrontiert: Wer bin ich – und wer sind wir, die Menschen?

1.2 Das Verhältnis von Geist und Materie experimentell erkunden?

Wenn Roboter intelligent sein könnten, sind wir auch mit einer anderen Menschheitsfrage konfrontiert: dem Verhältnis von Materie und Geist. Von jeher bewegt sie die Philosophie. Durch Neurowissenschaften und die KI nähern wir uns dem Geist auf experimentelle Weise. Die philosophischen Fragestellungen zum Verhältnis von Geist und Materie werden dadurch einer empirischen Erforschung zugänglich. Indem wir den Geist in einem Computer zu simulieren versuchen, lernen wir mit einer typisch naturwissenschaftlichen Methode diesem Verhältnis auf die Schliche zu kommen. Das könnte spannend werden.

Traditionell hat man angenommen, dass die Materie deterministisch und nur der Geist frei sei – das heisst, die Freiheit und die Kreativität wurden durch ein Hintertürchen, den so genannten Dualismus, eingeführt. Kann es denn Freiheit geben ohne diesen Zaubertrick? Die Theorie der komplexen Systeme (die «Chaos»-Theorie) wirft ein neues Licht auf das Verhältnis von Geist und Materie. Sie beschreibt, unter welchen Umständen selbst einfache physikalische Systeme unvorhersehbares Verhalten zeigen. Ein solcher Prozess könnte als Ursprung von Freiheit und Kreativität gelten. Freiheit ist – wie viele andere Wörter auch, die wir antreffen werden – ein schwieriger Begriff. Vielleicht ist er gerade deshalb so schwierig, weil er uns so vertraut scheint. Was wir unter Freiheit – und anderen Begriffen wie Determinismus usw. – verstehen wollen, müssen wir miteinander im Folgenden aushandeln. In diesem Text wird es nicht darum gehen, wie wir Freiheit erringen können, sondern nur darum, ob ein materielles System, auf dem auch wir Menschen fussen, uns eine Freiheit überhaupt gewährt.

1.2.1 Sind Information und Materie äquivalent?

Als Leserin und Leser dieses Buches werden Sie ab und zu ziemlich gefordert. Wenn Sie aber die Geduld haben, uns Naturwissenschaftlern etwas länger zuzuhören, dann werden Sie Erstaunliches lernen. Es gibt moderne Physikerinnen und Physiker der Quantengravitation, die zum Beispiel der Meinung sind, Information und Masse seien *äquivalent* (Lyre 2002, S. 81). Was heisst das? Die meisten Menschen kennen die Formel der beiden Einstein (Mileva und Albert): $E = mc^2$. Sie drückt eine Äquivalenz aus, setzt Energie E und Masse m gleich. Sie ist Grundlage z.B. der Kernspaltung. Sind Information und Masse äquivalent, könnte man sie ineinander überführen und sogar ein Mass angeben, wie viel Information in einem Kilogramm Materie höchstens enthalten sein könne. Damit öffnet sich ein Weg, den jahrhundertealten Gegensatz zwischen Geist und Materie aufzulösen; aus dem Dualismus wird ein Monismus. Die philosophischen Diskussionen hinken den wissenschaftlichen Erkenntnissen oft etwas hinterher. Ich will einen Beitrag leisten, diese Kluft zu schliessen.

1.2.2 Ist Information beschränkt?

Dabei werden wir uns immer wieder mit dem Begriff der Information auseinandersetzen müssen. Information spielt eine wesentliche Rolle bei unseren naturwissenschaftlichen Modellen der Welt im Kleinen und im Grossen. Wir Naturwissenschaftler sollten uns fragen, ob die Natur beliebig viel Information liefert, und wenn nein, durch welche Prinzipien Information beschränkt wird. Eine solche Diskussion führt dann in schwer verständliche Gebiete wie Quantenmechanik, Heisenberg'sche Unschärfe und Schwarze Löcher. Im Laufe des Buches und seiner Anhänge werden Sie hoffentlich ein bisschen vertrauter werden mit diesen Konzepten.

Natürlich werden Sie einwenden: Information ist nicht gleich Geist. Einverstanden. Aber der Träger bei der Übermittlung von Geist ist sie schon. Wir haben noch viel zu tun, weil auch hier eine Kluft besteht: Zwischen dem so genannten nachrichtentechnischen Informationskonzept und dem semiotischen. Letzteres gehört zu den Geistes- oder Sozialwissenschaften und beschäftigt sich mit Zeichen, zum Beispiel in Form von Wörtern und deren Bedeutung.

1.3 Was Sie erwarten dürfen

1.3.1 Die Struktur des Textes

In diesem Text will ich aus den grossen Themenkreisen um die künstliche Intelligenz zwei Fragen genauer untersuchen: Können Maschinen intelligent oder eventuell gar kreativ sein? Ist Kreativität nicht etwas typisch Menschliches, das Computer nie und nimmer erreichen können? Dazu müssen wir zuerst einige Schlüsselbegriffe klären und dann versuchen, das eigentlich Neue an den Strategien der KI zu identifizieren, z.B. den Versuch, Grundfunktionen des menschlichen Gehirns nachzubilden. Dabei spielen künstliche neuronale Netzwerke wie gesagt eine Schlüsselrolle. Damit befasst sich Kapitel 2.

Dann werden wir intensiv über den Zusammenhang von Information und Materie nachdenken müssen: Kann aus einer materiellen Grundlage von Drähten und Transistoren mittels eines Programmes neue Information entstehen? Oder ist das Neue eigentlich schon in den Grundbausteinen „versteckt"? Ich werde Ihnen zeigen, dass sich diese Frage nicht nur beim menschlichen Gehirn stellt, sondern bei so simplen physikalischen Dingen wie einem Pendel. Das wird Gegenstand des Kapitels 3 sein. Dieses Kapitel ist oft ziemlich mathematisch. Lassen Sie sich von den schwierigen Gedanken nicht abschrecken. Wenn Sie technische Fragen nicht so stark interessieren, genügt es, das Unterkapitel 3.5 zu lesen, um die Quintessenz aus diesem Kapitel zu verstehen.

Beim Menschen haben wir nicht nur ein Gehirn vor uns, sondern einen Organismus aus Fleisch und Blut. Wieso spielt der Körper beim Geist eine so grosse Rolle? Und wie kommt der Geist eigentlich ins Gehirn? Und last but not least: Menschen bewerten das, was sie erleben. Wie geht das und könnte es ein Computer auch? Teil II des Buches wird diese Grundfragen nur andenken können und regt Sie als Leserin vielleicht an, sich an den unglaublich interessanten Diskussionen unserer Zeit zu beteiligen.

Wenn wir zum Schluss gelangen, dass KI auch nur wenige Züge trägt, die auch Menschen charakterisieren, müssten wir dann nicht auch von KI ein ethisches Verhalten fordern? Und was müsste dies sein? Sollten wir z.B. fordern, auf die Fragilität und Gebrechlichkeit des Menschen Rücksicht zu nehmen? Darüber werden wir in Kapitel 8 nachdenken. Welche ethischen Normen fordern wir von uns und müssten einige davon auch für so genannte rationale Agenten (Roboter) gelten?

1.3.2 Die Anhänge: formale Beschreibung

Ich habe lange an der Schnittstelle zwischen Gymnasium und Universität unterrichtet. Vielen Studierenden fällt es schwer, den Übergang zu den stark formalisierten Darstellungen eines Stoffgebietes auf universitärem Niveau zu schaffen. Ich habe deshalb für die wichtigsten Konzepte, die ich in diesem Text aufgreife, auch einen Weg ausgearbeitet, wie man mit einer anschaulichen Begrifflichkeit einen Zugang zur formalen Beschreibung findet. Diese Texte können von der Internetseite des Verlags heruntergeladen werden. Ich verweise auf sie mit entsprechenden Fussnoten.

1.3.3 Die Metapher des Tunnels

In diesem Text will ich Sie als Leserin mit fünf sprachlichen Bildern, so genannten Metaphern, bekannt machen. Sie dienen dem obgenannten Ziel, einem interessierten Menschen einen anschaulichen Zugang zu einem schwierigen Konzept zu ermöglichen. Die erste Metapher ist das Bild eines Tunnels: Auf der einen Seite steht der Computer und auf der anderen Seite steht der Mensch mit Geist und Körper. Der Austausch zwischen beiden wird durch einen Tunnel gestaltet und begrenzt. Zu dieser Metapher wurde ich von Thomas Metzinger in seinem wegweisenden Buch *Der Ego-Tunnel* inspiriert (Metzinger 2011). Der Tunnel *reduziert* die Wahrnehmung der Welt. Aus dieser eingeschränkten Weltsicht bauen wir uns ein *Modell* der Welt auf. Dieses Modell verwechseln wir sehr oft mit der Welt selbst: Wir sind so genannte naive Realisten. Metzinger schreibt (Metzinger 2011, S. 21):

> Bewusstes Erleben gleicht einem Tunnel. Die moderne Neurowissenschaft hat gezeigt, dass der Inhalt unseres bewussten Erlebens nicht nur ein inneres Konstrukt, sondern auch eine höchst selektive Form der Darstellung von Information ist. Darum ist Bewusstsein wie ein Tunnel: Was wir sehen und hören oder ertasten und erfühlen, was wir riechen und schmecken, ist nur ein kleiner Bruchteil dessen, was tatsächlich in der Außenwelt existiert. Unser bewusstes Wirklichkeitsmodell ist eine niedrigdimensionale Projektion der unvorstellbar reicheren und gehaltvolleren physikalischen Wirklichkeit, die uns umgibt und uns trägt.

Metzinger stellt sich einen Tunnel *durch* die Realität vor. Er dringt immer weiter in sie ein. Ich stelle mir bei der Metapher des Tunnels eine Röhre vor, die zwei Realitäten *verbindet*: Zum Beispiel die uns umgebende Welt und die Simulation von Welt in unserem Geist. Alle Information, die von aussen in unser Gehirn dringt, muss diese Röhre passieren. Damit werden die Mitteilungen über die Umwelt ausgewählt, eingeschränkt, umgestaltet und interpretiert. Ein solcher Tunnel besteht wie gesagt auch zwischen einem Computer und dem Menschen, den dieser Computer simulieren will. Die Nachbildung des Menschen durch einen Computer ist nicht mein zentrales Anliegen. Viel wichtiger finde ich, dass KI – wie andere Wissenschaften auch – zusätzliche Röhren bohrt, mit denen wir die vielfältige Welt auf der anderen Seite des Tunnels wahrnehmen können.

Das Bild des Tunnels finde ich spannend: Die Projektion der Aussenwelt auf eine niedrigere Dimension ist eine wichtige Einsicht zum Verhältnis zwischen Mensch und Umwelt. Als individualpsychologisch geschulter Denker ist mir die *intrinsische* Aktivität des Menschen aber ebenso wichtig. Ich setze sie neben die Projektion und stelle mir einen langen Tunnel z.B. von Nord nach Süd vor. An ihm interessiert mich vor allem seine Funktion als Austausch-Instrument zwischen zwei reichhaltigen und aktiven Welten. Ich hoffe in diesem Buch zu zeigen, dass die Eigenaktivität des Menschen anfänglich stark aus seinem Köper hervorgeht und auf ihm beruht. Der Erhalt und die Gesundheit dieses Körpers treiben diese Aktivität wesentlich an. Ich zweifle deshalb, wie Sie sehen werden, ob ein künstliches System, das sich nicht selbst erhalten muss, je so etwas wie ein Bewusstsein oder ein «Selbst» entwickeln kann.

1.3.4 Zwei Ebenen und der dünne Faden

Ein menschliches Gehirn erzeugt Geist. Wie wollen wir uns diesen Prozess vorstellen? Ich schlage Ihnen vor, zwei Ebenen heranzuziehen. Auf der unteren Ebene befindet sich die Materie: die Nervenzellen, deren Verbindungen und die unglaublich komplizierten Wechselwirkungen zwischen ihnen. Auf der oberen Ebene befindet sich der Geist: z.B. ein Gefühlszustand, den wir sprachlich als «Ich hab dich gern – und nur dich» beschreiben könnten. Die Verbindung zwischen der unteren und der oberen Ebene ist unfassbar kompliziert. Ich denke an sehr viele Fäden, die umständlich aufgewickelt und verknäuelt sind. Damit möchte ich die Dynamik eines Geist-produzierenden Systems illustrieren.

1.3.5 Die Metapher des Containers

Als drittes Bild schlage ich Ihnen einen Schiffcontainer vor. Ein Container enthält etwas Kostbares, er trennt aber auch zwischen Innen und Aussen. Mit ihm will ich beschreiben, was passiert, wenn wir Information generieren wollen. Wir zwängen ein System, z.B. alle unsere Bücher, in einen Behälter, ein Büchergestell, ein; wir setzen Randbedingungen. Damit entsteht Ordnung, die man als Information fassen kann. Das Büchergestell oder allgemeiner der Container produziert Information. Er berschränkt die Möglichkeiten, die ein System einnehmen kann.

1.3.6 Die Metapher des «Als ob»

Information, die nun durch den besagten Tunnel transportiert wird und dann im Körper und Gehirn des Menschen ankommt, wird zu einem Modell der Welt verarbeitet. Der Mensch konstruiert in seiner Entwicklungsgeschichte vom Säugling zum Erwachsenen ein Abbild der Welt. Er lebt dann, als ob die Welt so wäre, wie er sie in seinem Gehirn simuliert. Das ist die vierte Metapher, das Bild des «Als-ob». Diese Emulation der Welt im Menschen verwechseln wir oft mit der Realität selbst. Das ist das grosse Problem, das wir Psychologen ständig zu entwirren suchen: damit ein verliebter Mann z.B. seine Geliebte nicht mit seiner Mutter verwechselt.

1.3.7 Achilles und die Schildkröte

Als fünfte Veranschaulichung für ein sperriges Problem argumentiere ich mit der historischen Metapher von Achilles und der Schildkröte. Zenon und die eleatische Schule (5. Jh. v. u. Z.) erschütterten damit die Selbstgewissheit ihrer Zeitgenossen. Mit heutigen Worten würden wir das Problem folgendermassen formulieren: Eine Schildkröte hat 100 Meter Vorsprung und Achilles, der Usain Bolt der Antike, versucht sie zu überholen. Gehen wir davon aus, dass Achilles die 100 Meter in 10 Sekunden zurücklegt und die Schildkröte mit 1 Meter pro Sekunde kriecht. Die Denker um Zenon behaupteten nun, Achilles könne die Schildkröte *nicht überholen:* Wenn der Sprinter nämlich an der Stelle angelangt ist, an der die Schildkröte startete, ist diese bereits weitergekrochen. Nach 10 Sekunden befindet sie sich bei 110 Metern. Wenn Achilles nach 11 Sekunden dann auch bei diesen 110 Metern angekommen ist, ist die Schildkröte bereits wieder weiter: bei 111 Metern. Nach 11.1 Sekunden ist sie abermals weiter… usw. Achilles kann die Schildkröte nicht überholen. Jeder weiss, dass das ein Unsinn ist, aber wie lösen wir das gestellte Problem?

Wir wollen dieses Gedankenexperiment nun in zwei verschiedenen Computern simulieren: einem analogen, wie z.B. dem menschlichen Gehirn, und einem digitalen, der mit Zahlen rechnet und sie in Bits und Bytes darstellt. Den analogen Computer stelle ich mit zwei hohen Reagenzgläsern dar: links eines für Achilles und rechts eines für die Schildkröte. Am Boden sind die beiden Reagenzgläser mit einem Röhrchen verbunden, das eine Klappe enthält, die sich nach rechts öffnen kann. Die Reagenzgläser können mit Wasser gefüllt werden und – pour fixer les idées – stellen wir uns vor, jeder Meter des Weges entspreche einem Millimeter

Wassersäule. Zu Beginn ist das rechte Reagenzglas mit 100 mm Wasser gefüllt und das linke ist leer. Die Klappe ist geschlossen, weil das Wasser von rechts gegen sie drückt. Nun wird Achilles' Säule mit 10 Millimetern pro Sekunde (langer Pfeil) gefüllt und die der Schildkröte nur mit 1 Millimeter pro Sekunde (kurzer Pfeil). Achilles überholt die Schildkröte, wenn sich die Klappe öffnet. Das heisst, wenn die Wassersäule links höher ist als die rechts. Dann fliesst Wasser von links nach rechts. So funktioniert ein stark vereinfachtes Gehirn: Die beiden Reagenzgläser sind zwei Neuronen und die Verbindungsleitung am Boden nennt man Axon, die Klappe heisst Synapse. Das Gehirn funktioniert mit Strom und Spannung, diese Begriffe sind analog zu Wasserfluss und Druck. Wenn die Spannung im linken Neuron eine Schwelle überschreitet, drückt sie so stark auf die Klappe, dass sie sich öffnet und Strom vom linken zum rechten Neuron fliesst.

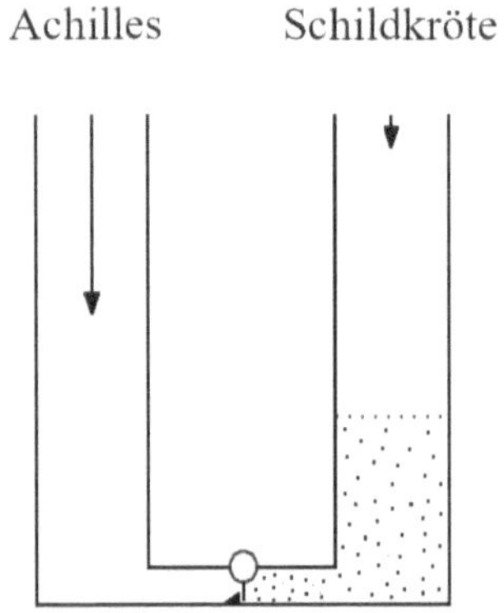

Fig. 1.4 a: Analoger Computer

Das Gedankenexperiment von Zenon ist eine frühe Form der Digitalisierung. Mit dem schrittweisen Prozess baut er eine Grösse auf, die die Zeit des Überholens als Information in Form einer Zahl anzugeben versucht. Dies gelingt nicht, die Zahl ist «unendlich»: 11.1111... Sie können immer eine zusätzliche, weitere Kommastelle hinzufügen. Es ist deshalb unmöglich, diese Zahl endgültig zu fassen. Sie besteht nicht in einem *Zustand*, den man hat, sondern in einem *Prozess*, der sich dem Zustand mit beliebiger Genauigkeit annähert.[1] Die Digitalisierung schafft künstliche Unend-

1 Im Anhang (https://www.nomos-shop.de/shopfiles/anhang_978-3-89665-968-2_mat_anhang_kk_autorenvorlage_v4.pdf) finden Sie eine Erklärung des Begriffes Grenzwert, der dieses Problem löst (§ 9.5.1).

lichkeiten, die in der realen Welt so nicht vorhanden sind. Das sollte uns zu denken geben.

Ich verwende diese Metapher, um die Schwierigkeiten der Digitalisierung zu veranschaulichen. Was denken Sie, wenn Sie dieses Wort hören? An digital im Sinne von 0 und 1 in einem Computer? An Digit, dem Wort für Stelle in einem Zahlsystem? An Zahlen oder gar an Begriffe, dargestellt durch Wörter und Zeichen? Materielle Systeme in der Natur, in unserem Körper und unserem Gehirn, sind analog. Solche Systeme wie z.B. das der zwei Reagenzgläser funktionieren völlig ohne Zahlen. Wenn wir sie aber «verstehen» und wenn wir dieses Verständnis an unsere Nachwelt weitergeben wollen, dann müssen wir sie beschreiben. Dabei generieren wir Information oder Daten wie Druck, Höhe der Wassersäule usw. Danach analysieren wir die Zusammenhänge in den Daten: Wenn der Druck gleich gross ist, öffnet sich die Klappe. Der Druck ist gleich gross, wenn die Wassersäulen gleich hoch sind usw. Wir wandeln das analoge System in Daten, in Information, um und analysieren deren Struktur. Können wir damit das analoge System vollständig abbilden? Mit dieser Frage sind wir während des folgenden Textes konfrontiert.

1.4 Fünf Schulen künstlicher Intelligenz

Ich werde in diesem Text immer wieder den Blickwinkel wechseln. Einerseits betrachte ich den künstlichen Künstler – also eine künstliche Intelligenz – als menschenähnlich und beleuchte ihn vom Standpunkt des Humanen aus. Wir denken über die Erkenntnisse der Wissenschaften vom Menschen, der Anthropologie, nach. Andererseits stelle ich das Künstliche ins Zentrum und analysiere Computer, ihren technisch-materiellen Aufbau und die Strategien, sie zu programmieren. Im Laufe dieses Buches hoffe ich, Ihnen als Leserin oder Leser die fünf prinzipiellen Schulen der KI-Computerprogrammierung, der so genannten KI-Algorithmik, näher zu bringen. Ich gebe hier einen Überblick und bitte diejenigen Leserinnen und Leser, die mit Naturwissenschaften nicht so viel am Hut haben, sich nicht zu ärgern, wenn sie nicht alles verstehen. Ich werde diese technischen Begriffe später noch genauer erläutern.

1.4.1 Der rationale Agent

Wenn ich wie vorhin von Computern im Zusammenhang mit künstlicher Intelligenz spreche, dann denke ich an so genannte rationale Agenten. Sie können autonom operieren, ihre Umgebung wahrnehmen, über eine längere Zeit beständig sein, sich an Änderungen anpassen und Ziele setzen und sie verfolgen. Rational ist ein Agent dann, wenn er sich so verhält, dass er ein optimales Ergebnis erzielt – was auch immer das im Einzelfall heissen mag. Ich halte mich an dieses Konzept des rationalen Agenten, wie es von Russel und Norvig eingeführt wurde, obwohl ich der Verständlichkeit halber oft von Computern, Robotern, künstlich-intelligenten Systemen usw. spreche (Vgl. Russel 2012, S. 25).

In einer hochentwickelten Zivilisation verwenden wir oft Geräte, deren Funktionsweise wir eigentlich überhaupt nicht verstehen. Denken wir an den Strassenverkehr: Dürften wir nur dann Auto fahren, wenn wir die Wirkungsweise eines Automotors erklären können, dann wären unsere Strassen leer. Auch bei Computern ist das so. Viele Leute benutzen sie, ohne deren innere Prinzipien zu verstehen. Dies ist auch nicht nötig für die Diskussionen in diesem Buch. Allerdings können wir die Frage, ob ein künstliches System die Materie mit Geist versorgen kann, nur beantworten, wenn wir die Prinzipien der Programmierung verstehen. Dann erst können wir entscheiden, ob ein Roboter aus sich selbst heraus etwas Neues schaffen kann oder ob er bloss das wiedergibt, was der Programmierer an Intelligenz in ihn hineingesteckt hat. Und schliesslich werden wir vor die Frage gestellt, ob dieses Neue irgendetwas mit Geist zu tun hat.

1.4.2 Erste Schule: Regeln einprogrammieren

Wie in allen Wissenschaften gibt es auch in der KI einen starken Wettbewerb. Dabei entstanden Schulen, die sich bekämpfen und zum Teil eingeschworene Gemeinschaften bilden. Pedro Domingos spricht von rivalisierenden Denkschulen oder tribes, um deren verschiedene Antworten auf die Fragen nach Künstlicher Intelligenz oder dem maschinellen Lernen darzustellen. Die erste Denkweise künstlicher Intelligenz beruht auf der Strategie, Gesetze in den Computer einzuprogrammieren. Sie wird meist die symbolische Strategie genannt und zeigt sich z.B. darin, dass ein Computer Zahlen addieren kann. Diese Fähigkeit beruht auf elektronischen Schaltungen, die logische Operationen ausführen können. Sie sind fähig ein «ODER», ein «UND» oder ein «NICHT» zu erwirken.[2] Damit kann ein Computer addieren und folglich auch multiplizieren und Dinge zählen. Neben dem Rechnen kann er deshalb auch Daten verarbeiten, indem er zählt, Listen erstellt, Punkte verteilt usw. Die logischen Grundfunktionen erlauben es rationalen Agenten, Gesetze anzuwenden und auf ihrer Grundlage zu entscheiden. Der Philosoph John Haugeland hat diese Art von Programmierung GOFAI (Good-Old-Fashioned-Artificial-Intelligence) genannt. Ein Begriff, der auch im Deutschen so verwendet wird. Einwände gegen Intelligenz bei Computern basieren oft auf dem GOFAI-Verständnis von rationalen Agenten. Seit etwa drei Jahrzehnten wurde diese GOFAI durch mächtige, zusätzliche Strategien ausgebaut und erweitert.

1.4.3 KNN und zusätzliche Schulen

Die zweite Schule und eindrückliche Erweiterung von Programmier-Techniken besteht aus künstlichen neuronalen Netzwerken (KNN). Sie bilden eine wesentliche Funktion des Gehirns nach. Da es als Laie nicht ganz leicht ist, diese Programmierweise zu verstehen, habe ich ihr ein eigenes Unterkapitel gewidmet (Kap. 2.2) und werde die dort angesprochenen Konzepte im Laufe des Textes zunehmend präzisieren. Künstliche neuronale Netzwerke entwickelten sich in drei Wellen: Um 1950 wurden erstmals Neuronen programmiert, um 1985 wurden «versteckte» Neuronenebenen eingeführt, was dann zum Begriff des deep-learnings führte und um 2010 wurden so genannte convolutional neuronal networks (CNN) entwickelt. Sie werde ich erst ganz am Schlusse des Buches im Zusammenhang mit der Analyse von Bildern erklären. In populärwissenschaftlichen Abhandlungen wird deep learning oft mit künstlicher Intelligenz gleichgesetzt. Auch ich werde die Begriffe nicht scharf trennen.

Wahrscheinlichkeits-Strategie

Die dritte Schule stützt sich auf die Wahrscheinlichkeitsrechnung. Wenn Sie eine Google-Anfrage starten, liefert Ihnen das Programm Texte, die mit

2 Im Anhang (https://www.nomos-shop.de/shopfiles/anhang_978-3-89665-968-2_mat_anhang_kk_autorenvorlage_v4.pdf) finden Sie eine Erklärung zu diesen Fähigkeiten (§ 9.1).

grosser Wahrscheinlichkeit zu Ihrer Anfrage passen.[3] Diese dritte Strategie erweist sich aber als ziemlich anspruchsvoll, weil sie nicht bloss mit einfachen Wahrscheinlichkeiten rechnet, sondern auch so genannte bedingte Wahrscheinlichkeiten miteinschliesst. Für viele Menschen sind sie ein Rätsel. Man kann sie am so genannten Testproblem illustrieren. Wenn ein Mensch z.B. einen Corona-Test macht und das Resultat positiv ist, muss er dann Angst haben, angesteckt zu sein?[4] Eine Antwort auf derartige Fragen hat schon der Mathematiker Thomas Bayes (1701-1761) untersucht und dazu wurde eine nach ihm benannte Formel entwickelt. Interessanterweise spielt eine solche Wahrscheinlichkeit auch eine Rolle, wenn die Sprachassistentin Siri Ihren Befehl interpretieren will: «Ruf die Polizei!». Ich hoffe, dass Sie am Ende dieses Buches begreifen, wie Siri das macht – ohne dass sie den Satz versteht.

Analogie-Strategie

Eine Form von Intelligenz besteht darin, dass Menschen Analogien bilden können. Sie sind fähig, in einem komplizierten Gebilde eine Struktur zu erkennen oder auf einem Bild Gegenstände zu identifizieren und zu benennen und diese dann in eine Schublade mit ähnlichen Dingen einzuordnen. Diese vierte Schule der KI verlässt sich vorerst auf eine geometrische Problemstellung: Wie kann man Punkte, die in verschiedenen Ecken eines Würfels liegen, sauber voneinander trennen? Man muss zuerst ein Mass für die «Nähe» finden. Danach kann man Nachbarn identifizieren: Ihre Nähe ist gross. Dann hofft man, dass die eine Gruppe von Nachbarn sich genügend gut vom Bündel der anderen Nachbarn unterscheidet. Man versucht so genannte Cluster oder Schubladen zu bilden, sie voneinander zu trennen und sie mit geeigneten Merkmalen zu beschreiben. Dadurch hat man Kategorien identifiziert. Die Schule der Analogie-Strategie wird oft mit ihrer Hauptmethode, der support vector machine (SVM), identifiziert.

---

3 Der mathematische Begriff der Wahrscheinlichkeit wird im Anhang (https://www.nomos-shop.de/shopfiles/anhang_978-3-89665-968-2_mat_anhang_kk_autorenvorlage_v4.pdf) näher erläutert; er kommt dem Alltagsverständnis allerdings sehr nahe (§ 9.2.1).

4 Lesen Sie im Anhang (https://www.nomos-shop.de/shopfiles/anhang_978-3-89665-968-2_mat_anhang_kk_autorenvorlage_v4.pdf) weiter, wenn Sie diese Frage interessiert (§ 9.2.2).

Evolutionäre Strategie

Die fünfte Schule der KI-Computerprogrammierung verwendet die Strategien der Evolution. Für eine Problembearbeitung werden verschiedene Lösungsansätze definiert, die selber aus Teillösungen bestehen (Gene). Sie sind die «Lebewesen», die sich miteinander paaren. Zudem können Teile der Lösungsstrategie geringfügig geändert werden (Mutation). Die Lebewesen werden an einer Zielfunktion gemessen und die geeignetsten können Nachkommen erzeugen. So entstehen verschiedene Generationen, die immer besser an das Problem adaptiert sind – dies hoffen die Informatiker zumindest. Viele Programmierstrategien der künstlichen Intelligenz lösen letztendlich Optimierungsprobleme. Dies illustriert die evolutionäre Strategie eindrücklich: Für eine Zielfunktion wird der grösste oder der kleinste Wert gesucht.

Für einen Laien sind diese Strategien sehr abstrakt und auf Grund dieser rudimentären Erklärungen kaum zu verstehen. Ich werde sie nach und nach im Laufe des Textes immer wieder aufgreifen und mit Inhalt füllen. Ich werde also keine systematische Top-down-Erklärung präsentieren, sondern an konkreten Beispielen die Programmieransätze erläutern und dann jeweils auch darüber nachdenken, inwieweit diese Algorithmen menschliches Verhalten nachbilden können.

1.5 Das Vorgehen und die Hypothesen

1.5.1 Haupthypothesen

Mit diesen fünf Schulen der KI und den weiter oben dargestellten Metaphern will ich im Laufe dieses Buches die Dynamik und das Endprodukt einer neuen Denkweise veranschaulichen; des Denkens in komplexen Systemen. Diese Denkart sollte der äusserst erfolgreichen Methode der Naturwissenschaften, der Reduktion, zur Seite gestellt werden. Damit könnten Finalität, Geist, Bewusstsein, Sinn und Ethik auf eine naturalistische Weise erklärt werden.

Wenn wir nun die Frage stellen, ob ein rationaler Agent, ein Roboter oder ein Computer, intelligent sein kann und ob er menschliche Eigenschaften nachzubilden vermag, dann stellen wir einen Menschen mit Körper und Geist auf die eine Seite des Tunnels und versuchen durch den Computer auf der anderen Seite gewisse Fähigkeiten des Menschen zu simulieren. Dabei werden wir auf ähnliche Probleme treffen, wie sie Menschen auch haben, wenn sie die äussere Realität in ihrem Gehirn abbilden wollen. Sie müssen Information generieren und verarbeiten. In diesem Text will ich folgende Hypothesen zu belegen versuchen:

- Ein Computer kann mit Schaltern und Drähten eine grosse Menge neuer Information erzeugen. Als komplexes System ist er fähig zu dem, was Philosophen Emergenz nennen.
- Auch ein rationaler Agent kann basale menschliche Fähigkeiten ausbilden, wie die Analyse von Sprache oder die Kategorisierung von Bildern.
- Rationale Agenten können an Beispielen lernen. Dieses Lernen kann durch einen Menschen überwacht sein, wie beim Erlernen der Analyse von Bildern. Es kann aber auch ohne Überwachung von sich gehen, wie z.B. beim Lernen eines Schachcomputers, der gegen sich selbst spielt.
- Rationale Agenten können sowohl Bilder als auch Sprache und Musik selbst generieren. Wir können oft nicht entscheiden, ob das Produkt von einem Menschen stammt oder von einer Maschine.
- Als Tandempartner verstanden, können rationale Agenten die Fähigkeiten von Menschen, mit denen sie zusammenarbeiten, enorm erweitern: Sie greifen z.B. in Sekundenschnelle auf das gespeicherte Wissen der Menschheit zu. Sie sind fähig, bei einem Symptomkomplex die Ärztin mit einem Diagnosevorschlag zu unterstützen, der unter Millionen von Fällen nur einmal vorkommt. Sie analysieren ein Röntgenbild subtiler als jeder Mensch mit zwei Augen.
- Ob durch diese Fähigkeiten Geist erzeugt wird, werden wir nicht abschliessend klären können. Ich werde zeigen, dass Computer fähig sind, neue Information zu erzeugen. Sie sind im Stande komplizierte Analysen durchzuführen. Ihre Produkte können beim Betrachter Reaktionen hervorrufen, die wir auch ästhetischen und künstlerischen Produkten zuschreiben.

Ich hoffe, dass Sie nach der Lektüre dieses Textes besser verstehen, was ich und andere meinen, wenn wir behaupten: Der besagte Tunnel reduziere für einen Computer die Emulation von Mensch und Welt in dreierlei Hinsicht:

- Er verengt die Welt auf Information.
- Er simuliert nur das Gehirn – wenn überhaupt – und nicht den Körper.
- Er ist kein evolvierendes System.

Evolvierende Systeme sind Gefüge, die erst nach einer langen körperlichen und geistigen Entwicklung ihre enorme Leistungsfähigkeit erreichen.

Ich werde in diesem Text der Meisterschaft der KI nicht gerecht werden. Insbesondere kann ich in keiner Art und Weise die Beiträge der Wissenschaftlerinnen und Wissenschaftler auf diesem Gebiet angemessen würdigen. Falls Sie an einer richtigen Einordnung der Kerngedanken und einer Geschichte der KI interessiert sind, empfehle ich das Buch von Russel und Norvig (Russel 2012). Deren bibliografische und historische Hinweise am Ende jedes Kapitels sind das Beste, was ich dazu bisher gefunden habe.

1.5.2 Das methodische Vorgehen

Die Strategie dieses Buches ist folgende: Der Haupttext richtet sich an einen interessierten Laien, wie z.B. eine aktive Zeitungsleserin, einen politisch engagierten Volksvertreter oder eine Teilnehmerin meiner Führungskurse für mittlere Kader. In einem vertiefenden Text – als Anhang – möchte ich wie gesagt einem neugierigen Menschen einen Einstieg auch in die technischen Bereiche geben und dabei die grundlegenden Konzepte der Informatik, der Mathematik und der Physik dahinter darstellen. Die Vertiefung wird dann durchaus auch etwas physikalisch-mathematisch ausfallen. Das Vorgehen ist bottom-up und ich versuche nicht, eine systematische Darstellung zu geben, sondern orientiere mich an den menschlichen Fähigkeiten und vergleiche sie mit KI-Beispielen, die solche Fähigkeiten nachzubilden versuchen. Die Backpropagation z.B., die unabdingbar ist für das Trainieren künstlicher neuronale Netzwerke, stelle ich deshalb im Zusammenhang mit NETtalk dar, einem Netzwerk, das geschriebene Sprache vorliest. Und dieses künstliche neuronale Netz kommt erst in Kapitel 5 vor, bei dem es um das Lernen des Menschen geht.

Wir leben in einem faszinierenden Zeitabschnitt der Menschheitsgeschichte. Als privilegierte Angehörige einer Industrienation können wir heute auf praktisch alles Wissen der Menschheit zugreifen. Noch vor wenigen Jahrzehnten hielt man für unmöglich, was heute Realität ist: Menschen stellen ihr Wissen völlig uneigennützig jedem zur Verfügung. Die Qualität dieses Wissen ist zum Teil hervorragend. Und viele Internauten erklären ganz komplizierte Sachverhalte in einer beeindruckend verständlichen Art. Damit leisten sie einen eminenten Beitrag zum faszinierenden Projekt der Aufklärung, das wir seit ca. 250 Jahren miterleben dürfen. Ich profitiere oft von ihnen und nenne ihre Arbeiten, obwohl sie eventuell (noch) nicht zur anerkannten Gemeinde der KI-Forscher gehören. Bei sprachlich sensibilisierten Leserinnen und Lesern entschuldige ich mich: Ich verwende immer wieder neudeutsche Ausdrücke. Sie werden leider oft nicht übersetzt oder haben sich in der deutschsprachigen KI-Gemeinschaft so stark eingebürgert, dass ich sie stehen lasse, aber mit Inhalt zu füllen versuche.

1.6 Was Sie nicht erwarten dürfen

1.6.1 Keine Phänomenologie

Mein Anliegen ist, einen Faden zu spannen zwischen so komplexen Phänomenen wie menschlichen Gefühlen und den zu Grunde liegenden materiellen Systemen. Ich stelle nicht den Anspruch, Sie als Leserin oder Leser mit den bewundernswert reichhaltigen Erscheinungsformen dieser Begriffe vertraut zu machen. Sie werden kaum etwas über die Philosophie der Gefühle erfahren und ich werde dieser interessanten Entwicklung in den letzten Jahrzehnten in keiner Weise gerecht werden. Das Gleiche gilt für die Psychologie, die Literatur oder die bildenden Künste, die sich auf je verschiedene Weise mit dem Phänomen Gefühle beschäftigen und Emotionen und Gefühle darzustellen und zu beschreiben versuchen. Mein Anspruch ist, den Weg nachzuzeichnen von Neuronen und ihren Verbindungen bis hin zu einem Gefühlszustand, dessen Erscheinungsbild z.B. ein Film darzustellen versucht. Sie werden feststellen, dass dieser Weg zwar beschrieben werden kann, aber dass damit das Phänomen nicht hergeleitet oder seine Reichhaltigkeit nicht konstruiert werden kann: Es entsteht etwas grundsätzlich Neues. Dieses Neue darzustellen ist nicht das Ziel dieses Buches. Wenn wir uns fragen, ob ein künstliches System der Materie Geist verleihen kann, dann müssen wir uns fragen, ob auch einem künstlichen System diese Wege *prinzipiell* offenstehen. Ich möchte für interessierte Laien einige dieser Wege beschreiben.

1.6.2 Kein Kunstsachverstand

Philosophie, Psychologie oder bildende Künste ringen auf unterschiedliche Weise um die Darstellung und Klassifikation von Gefühlen. Jedes dieser Wissensgebiete hat dazu Methoden und Kunstfertigkeiten entwickelt, über die ich nicht verfüge. Als Psychologe bewundere ich z.B. einen Schriftsteller wie Dostojewski, wenn er die Gefühlsdisposition eines so genannten Verbrechers beschreibt. Wenn ich in diesem Buch von künstlichen Künstlern spreche, masse ich mir nicht an, ein Genie der Sprache und Psychologie wie Dostojewski darstellen oder fassen zu können. Im Vergleich zu Dostojewski ist es naives Gerede, bei künstlichen Systemen von Künstlern zu sprechen – zumindest heute noch.

1.6.3 Keine theoretische Biologie

Die theoretische Biologie hätte bei unseren Themen ein wichtiges Wort mitzureden. Vor allem bei der Frage nach den Grundvoraussetzungen zum Entstehen von Leben können so wichtige Aspekte wie Selbstorganisation und Morphodynamik nicht ausgespart werden. Ich bin in diesen Gebieten nicht kompetent. Im Laufe des Textes werden Sie sehen, dass ich grossen Respekt vor den Gedanken von Terence W. Deacon habe. Er hat diese Prinzipien in seinem Buch „Incomplete Nature“, in den Kapiteln „Information“ und „Evolution“ angesprochen. Leider kenne ich keine deutsche Übersetzung dieses so wichtigen Buches.

1.6.4 Keine strenge Begrifflichkeit

Wenn das Wissen voranschreitet, haben wir oft keine angemessene Umgangssprache, um die neuen Erkenntnisse zu beschreiben. Wir müssten viele gängige Begriffe diskutieren, sie präzisieren und eventuell neue entwickeln. Für mich sind dies im Zusammenhang mit Geist und KI Begriffe wie: Information, komplexes System, Vorhersagbarkeit, Zufall, Determinismus, Emergenz, Reduktion usw. Ich spreche zum Beispiel bei einem künstlichen neuronalen Netzwerk von einem komplexen System, obwohl es strengenommen nicht alle Kriterien der wissenschaftlichen Definition dieses Begriffs erfüllt. Wissenschaftlich geschulte Leserinnen und Leser bitte ich deshalb um Nachsicht, wenn ich an solchen Stellen begrifflich zu wenig genau bin.

2 Grundbegriffe: Kreativität, KI

2.1 Kreativität

Manfred Spitzer sagt, der Mensch sei ein regelbildender Automat: Er extrahiere aus zwei oder drei Beispielen sofort eine Regel (Vgl. Spitzer 2002, S. 76). Ich werde in diesem Text seiner Didaktik nachleben: Oft gebe ich Ihnen ein oder zwei Beispiele, so dass Sie wissen, wovon wir sprechen.[5] Erst danach denken wir über die grundsätzlicheren Fragen nach. Deshalb rede ich jetzt zuerst über einen Schreiner.

2.1.1 Der Schreiner – Ihr Macher

Heute sehen wir nur noch selten den Lieferwagen eines Schreiners, bebildert mit einem Hobel und beschriftet mit: „Alles aus einer Hand". Dagegen heisst es eher unerwartet: „Der Schreiner – Ihr Macher". Den zweiten Slogan finden wir bedeutend kreativer. Wie aber wollen wir Kreativität verstehen?

Nehmen wir an, eine Schreinerei habe eine junge und initiative Führung, die ihre Mannschaft zusammengerufen hat mit dem Auftrag: Wir wollen einen neuen Slogan! Nehmen wir weiter an, dass nach einer ausgiebigen Diskussion über die Stärken der Schreinerei mit einem so genannten „stummen Dialog" Ideen für einen Leitspruch gefunden werden sollen: Es gibt ein grosses Whiteboard mit einem einzigen Stift. Der Moderator hat in die Mitte geschrieben: „Slogan für die Schreinerei Müller" und die Regel ausgegeben: Niemand spricht, man schreibt stumm Vorschläge auf das Board und gibt dann den Stift einem Nächsten weiter. Gespannt wartet die Runde darauf, wer die Mutigste ist und beginnt. Dann wird die Stille knisternd, weil die Gehirne angeregt werden, neue Vorschläge spriessen oder bestehende eine Erweiterung finden. Am Schluss steht vielleicht ein treffendes Motto, das eine Mehrheit gut findet und das den Leser zum Denken anregt – weil es kreativ ist.

---

5 Diese Strategie wird im Anhang (https://www.nomos-shop.de/shopfiles/anhang_978-3-89665-968-2_mat_anhang_kk_autorenvorlage_v4.pdf) noch etwas genauer erläutert (§ 12.1).

2.1.2 Den Mut haben, zufrieden zu sein

Mein Freund Christian ist Künstler, er malt und modelliert. In seinem Atelier empfängt er uns zu einer Einführung in seine Arbeit. Wenn er ein Bild beginnt, hat er manchmal schon eine Idee, was er gestalten will. Aber dann kommt im Laufe des Malens etwas ganz anderes heraus, als er gedacht hat. Er malt verschiedene Schichten auf ein Bild und experimentiert mit vielen Materialien, Farben, Formen und Techniken. Er beschreibt uns eindrücklich den Prozess der Bildentstehung. Wichtig ist seine eigene Gemütsverfassung. Sein Atelier ist eine Art Insel: ein Zufluchtsort und ein Platz der Entspannung und des eigentlichen Lebens. Dabei malt er nicht, wenn er unmotiviert ist. Schade ist, dass er manchmal zeitlich zu stark eingespannt ist wegen seines Brotberufs. Er muss eine kreative Phase dann abbrechen, weil die Pflicht ruft. Schwierig ist der Abschluss eines Bildes: Er muss den Mut aufbringen, zufrieden zu sein. Er zeigt uns verschiedene Beispiele seines Schaffens und wir denken über unsere Empfindungen nach: warum ein Bild uns anspricht. Was uns berührt. Warum ein anderes uns weniger packt und welche Gefühle dabei im Spiel sein könnten.

Aufgrund der Beispiele können wir ein Merkmalbündel von Kreativität identifizieren. Sie bedeutet aus Bestehendem etwas Neues zu schaffen. Produkte der Kreativität zeichnen sich meistens durch folgende Eigenschaften aus:

- Vor dem Prozess hätte wahrscheinlich niemand vorhersagen können, wie das Resultat zum Schluss aussehen wird. Das Produkt erzeugt beim Beobachter oft ein Gefühl der Überraschung.
- Am Ende des Entwicklungsganges kann man über ihn nachdenken und Gründe finden, warum genau dieses Ergebnis entstanden ist und kein anderes.
- Das Endergebnis ergab sich aus einem Prozess, der zwar auf natürlichen Ursachen beruht, der aber über unzählbar viele Wege ablaufen kann.
- Das Resultat ist in einer Art und Weise schön oder stellt zumindest die Frage nach dem Schönen: Es hat einen ästhetischen Wert.

2.1.3 Offene Fragen

Wir können nun diese Merkmale mit einer Standarddefinition von Kreativität vergleichen, z.B. mit dem Wikipedia-Eintrag zu «Kreativität»:

> Kreativität ist die Fähigkeit, etwas zu erschaffen, was neu oder originell und dabei nützlich oder brauchbar ist. /.../ Das Wort Kreativität bezeichnet im allgemeinen Sprachgebrauch vor allem die Eigenschaft eines Menschen, schöpferisch oder gestalterisch tätig zu sein. Falsch ist jedoch die verbreitete Vorstellung, dass Kreativität nur mit Berufen oder Tätigkeiten aus den Bereichen der bildenden Kunst und der darstellenden Kunst verbunden sei (art bias).

Mit der Aussage, Kreativität sei eine Eigenschaft eines Menschen, spricht Wikipedia einer Maschine ab, kreativ zu sein. Wir müssen also prüfen, ob ein Apparat mit einem von Menschen ausgedachten Programm diese Kreativitäts-Merkmale auch aufweist. Wir geraten in interessante Spannungsfelder mit diversen offenen Fragen. Wir wollen sie etwas erläutern und damit die Themenfelder dieses Buches skizzieren.

Dass etwas Kreatives neu sein muss, wird kaum jemand bestreiten. Ob aber ein technisches Gerät mit einer Software etwas Neues schaffen kann, ist schwieriger zu beantworten. Spontan denken wir: nein – das Neue liegt im Programm verborgen. Es wurde vom Programmierer schon in die Maschine hineingelegt. Es kommt aber erst beim Arbeiten des Computers zum Vorschein. Darüber handelt ein wesentlicher Teil dieses Buches.

Maschinen und Software ordnen wir der Technik und den Naturwissenschaften zu. Dass deren Resultate aber nicht voraussagbar sein sollen und dass ich darauf Gewicht lege, mag erstaunen. Wenn Menschen von künstlicher Intelligenz hören oder von Robotern, dann denken sie an Wissenschaften wie Physik oder Informatik, aber nicht an Kreativität – obwohl Forschen natürlich auch ein enorm kreativer Prozess ist. Viele Menschen nehmen an, solche Wissenschaften erzeugten Resultate, die vorhersagbar sind. Unbewusst gilt dieses Kriterium gar oft als Bedingung für Wissenschaftlichkeit. Was nicht prognostizierbar ist, sei nicht wissenschaftlich. In diesem Text werde ich zeigen, dass ein solches Verständnis von Wissenschaftlichkeit zu eng ist. Aus zwei Gründen:

1. In der Physik gibt es kleine Systeme, deren Verhalten und Eigenschaften man nicht genau vorhersagen kann. Man nennt sie quantenmechanische Systeme. Das Atom ist ein solches System.
2. Selbst in ganz strengen Wissenschaften wie der Chemie, der Physik und der Biologie gibt es grosse Systeme, die Resultate erzielen, die man nicht vorausberechnen kann. Etwas unglücklich spricht man dann von chaotischen Systemen. Die Begriffe klein und gross werden meist durch mikroskopisch oder makroskopisch ersetzt.

Denken wir nochmals an den Workshop der Schreinerinnen und Schreiner zur Kreation eines neuen Mottos. Im Nachhinein kann man dessen

Entstehung nachvollziehen. Mithilfe einer Videodokumentation könnte man erklären, wer was gesagt hat und wie die Idee für den Slogan Gestalt annahm. Wenn wir allerdings den individuellen Menschen selbst ins Auge fassen und versuchen nachzuverfolgen, woher die neue Idee kommt, wird es schwierig: Es könnte ja sein, dass eine Teilnehmerin eben ein Buch gelesen hatte, das sie zur Idee inspirierte. Was aber wäre passiert, wenn dieses Buch infolge einer Lieferpanne vom Buchhändler nicht hätte ausgeliefert werden können? Wir könnten immer weiterdenken und uns fragen, wieso die Lieferpanne entstand: z.B., weil ein Betrunkener eine Flasche zerschlug und der Lieferwagen daher eine Reifenpanne hatte. Am Schluss werden wir bei einer völlig unbedeutenden Ursache landen, die das Resultat zwar beeinflusste, aber bei der Analyse *vieler* kreativer Prozesse keine Bedeutung hätte. Eine solche Wirkung wird „Schmetterlingseffekt" genannt und ist charakteristisch für komplexe Vorgänge.[6] Gibt es in einer streng mechanisch oder elektrisch aufgebauten Maschine Zufälle, wie z.B. einen Schmetterlingseffekt?

2.1.4 Schönheit und Ästhetik

Am Schluss des kreativen Prozesses haben wir die Frage gestellt, wie das Produkt auf uns wirkt: Welche Emotionen und Gedanken es beim Betrachter auslöst. Damit verschieben wir den Bezugspunkt: Nicht der Prozess steht im Mittelpunkt, sondern der Beobachter. Wir untersuchen also ein geistiges Produkt und seinen Einfluss auf den Menschen. Diese Wirkung zu erfassen, ist nicht ganz einfach. Wir verfügen aber über eine ausgefeilte Methodik, ihr nachzugehen: die so genannte Hermeneutik. Etwas grob gesprochen ist sie die Lehre vom Doppelsinn: Welchen Sinn ruft ein Gedicht beim Betrachter hervor? Welche neuen Bedeutungen evoziert es bei mir für bekannte Begriffe und Wörter? Die physikalische Beschaffenheit von Farben und Materialien kann die Wirkung eines Bildes auf den Beobachter nicht erklären. Im Zusammenspiel von Farben, Formen und Maltechniken entsteht ein Mehr. Was ist dieses Mehr? Und natürlich: Kann ein künstliches geistiges Produkt dieses Mehr beim Betrachter auch erzeugen?

---

6 Im Anhang (https://www.nomos-shop.de/shopfiles/anhang_978-3-89665-968-2_mat_anhang_kk_autorenvorlage_v4.pdf) finden Sie eine Erklärung, woher dieser Begriff stammt (§ 9.5.2).

2.2 Künstliche Intelligenz

Was ist nun diese vielbesungene künstliche Intelligenz? Gute Beispiele für KI sind schon im Alltag zu finden: ein Navi, ein Handy oder ein selbstfahrendes Auto. Sie verarbeiten Wissen in einer Art, wie sie bis vor kurzem nur den Menschen charakterisierte. Das Auto fährt selbstständig und ohne fremde Hilfe. Es entscheidet, ob es auf der Überholspur langsamer fahren oder beschleunigen soll, wenn auf der Normalspur ein Lastwagen seinen Blinker setzt. Wenn der Entscheid dieses Autos zu einem Unfall führt, wird dies dem Hersteller gemeldet und beim nächsten Softwareupdate wird das Auto vorsichtiger sein: Das System verbessert sich.

Das Navi und das Handy dienen als Alltagsbeispiele von Künstlicher Intelligenz. Sie erledigen althergebrachte Aufgaben der Wissensarbeit – z.B. das Kartenstudium oder das Studium des Telefonbuches oder des Fahrplans – schneller und zuverlässiger als der Mensch, der in einem Kursbuch, Telefonverzeichnis oder Kalender blättern müsste.

Das selbstfahrende Auto ist ein Beispiel anspruchsvoller Künstlicher Intelligenz. Hier ist ein Roboter am Werk, der Information nicht nur aufnimmt und verarbeitet, sondern auch sein Handeln danach ausrichtet. Damit stellen sich sofort die erwähnten fundamentalen Fragen (Vgl. Ramge 2018, S. 18-19). Sind Maschinen lernfähig, sind sie intelligent, eventuell sogar intelligenter als Menschen? Kann ein Roboter denken? Ist Denken ohne Bewusstheit möglich? Im Folgenden will ich zuerst kurz die Hard- und Software-Fortschritte benennen, die KI überhaupt erst möglich machten.

2.2.1 Gehirn-ähnliche Programme

Ein grosser Fortschritt in der künstlichen Intelligenz bilden wie gesagt die so genannten neuronalen Netzwerke. Diese Softwarearten markieren einen Meilenstein. Unter anderem dank ihnen können Sie heute in einen Computer hineinreden und er produziert sofort ein Word-File. Dank ihnen gibt es heute unglaublich gute Sprach-Übersetzungs-Programme, so dass Sie auf Ihr Wörterbuch verzichten können und möglicherweise getäuscht werden, wenn Ihnen jemand einen englischen Text schreibt, den er gar nicht selbst verfasst hat, sondern automatisch aus dem Deutschen übersetzen liess. Dank ihnen ist heute die automatische Gesichtserkennung genauso gut oder besser als die eines Menschen!

Fig. 2.2 a: Was haben diese Menschen gemeinsam? (Die Antwort finden Sie in der Mitte des Buches, auf den farbigen Seiten).

2.2.2 Neuronale Netzwerke

Neuronale Netzwerke simulieren das menschliche Gehirn. Sie bilden mehrere Schichten (Layers) von Nervenzellen und deren Verbindungen nach: Die Verknüpfungen erhalten je nach Aufgabenstellung unterschiedliche Gewichte. Das Beispiel der Gesichter von Menschen, die nicht existieren, geht auf ein solches Netzwerk zurück. Ihm werden Portrait-Bilder eingegeben und es wird dann trainiert, ein Bild als menschliches Gesicht von einem Gegenstand zu unterscheiden.

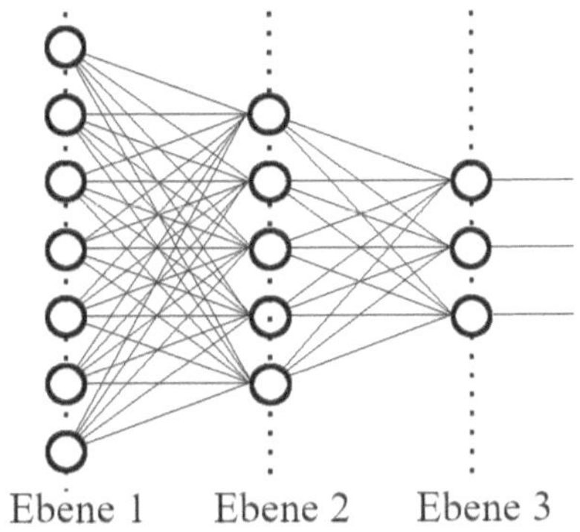

Fig. 2.2 b: Neuronales Netz

Auf der folgenden Website kann man das Funktionieren eines neuronalen Netzwerks gut nachvollziehen: https://www.3blue1brown.com/

Die Figur 2.2 b stellt ein solches Netz schematisch dar. Man sieht die Ebenen der so genannten Neuronen (Kreise). Sie sind verschieden stark miteinander verbunden. Wenn man der Ebene ganz links einen Input gibt, dann wird er für einige Neuronen so stark sein, dass sie «feuern»: Sie geben ein Signal in die Leitungen ab. Je nach Stärke der Verbindung wird dieses Feuern z.B. zu 10 % oder 80 % auf Neuronen der nächsten Ebene übertragen. Auf ein Neuron der Ebene 2 treffen Signale verschiedener Neuronen der Ebene 1 ein. Wenn sie die Summe von 100 % übersteigen, so feuert auch dieses Neuron.

2.2.3 GANs

Das Trainieren des neuronalen Netzwerkes zur Erzeugung künstlicher Gesichter ist nicht ganz einfach. Eine Möglichkeit stellt die oben beschriebene Gesichtserkennung dar. Eine andere ist ein so genanntes GAN. Ich will es mit einem Experiment erklären: Nehmen wir an, ich zeige Ihnen verschiedene Bilder von Gesichtern. Sie müssen jedes Mal entscheiden, ob das Gesicht natürlich ist oder ob es künstlich erzeugt wurde. Ich selber verfüge über ein Netzwerk, das künstliche Gesichter erzeugt und ich habe auch natürliche Bilder. Mein Netzwerk heisst Generator. Wenn Sie richtig raten, bekommen Sie einen Punkt, wenn nicht, bekommt mein Generator einen Punkt, wenn das Bild von ihm stammte. Sie, die Beurteiler, werden Diskriminatoren genannt. Mit einem solchen System kann man nun den Generator trainieren. Nach jedem Durchgang modifiziert er seine Verbindungen geringfügig und wird so immer besser. Man kann nun auch Sie mit einem neuronalen Netzwerk simulieren und es entsprechend verbessern. Schliesst man zwei solche Netzwerke zusammen, so nennt man das Arrangement: GAN, generative adversarial network.

Generative adversarial networks schliessen also zwei neuronale Netzwerke zusammen: ein lernendes (den Generator) und ein analysierendes (den Diskriminator). Das lernende erzeugt aus einem zufälligen Input (dem so genannten weissen Rauschen) ein künstliches Gesicht. Das analysierende entscheidet, ob es echt oder künstlich ist.

Fig. 2.2 c: Natürlich oder künstlich?

Ein solcher Generator erzeugt aus zufälligen Pixeln ein menschenähnliches Gesicht. Wir können kaum mehr entscheiden, ob das Gesicht echt oder ein Fake ist. Probieren Sie es aus, z.B. mit www.thispersondoesnotexis t.com. Die Internetseite verwendet ein solches trainiertes GAN, das Bilder von nichtexistierenden Personen entwirft. Das neuronale Netzwerk ist aufwändig. Ein Layer, eine Ebene, enthält meist ebenso viele Neuronen, wie das Bild Pixel aufweist. Bei unseren Bildschirmen geht diese Zahl schnell einmal in die Hunderttausende. Alle diese Neuronen zu programmieren und deren Verbindungen zu verändern ist eine immense Aufgabe. Vielleicht haben Sie Lust, die maximale Anzahl Verbindungen zwischen einem Eingangs-Neuron und einem Ausgangs-Neuron zu berechnen, wenn die Ebenen je 300'000 Neuronen enthalten?[7] Das Netzwerk zu trainieren ist ebenso aufwändig. Man speist normalerweise Hunderttausende von Bildern ein. Nach jedem Bild ändert die Software die Verbindungen geringfügig. Im Moment werden die Netzwerke immer komplizierter. Es wird mit Netzen experimentiert, die Rückwärtsverbindungen aufweisen. Ebenso denkt man über Verbindungen zu einem Neuron in der gleichen Ebene nach und sogar über eine Rückkopplung zu sich selbst, eine Schlaufe also.

2.2.4 Leistungsfähige Rechner

Es ist ziemlich klar, dass die Berechnung neuronaler Netzwerke heute nur möglich ist wegen einer starken Zunahme der Rechenleistung von Computersystemen. Sie stieg in den letzten Jahrzehnten rasant. Der PC, auf dem ich diesen Text schreibe, leistet ca. 1'000'000-mal mehr als das antike Modell, mit dem ich meine Doktorarbeit verfasste. Im Folgenden will ich die Gründe dafür kurz erwähnen. Im Unterkapitel 4.3 erörtere ich dann, ob das immer so weitergehen kann.

2.2.5 Moore'sches Gesetz

Die Geschwindigkeitszunahme bei digitalen Systemen hat zwei Ursachen: die grössere Geschwindigkeit bei den Prozessoren und die erhöhte Leistungsfähigkeit der integrierten Schaltkreise. Ein Prozessor in einem heuti-

---

7 Die Lösung finden Sie im Anhang (https://www.nomos-shop.de/shopfiles/anhang_978-3-89665-968-2_mat_anhang_kk_autorenvorlage_v4.pdf) unter § 9.5.4.

gen Handy kann ca. 1 Milliarde Operationen pro Sekunde ausführen (1 GHz). Er kann – salopp gesprochen – in einer Sekunde «auf eine Milliarde zählen». Damit braucht er für einen Schaltvorgang eine Milliardstel Sekunde, oder eine Nanosekunde. Diese Zeit kann noch etwas verkürzt werden, allerdings wahrscheinlich höchstens um einen Faktor 10. Die Leistungsfähigkeit von Schaltkreisen hat sich in den letzten Jahrzehnten alle ein bis zwei Jahre verdoppelt. Diese Tatsache nennt man Moore'sches Gesetz (Vgl. z.B. Ramge 2018, S. 85). Sie ist vor allem der zunehmenden Miniaturisierung geschuldet. Damit rücken die Schalter näher aneinander, die Laufwege der Signale werden kürzer und somit steigt die Reaktionsgeschwindigkeit. Ein Signal läuft in einer Nanosekunde ca. 20 cm weit. Dies hängt mit der Lichtgeschwindigkeit von 300'000 km pro Sekunde zusammen. In Luft ist der Laufweg 30 cm pro Nanosekunde, in einem festen Material etwas geringer, ca. 20 cm.

Die Miniaturisierung hat nicht nur die Schaltgeschwindigkeit erhöht, sondern auch die Speicherkapazität in unvorstellbare Höhen getrieben. Diese beiden Effekte ermöglichen die Speicherung und die Analyse von praktisch allen Daten, die Menschen heute produzieren. Ältere Leser werden sich erinnern, dass sie in ihre PCs so genannte Floppy-Disks eingeschoben haben. Diese hatten ein Fassungsvermögen von z.B. 360 KB (Kilo-Byte). Auf einem heutigen Stick kann man ohne Probleme 32 GB (Giga-Byte) Daten speichern – zu einem Preis von ca. 10 SFR. Aktuelle Festplatten fassen schon mehrere Terabytes (1000 GB). 1'000 Floppy Disks ergäben eine Speicherkapazität von 360 MB (Mega-Byte). 1000 * 1000, also eine Million solcher Floppy Disks könnten 360 GB (Giga-Byte) an Daten speichern. Eine moderne Festplatte ist aktuell ungefähr 10 Mio. Mal leistungsfähiger als eine Floppy-Disk.

2.2.6 Parallel geschaltete Prozessoren

Was früher nur in ganz teuren Rechenzentren möglich war, kann man heute als Privatperson günstig erwerben: Computer mit parallelen Prozessoren. Auf engstem Raum arbeiten mehrere Zentraleinheiten (CPU) herkömmlicher Rechner parallel nebeneinander. Deren Programmierung ist zwar ausserordentlich aufwändig. Vor allem aber bei der Datenverarbeitung oder der Darstellung von Szenen in Computerspielen sind solche Systeme effizient, weil die Aufgaben gut separiert und auf die verschiedenen Prozessoren aufgeteilt werden können. Die parallelen Einheiten können zudem während des Rechnens miteinander Zwischenresultate austauschen und werden so schneller. Dadurch werden sie einem menschlichen Gehirn ähnlicher, weil auch in ihm Prozesse parallel ablaufen und keine Zwischenresultate gespeichert und wieder abgerufen werden müssen (Vgl. Kelly 2016, S. 38).

Betrachten wir als Beispiel ein Schwarz-weiss-Bild. Die Daten sind dabei die Stärken der Grautönung jedes Pixels, repräsentiert durch ein Neuron. Ein einzelner Prozessor müsste beim ersten Neuron beginnen und die Folgen seines Erregungszustandes für alle nachfolgenden Neuronen ausrechnen. Zum Schluss würde er die Daten zwischenspeichern. Parallele Prozessoren dagegen arbeiten Layer um Layer ab. Der erste Prozessor würde z.B. die ersten 100 Neuronen (Pixel) evaluieren, der zweite die von 101 bis 200 usw. Das Resultat ihrer Berechnung tauschen die Prozessoren untereinander aus und gehen danach den zweiten Layer an. Für die Bildbearbeitung und die neuronalen Netze ist in einem heutigen Computer die Grafikkarte zuständig. Momentan arbeiten in ihr bis zu 4'000 parallele Prozessoren.

2.2.7 Big Data

KI-Systeme müssen über grosse Mengen von Daten verfügen, an denen sie trainieren können. Eine Gesichtserkennungssoftware braucht 100'000 und mehr Bilder, ein Schachprogramm braucht Zehntausende von Schachspielen usw. Diese Datenmengen müssen automatisch abgefragt und oft auch automatisch erzeugt werden können. Damit wird ein KI-System wie ein GPS oder ein Assistent schlau: Der Assistent schaut in Wikipedia nach und das GPS verfügt über die Handy-Ortungssysteme der Autofahrer, die sich momentan auf den Strassen bewegen.

Der Mensch als Datenproduzent

Seit den Veröffentlichungen von Edward Snowden wird ersichtlich, in welch beunruhigendem Umfang heute persönliche Daten gesammelt werden. Die hohe Börsenbewertung der fünf grossen amerikanischen Softwarehersteller, Apple, Amazon, Alphabet (Google), Microsoft und Facebook wird wesentlich darauf zurückgeführt, dass sie praktisch alle Daten ihrer Benutzer sammeln. Handys und andere Geräte liefern diese Daten in einer herausragenden Qualität – aber meist ohne Kenntnis des Handybesitzers.

Kognifizierte Dinge als Datensammler

Heute werden in viele Gegenstände Sensoren eingebaut; Uhren, Fitnesstracker und gar Kleider sind mit kleinen Computern (Mikroprozessoren) bestückt. Materielle Dinge werden damit kognifiziert, so dass man vom Internet der Dinge spricht. Das mittlerweile weitherum bekannte Beispiel ist eine brasilianische Kuh mit einem Sensor im Magen. Jeden Tag einmal sendet der Mikrocomputer die Magenzusammensetzung an ein Netz, sodass der Bauer die Kuh überwachen und optimal füttern kann. Damit sammelt die Kuh eine Unmenge geografisch-biologischer Daten über das Wachstum auf Brasiliens Feldern.

Automatische Verarbeitung

Um ein Telefonat zu analysieren braucht es heute niemanden mehr, der das Telefon abhört. KI-Automaten übersetzen Sprache in geschriebenen Text und eine Suchmaschine, die der von Google ähnelt, durchforstet dann diesen Text. Snowden weist darauf hin, dass ein grosser Teil der gesammelten Daten gar nicht analysiert wird. Wenn jemand aber unter den Radar eines Geheimdienstes gerät, werden seine Daten einer Inspektion unterzogen.

2.3 Drei grosse Aber

2.3.1 Der technische Nachbau ist primitiv

Bisher standen die Fortschritte bei Computern und deren Programmen im Zentrum. Jetzt kommen die Einwände: vorerst nur auf der technischen Seite. Künstliche neuronale Netzwerke können den natürlichen nicht das Wasser reichen, auch in technischer Hinsicht nicht. Das zeigt sich an drei Defiziten im materiellen Aufbau künstlicher neuronaler Netzwerke:
- Die Neuronen sind primitiv
- Die Verbindungen unter den Neuronen sind primitiv
- Die Verarbeitung ist ebenso primitiv

Neuronen in einem KNN sind ausserordentlich einfach gebaut im Vergleich zu denen von Gehirnen. Es gibt nur einen einzigen Typ: Er ist fähig, Signale zu sammeln und bei einer gewissen Summe selber zu feuern. In Gehirnen gibt es eine grosse Anzahl hoch differenzierter Neuronen (Vgl.

Dennet 2017, S. 185). Zudem sind deren Verbindungen untereinander sehr kompliziert. Ich will nur einen Typ herausgreifen: die Gruppe der so genannten Spiegelneuronen. Das Forscherteam um den Neurologen Giacomo Rizzolatti untersuchte handlungssteuernde Neuronen bei Affen. Dabei ging es darum, eine Nuss, die auf einem Teller lag, zu greifen. Eine bestimmte Neuronengruppe wurde aktiv, wenn diese Handlung ausgeführt wurde. 1996 entdeckten die Forscher, dass die Neuronengruppe auch feuerte, wenn der Affe die Handlung nicht selbst ausführte, sondern bloss einen anderen Affen sah, der diese Handlung tätigte. Die Beobachtung war eine neurobiologische Sensation. Joachim Bauer sagt: «Die Sensation war, dass es so etwas wie eine neurobiologische Resonanz gibt» (Bauer 2005, S. 23). Sie kann nicht nur durch Beobachtung, sondern auch durch Geräusche ausgelöst werden. Solche Neuronengruppen bestehen einerseits aus unterschiedlichen Neuronen und verfügen andererseits über einen anspruchsvollen Verflechtungssgrad. KNN sind von solchen Neuronengruppen noch weit entfernt.

In künstlichen neuronalen Netwerken gibt es eigentlich nur lokale Verbindungen. Die langreichweitigen Verbindungen, die die so genannte weisse Materie in Gehirnen prägen, werden in künstlichen Netzwerken kaum realisiert. Die Funktion dieser weissen Materie wurde lange unterschätzt und Sejnowski ortet in deren Implementierung in künstlichen neuronalen Netzwerken eine grosses Potential (Sejnowski 2000, S. 30036). Diese drei technischen Limitierungen beschränken den Grad der Komplexität von künstlichen neuronalen Netzwerken. Die Netzwerke in Gehirnen sind um Meilen komplexer. Allerdings werden die künstlichen Netzwerke in dieser Hinsicht aufholen.

2.3.2 Probleme mit den Repräsentationen

Putnams Gedankenexperimente

In populärwissenschaftlichen Abhandlungen wird oft der Eindruck erweckt, man könne ein Gehirn in einem Körper auf einem Computer simulieren. Manchmal spricht man auch von emulieren in Sinne von nachbauen. Ein solches Projekt stösst auf zwei ernsthafte Hindernisse. Hilary Putnam illustriert sie mit zwei Gedankenexperimenten. Das erste befasst sich mit der Frage der Repräsentationen: Wie entstehen Modelle der Welt in einem gehirnbegabten Wesen? Die Vorstellung, eine solche Repräsentation bilde den Gegenstand ab, genügt nicht. Putnam nimmt seine Leserinnen und Leser auf eine Reise zu einem fernen Planeten mit, der von menschenähnlichen Wesen bevölkert ist, die aber keine Bäume kennen. Wahrnehmen und Denken können diese «Marsmenschen» aber so gut wie wir. Nun lässt er die Fotografie eines Baumes aus dem Raumschiff fallen und beobachtet, wie die Marsmenschen mit ihr umgehen. Sind sie auf Grund des Schnappschusses fähig, ein Konzept von «Baum» zu entwickeln? Seine Antwort lautet: nein. Wie Sie sehen werden, schliesse ich mich ihm an mit einem Aber. Mit den Begründungen im folgenden Text hoffe ich, ein besseres Verständnis aufbauen zu können, welche Beziehung zwischen einem Individuum und seiner Umwelt respektive seinen Artgenossen bestehen muss, damit ein Modell der Welt in einem Menschen entstehen kann. Dabei werde ich den Schlüsselbegriff der Referenz mit Inhalt zu füllen suchen.

2.3.3 Die Emulation komplexer Systeme

Gehirn im Tank

Putnams zweites Gedankenexperiment erlangte Berühmtheit unter dem Namen «Gehirn im Tank». Der Philosoph stellt sich vor, ein Bösewicht habe nachts, während des Schlafes ein Gehirn aus einem Körper herausoperiert. Es kann Ihres oder das meine sein. Er hat es in einer Nährlösung platziert und es an einen hoch leistungsfähigen Computer angeschlossen, der die Welt und den Körper simuliert. Putnams Frage lautet jetzt: Ist es möglich, dass wir Menschen allesamt solche Gehirne im Tank sind? Dass also die Welt, wie unser Bewusstsein sie sich vorstellt, gar nicht existiert? Seine Antwort: nein. Denn die Vorstellung, wir seien Gehirne im Tank, ist selbstwidersprüchlich. Genau wie der Satz: Ich existiere nicht. Uns Naturwissenschaftler interessiert allerdings eine andere Frage, nämlich das, was Putnam in seiner Geschichte stillschweigend voraussetzt: Ist es möglich, ein Gehirn im Tank mit einem Computer, der die Welt simuliert, zu täuschen? Wird dieses Gehirn im Tank genauso funktionieren wie zuvor? Ich weise die Gehirn-im-Tank-Idee genauso zurück wie Putnam, argumentiere aber mit komplexen Systemen. Dabei interessieren mich beide Seiten der Antwort: Was ist möglich und was ist unmöglich? Ich hoffe, Ihnen zeigen zu können, dass mehr möglich ist, als wir gemeinhin annehmen – und dass die Hürden höher sind als man naiverweise vermutet.

Putnams Gedankenexperiment des Gehirns im Tank stellt drei grundlegende Problemkreise zur Diskussion:

- Ein Mengenproblem: Kann man die Menge der Information im Körper und der Welt überhaupt fassen?
- Ein Konstruktionsproblem: Kann man den Körper und die Welt gemäss einem Bauplan konstruieren?
- Ein Kommunikationsproblem: Kann man die Interaktion eines Gehirns mit einer Welt und einem Körper auf einen nachrichtentechnischen Kanal, auf Bits und Bytes reduzieren?

Auch wenn ich mit Putnam einig bin, dass eine vollständige Simulation unmöglich ist, gehe ich doch mit grosser Gelassenheit davon aus, dass alle an einem Gehirn teilnehmenden Prozesse natürlichen Ursprungs sind. Und dennoch ist das Resultat dieser Prozesse nicht vorhersagbar. Dies hat mit der Natur stark verflochtener Gefüge zu tun, die umgangssprachlich etwas ungenau als komplexe Systeme bezeichnet werden. Die Schwierigkeiten der Voraussage zeigen sich schon an ganz einfachen physikalischen Systemen: Obwohl sie rein materieller Natur sind, erzeugen sie beim Ablaufen etwas Neues. Dies will ich im folgenden Kapitel begründen.

3 Indeterminismus und Emergenz

Zusammenfassung

In diesem Kapitel will ich die Grundlage legen für die Behauptung, dass die „mentale“ Welt aus der materiellen Welt hervorgeht. Der Zusammenhang ist nicht trivial: Einerseits kann die mentale Welt nicht vollständig auf die materielle Welt reduziert werden. Andererseits ist der mentale Zustand nicht prognostizierbar. Ein System, das mentale Zustände hervorbringt, muss laufen gelassen werden: Erst dann kann man sagen, was es produziert hat. Ich begründe dies vorerst an rein physikalischen Beispielen: Der künstlichen Intelligenz und der mathematischen Beschreibung chaotischer Systeme.

3.1 Mangelnde Vorhersagbarkeit

Wenn wir behaupten, auch bei einem Computer könne sein Endergebnis nicht vollständig auf seine materielle und programmtechnische Ausgangslage zurückgeführt werden, dann müssen wir prüfen, ob sein Resultat nicht doch heimlich im Ausgangsprodukt versteckt ist. Dazu muss ich auf den Aufbau von Hard- und Software noch detaillierter eingehen. Computerprogramme sind typischerweise determiniert und kausal. Das bedeutet, dass bei gleichem Input auch immer derselbe Output herauskommt. Ich verwende den Begriff Determinismus im strengen Sinne von «vorhersagbar» und nicht bloss im Sinne von «durch natürliche Ursachen begründet». Der Computer besteht aus Transistoren, die zu einem logischen Netzwerk zusammengeführt werden. Man kann sich darunter Lichtschalter vorstellen, die miteinander verknüpft sind. Mit dem einen Schalter knipst man andere Schalter ein und aus. Wenn man die Schalter in dieser Weise verknüpft, können aufwändige Rechenoperationen ausgeführt werden. Zum Beispiel kann mit einem Netzwerk, Gatter genannt, überprüft werden, ob von einer Leitung A und einer Leitung B gleichzeitig ein Signal hereinkommt. Wie die Schalter aber anfänglich miteinander verknüpft sind, das legt die Software fest. Sie ist nichts anderes als ein Schriftstück, von Menschen verfasst, das die Stellung der Schalter in einem Netzwerk definiert. Für unser Thema ist es nicht so relevant, dass dieses Schriftstück in verschiedenen Versionen existiert: Es wird ursprünglich in einem vom Menschen lesbaren Format geschrieben und dann über verschiedene Stufen übersetzt, um auf der untersten Stufe eben die Schalter zu stellen. Es liegt auf der Hand, dass es sich hier um eine Maschine handelt, die macht, was man ihr diktiert. Ich werde z.B. in meinem Rechenprogramm einige Mal abfragen, was 2 + 3 gibt und erhalte zuverlässig die Antwort fünf und bin damit eigentlich zufrieden. Der erste derartige Computer wurde 1941 von Konrad Zuse gebaut und hiess Zuse Z3.

3.1.1 Künstliche Neuronale Netze (KNN)

Bei der Programmierung stellt sich heraus, dass es schwierig und manchmal unmöglich ist, einem Computer beizubringen, wie er komplexe Probleme lösen kann. Deshalb wurde eine neue Strategie für das Programmieren entwickelt. Ich habe diese Technik oben vorgestellt. Sie ist bekannt unter dem Namen ‚neuronale Netzwerke' oder allgemeiner ‚Maschinen-Lernen'. Hier wird in Silizium – daraus bestehen die Mikroprozessoren – nachgebaut, was in unserem Kopf aus organischer Materie besteht: die Neuronen. Sie sind wie gesagt aufgebaut aus den Zellen und den Verbindungsleitungen, den Axonen. Im Gehirn werden die Verbindungen unter den Neuronen durch Erfahrung verstärkt oder abgeschwächt. So kann man sich die Funktionen des Denkens bei Menschen erklären: die Bilderkennung, logische Operationen, die Sprache, die Erinnerung, das Wollen – eine ganze Palette von so genannten kognitiven Fähigkeiten. Diese Fähigkeiten werden in der Psychologie oft als *Intelligenz* bezeichnet. Diese Definition von Intelligenz ist nur die eine Hälfte der Medaille: Es fehlt der emotionale Anteil. Wir werden unten genauer auf die Begriffsfassung eingehen.

Künstliche Intelligenz wird oft in eine so genannte schwache und eine starke Form unterteilt. Alle zitierten Beispiele sind von der schwachen Art. Ich gehe auf die starke Form in diesem Text nicht ein. Künstliche Intelligenz kann nun zum Beispiel durch ein *künstliches* neuronales Netzwerk realisiert werden. Das Netz wird wie oben ausgeführt zuerst mit zufälligen Verknüpfungen bereitgestellt. Anschliessend werden durch Training an einem Musterdatensatz die Verknüpfungen geringfügig verändert: Das Netzwerk wird programmiert. Zum Beispiel wird einem Computer jeweils eine Reihe von Symptomen präsentiert, wie Schüttelfrost, Schweissausbrüche, starke Kopfschmerzen, Gliederschmerzen – und er lernt, dass sie Anzeichen einer Grippe sein können. Dann lernt er vielleicht, dass Müdigkeit und Abgeschlagenheit, Vergesslichkeit und Konzentrationsschwäche und körperliche Leistungseinbussen die Symptome von Eisenmangel sind. Er beginnt also Symptome mit Krankheiten zu verbinden. Nach der Trainingsphase kann der Computer dann im Alltag medizinische Diagnosen erstellen. Was ich hier geschildert habe ist ein System in der Art von «Watson Health», einem Diagnosehilfsmittel von IBM.

Heute werden solcherart trainierte Maschinen eingesetzt, um viele Aufgaben zu vereinfachen, die zuvor Menschen vorbehalten waren, zum Beispiel Lebensläufe von Bewerbern auf eine Stelle zu analysieren. Sie machen dies schneller und günstiger als Menschen. Man kann sich nun fragen, ob ein solches System tatsächlich Leistungen erbringt, die als intelligent bezeichnet werden können. Wir könnten eine renommierte Wissensdatenbank beiziehen, um die Frage zu klären: Die Enzyklopädie «Brockhaus» z.B. fasst den Begriff folgendermassen:

> Im allgemeinen Verständnis eine bestimmte Form der Begabung, die sich als Fähigkeit (oder eine Gruppe von verschiedenen Fähigkeiten) äußert, anschauliche sowie abstrakte Beziehungen zu erfassen, herzustellen und zu deuten und sich dadurch an neuartige Situationen anzupassen und sie gegebenenfalls durch problemlösendes Verhalten zu bewältigen. Im engeren Sinn ist Intelligenz die aus Intelligenzleistungen erschlossene und durch Intelligenztests messbare Dimension der Persönlichkeit.

Der Vergleich zeigt, dass wir offenbar vor einem schwierigen Problem stehen. Die Begriffsfassung führt neue Begriffe ein, die wir zuerst selbst wieder mit Inhalt füllen müssen und die der gesunde Menschenverstand teilweise den Menschen vorbehalten würde, wie z.B. Begabung. Zudem lässt uns der letzte Satz des Zitats stutzen: Intelligenz besteht darin, einen Intelligenztest auszufüllen? Dabei schlagen Computer die Menschen mit Leichtigkeit. Wir sehen an diesem Beispiel, dass die Latte für Intelligenz zuweilen immer höher gelegt wird und deshalb der KI eine Intelligenz abgesprochen wird. Ich will mich auf eine Diskussion an dieser Stelle nicht näher einlassen. Wir halten fest, dass künstliche neuronale Netze zum Teil Leistungen erbringen, die man als kognitiv oder denkerisch bezeichnen könnte. Deshalb können sie zumindest Elemente von Intelligenz nachbilden. Die Frage ist nun, ob sie auch etwas Neues schaffen können. Ob sie ein Element des erwähnten problemlösenden Verhaltens besitzen, nämlich etwas Neues oder gar Kreatives hervorzubringen.

3.1.2 Ein Computer kennt eigentlich keine Freiheiten

Ein Computerprogramm, das wie in Kapitel 2 beschrieben künstliche Gesichter erzeugt, ist genauso deterministisch und kausal, wie ich das am Anfang erwähnt habe. Es basiert auf Schaltern, die sich gegenseitig ein- und ausschalten. Es gibt im Ablauf keine Freiheiten – schon gar nicht in einem philosophischen Sinne. Ich werde auf den Freiheitsbegriff später eingehen und verwende ihn hier umgangssprachlich. Bei Computern erzeugt der gleiche Input immer denselben Output. Die Software kann sogar kopiert werden und läuft dann auf verschiedenen Maschinen genau gleich. Dennoch haben wir bei diesen KI-Programmen etwas Neuartiges vor uns. *Denn wir können nicht voraussagen, was das Computerprogramm produzieren wird.* Zwar sind wir im Stande, gewisse Abläufe auf der Software-Ebene zu analysieren und vielleicht zu verstehen. Doch sind sie so kompliziert, dass wir den gesamten Ablauf nicht so weit durchdringen können, dass eine Vorhersage möglich wäre.

Das System kann uns überraschen

Wir stehen vor einem System – bestehend aus Computer-Hardware und Programmen – dessen Resultate wir nicht vollständig prognostizieren können und das deshalb stets Überraschungsresultate liefert. Ich vermute, die Zufälligkeit bei den künstlichen Gesichtern (§ 2.2.1) liegt darin, dass der Generator den Zeitpunkt, zu dem man die Website aufruft, in die Bilderzeugung einfliessen lässt. Schon nach kurzer Zeit ist die Ausgangslage vollständig verändert. Solch komplexe Systeme sind meist labil, und kleinste Änderungen im Input können grosse Änderungen im Output bewirken. Das ist typisch für komplexe oder auch chaotische Systeme. Bei https://thispersondoesnotexist.com ist die Änderung so gross, dass nach einer Sekunde ein völlig anderes Gesicht ausgegeben wird. Das Bild ist auch ganz offensichtlich neu: Es gab es zuvor nirgends auf der Welt. Ob ein solcher Vorgang auch als kreativ beurteilt wird, darüber wird man geteilter Meinung sein. Einen Aspekt von Kreativität erfüllt er aber sicher: Das Gesicht war zuvor noch nicht vorhanden. Dieses Phänomen, dass also Computerprogramme eine gewisse Willkür in ihrem Verhalten zeigen können, ist den Informatikern wohlbekannt: Sie wissen, dass sie bei der Installation von verschiedenen Programmen nicht voraussagen können, ob sie sich vertragen, d.h. ob das eine das andere beeinträchtigt. Die einzige Möglichkeit, dies in Erfahrung zu bringen, besteht im Durchführen der Installation oder im Simulieren der Installation auf einem Computer, der nicht anderweitig benutzt wird.

Physikalische Systeme, wie auch Computer, können wir oft *isolieren;* dadurch steigt meist die Prognostizierbarkeit. Wir sprechen dann von Reduktion. Betrachten wir das Fallen eines Steins zur Erde: Physiker sagen, seine Geschwindigkeit nehme regelmässig zu; in jeder Sekunde werde er um ca. 36 km pro Stunde oder 10 m/s schneller. Diese Aussage ist nur möglich, weil einige wichtige Begleitumstände vernachlässigt wurden: Man betrachtet den Stein als Punkt, nicht als ausgedehntes Objekt. Man vernachlässigt den Luftwiderstand. Man übergeht die Tatsache, dass die Geschwindigkeitszunahme weit weg vom Erdmittelpunkt viel geringer ist als auf der Erdoberfläche usw. Man schliesst also in Experimenten alle veränderbaren Grössen, Freiheitsgrade genannt, aus – bis auf einen, die Beschleunigung. Das System ist beinahe vollständig von den Umwelteinflüssen isoliert. Dadurch erhalten wir voraussagbare Resultate. Nun gibt es Systeme, deren Resultate trotzdem nicht voraussagbar sind: Bei www.thispersondoesnotexist.com ist alles festgelegt bis auf den Zeitpunkt der Abfrage. Eine ähnliche Rolle spielt in der computergestützten Wettervorhersage das tägliche Einspeisen der aktuellen meteorologischen Messdaten: Noch nie wurden exakt dieselben Daten eingegeben, deshalb ist die Prognose zunächst nicht bekannt. Nach abgeschlossener Simulation liegt eine neue Kreation vor.

Ohne einen zusätzlichen Input kann die KI keinen unerwarteten Output liefern. D.h. also, isolierte KI ist nicht kreativ. Systeme können sich aber in der Kreativität unterscheiden: Nehmen wir ein simples Programm, das stets zwei Zahlen zusammenzählt und das Resultat auf den Bildschirm schreibt. Es wird uns nie überraschen und ist unter keiner Bedingung kreativ. Andere Programme hingegen wie Schachcomputer, die auf KI basieren, können uns mit jedem Schachzug überraschen. Oft trägt auch die sogenannte History zur unvorhersehbaren Dynamik bei. Sie ist eine Liste der vorausgegangenen Ereignisse in einem Computerprogramm. Betrachten wir zum Beispiel einen Schachwettkampf von Deep Blue gegen AlphaZero, zwei sehr leistungsfähigen KI-Schachprogrammen. Es werden 1'000 Partien gespielt, um die Stärke der Programme zu vergleichen. Nehmen wir an, Deep Blue habe soeben bei der 100. Partie gewonnen und versuche nun die 101. Partie so zu spielen wie den 100. Durchgang. AlphaZero hat bis dahin 100 Partien gespielt und damit wieder etwas an Erfahrung gewonnen. AlphaZero wird sich also nicht mehr mit denselben Zügen besiegen lassen. Die Änderungen in der Strategie von AlphaZero sind allerdings so komplex, dass sie nicht prognostizierbar sind. Durch die 101. Partie kreiert AlphaZero eine Taktik, die vor dieser Partie noch nicht vorhanden war. Die KI ist kreativ. Zum Teil so kreativ, dass sich gar die Hoffnung von Schachmeistern zerschlagen hat: Sie dachten, sie würden mit Schachprogrammen zusammenarbeiten und dann deren Tricks kopieren. Die Taktiken der Programme waren den Schachmeistern nicht verständlich!

3.1.3 Gewisse Programme trainieren sich selbst

Ähnliche Möglichkeiten haben Computer im Hochfrequenzhandel: Sie ändern ihr Verhalten aufgrund der vorangegangenen Käufe, Verkäufe und Kursschwankungen. Wir beobachten die Computer und stellen fest, dass zu jedem Zeitpunkt eine Software vorliegt, die wir so noch nie vor uns hatten. Die Komplexität entsteht besonders schnell, wenn die History die Funktionsweise der Software verändert, d.h. wenn Computer aus Erfahrungen „lernen" können. Da die Software durch die „Erfahrungen", die sie macht, sich selber verändert, ist sie *selbst-referentiell.* Heute trainieren sich Schachprogramme, indem sie gegen sich selbst spielen. Mit einem Input, der noch nie verwendet wurde, oder durch die Lernfähigkeit einer Software, kann zusammen mit der Komplexität der Output unprognostizierbar werden – im Sinne einer Nicht-Vorausberechenbarkeit. Wir behandeln deshalb diese Systeme als Objekte mit eigener Dynamik, einer Dynamik, die nicht in jeder Situation kontrolliert werden kann.

Aus diesen Gründen drängt sich folgende Konsequenz auf: *Obwohl Computersysteme kausal und deterministisch sind, haben sie eine Dynamik, die zu Resultaten führt, die nicht zum voraus berechenbar sind. Dann ist das Endresultat nicht aus der Kenntnis der Komponenten – Hardware und Software – und des Input vorhersagbar. Um ein Resultat zu erzielen, muss der Prozess ausgeführt werden.* Im Folgenden werde ich diese Dynamik an ausgewählten Beispielen noch eingehender darstellen und analysieren. Zuerst aber will ich zeigen, dass dieses spezielle Verhalten komplexer Systeme einige Begriffe klären könnte, deren bisherige Fassung zu Konflikten führt. Der Philosoph Peter Bieri hat sie im so genannten Bieri-Trilemma formuliert.

3.2 Bieri-Trilemma

Das oben beschriebene Verhalten komplexer Systeme tönt plausibel und überrascht zuerst wenig. Wie neuartig aber das Gesagte ist, kann man am besten veranschaulichen, wenn die Überlegungen auf den Menschen übertragen werden. Wir treffen auf zwei widerstreitende Anschauungen:

Die eine besagt, dass es ausser dem physischen Körper nichts Weiteres gibt. Gefühle und Überlegungen sind nur Produkte von körperlichen Aktivitäten. Eines zukünftigen Tages, bei genügender Kenntnis des Körpers und besonders der Neurologie, können Psyche und Geist erklärt werden: basierend auf den physikalischen, chemischen und biologischen Prozessen, die sie zustande bringen. Diese Reduktion von Geist auf die Materie taucht oft in Publikationen auf, die sich mit den neurologischen Hintergründen bei der Erzeugung von Gedanken und Gefühlen beschäftigen.

Daneben steht der Dualismus, oft verbunden mit dem Idealismus. Er besagt, dass es neben der Materie den Geist gibt – ein vollständig verschiedenes Phänomen, das unabhängig von der Materie existiert.

Der Berner Philosoph und Schriftsteller Peter Bieri denkt in seinem Buch *Analytische Philosophie des Geistes* darüber nach, wie der physische Körper und der Geist zusammenhängen. Dabei formuliert er drei zentrale Alltagserfahrungen:

1. Mentale Phänomene sind etwas grundsätzlich anderes als *physikalische* Phänomene. (Dualismus, Unabhängigkeit der beiden Sphären)
2. Mentale Phänomene sind im Bereich physikalischer Phänomene als Ursachen wirksam. (Dualismus, Materie wird durch das Mentale bestimmt)
3. Der Bereich physikalischer Phänomene ist kausal geschlossen. Nur physikalische Phänomene können kausal wirksam sein. (Materialismus: materieller Monismus)

Obwohl alle drei Aussagen intuitiv einleuchten, widersprechen sie sich: Es sind jeweils nur zwei miteinander verträglich, die dritte widerspricht den beiden andern. Die drei bilden ein sogenanntes Trilemma, das sich nur auflösen lässt, wenn man zeigen kann, dass einer der Sätze falsch ist – oder verwirrend, doppeldeutig. Die Option, die wir uns oben erarbeitet haben, zeigt nun genau dies für den ersten Satz. Dieser ist richtig und falsch zugleich: Mentale Phänomene sind *etwas anderes* als physikalische – und *zugleich eben nicht*. Genauer: Durch einen komplexen Prozess entstehen aus physikalischen Phänomenen mentale Zustände. Das Erscheinungsbild der mentalen Prozesse kann meist nicht aus den darunterliegenden, erzeugenden Mechanismen vorhergesagt werden und muss separat untersucht werden. Gleichwohl gibt es nichts Mentales, dem nicht zugleich physikalische Zustände zugrunde liegen. Bieri beschreibt die Frage, wie mentale Phänomene uns erscheinen, mit einer eindrücklichen Metapher: Wie entsteht der Eindruck, die Mona Lisa von Da Vinci sei schön? Die Wirkung des Bildes kann nicht durch die chemischen Eigenschaften der Farbe oder durch die Geometrie der Formen usw. erklärt werden. Obwohl es selbstverständlich ohne diese materiellen Gegebenheiten auch gar keine ästhetischen Eigenschaften geben kann.

Die Analyse von Peter Bieri fällt in eine Zeit des Umbruchs, es erstaunt deshalb nicht, dass die differenziertere Begriffsfassung in den Naturwissenschaften noch kaum verbreitet war. Sie wurde erst durch das Studium komplexer Systeme möglich: Die Entwicklung begann in den 1960er Jahren (z.B. durch Edward N. Lorenz, später durch Robert May) und entfaltete kurz vor der Jahrhundertwende eine breitere Wirkung. Voraussetzung dafür war, dass leistungsfähige Computer zur Simulation dieser Systeme mehr und mehr zur Verfügung standen. Weil das Studium komplexer Gefüge einen derart grossen Einfluss auf unser Verständnis des Verhältnisses von Geist und Materie ausübt, will ich es an einigen weiteren Beispielen illustrieren. Wie in der Einleitung erwähnt, können Sie die nun folgenden technischen Erörterungen auch überspringen und bei § 3.5 weiterlesen.

3.2.1 Magnetpendel als komplexes System

Dazu können wir vorerst rein physikalische Systeme untersuchen, z.B. das Magnetpendel. Im untenstehenden Bild sieht man drei kleine Metallrädchen in grauen Führungskanälen dreieckförmig angeordnet. Von oben herab hängt ein pilzförmiger Metallzapfen an einem Faden. Alle diese Metallstücke sind magnetisiert. Den Pilz am Faden kann man zur Seite ziehen und dann loslassen. Das Pendel beginnt zu schwingen und wird bei irgendeinem der drei Magneten zum Stillstand kommen. Sie können ein solches Magnetpendel auf den folgenden Internetseiten selber studieren:

- https://chalkdustmagazine.com/features/the-magnetic-pendulum/
- http://faculty.tru.ca/rtaylor/pendmag/index.html
- http://www.bugman123.com/Fractals/index.html

Von Stephan Lück, Universität Würzburg, können Sie ein Programm für die Simulation eines Magnetpendels herunterladen:

- https://did-apps.physik.uni-wuerzburg.de/Did-Apps-Site/magnetpendel/

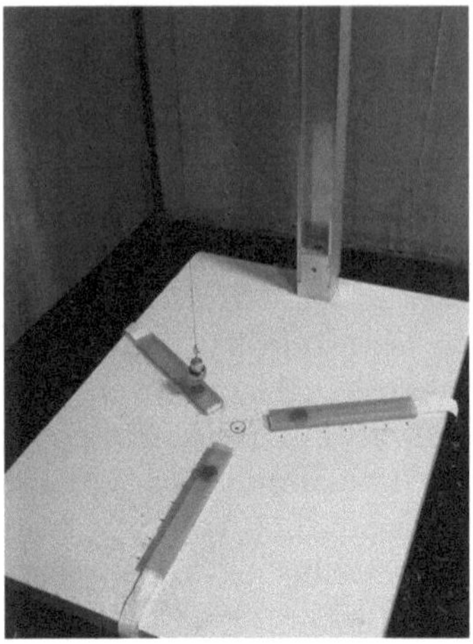

Fig: 3.2 a: Magnetpendel

Wir führen zuerst das Experiment ohne Magnete durch. Wir beobachten, dass kleine Abweichungen in der Startposition keine nennenswerten Auswirkungen auf die Pendelbewegung haben. Die Abweichung bleibt so gross, wie sie anfangs war. Pierre-Simon Laplace und andere haben um ca. 1800 solche Bewegungen studiert. Sie stellten fest, dass die Bewegungen vollständig prognostizierbar sind, für alle Zeiten und jede Ausgangssituation. Die Prognose beruht auf den so genannten Newton'schen Axiomen. Die aufklärerischen Mathematiker und Physiker entwickelten einen grossen Enthusiasmus, den man etwa so zusammenfassen kann: Eine Intelligenz, die die Position aller Objekte auf der Welt kennt und alle Naturgesetze, könnte daraus alle Ereignisse in der Zukunft voraussagen. Im Original von Pierre-Simon Laplace lautet die Aussage folgendermassen:

> Wir müssen also den gegenwärtigen Zustand des Universums als Folge eines früheren Zustandes ansehen und als Ursache des Zustandes, der danach kommt. Eine Intelligenz, die in einem gegebenen Augenblick alle Kräfte kennt, mit denen die Welt begabt ist, und die gegenwärtige Lage der Gebilde, die sie zusammensetzen, und die überdies umfassend genug wäre, diese Kenntnisse der Analyse zu unterwerfen, würde in der gleichen Formel die Bewegungen der größten Himmelskörper und die des leichtesten Atoms einbegreifen. Nichts wäre für sie ungewiss, Zukunft und Vergangenheit lägen klar vor ihren Augen.

Laplace'scher Dämon

Dieser Gedanke wird auch als Laplace'scher Dämon bezeichnet. Er stützt sich auf die Überzeugung, dass man zuerst die Bewegungsgleichungen von Newton aufstellen, dann die mathematischen Gleichungen lösen und so die Bewegung für alle Zeiten berechnen kann. Dieses Vorgehen führte direkt zur Entwicklung der These 3 bei Bieri (materieller Monismus). Es hat sich zwar bewahrheitet, dass man die Bewegungsgleichungen stets aufstellen kann, doch können sie nicht immer gelöst werden. Dazu betrachten wir das Magnetpendel nun *mit* Magneten. Im untenstehenden Bild wurde das Pendel zwei Mal oben rechts am gleichen Ort gestartet. Die eine Bahn wurde schwarz eingefärbt, die andere grau. Auf den farbigen Seiten sehen Sie ein deutlicheres Bild. Wir beobachten: Zuerst liegen die beiden Bahnen recht lange aufeinander: bis ganz unten links, dann um den oberen Magneten herum und dann am rechten vorbei. Hier beginnen sie sich aufzuspalten.

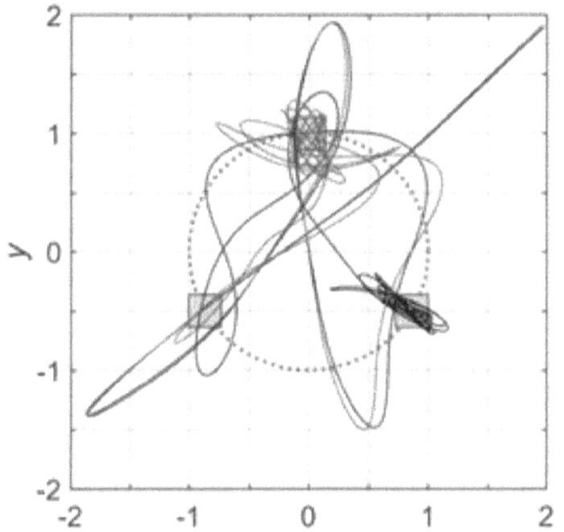

Fig. 3.2 b: Bilder von zwei anfänglich gleichen Bahnen

Jetzt laufen sie völlig auseinander und enden gar an unterschiedlichen Magneten.

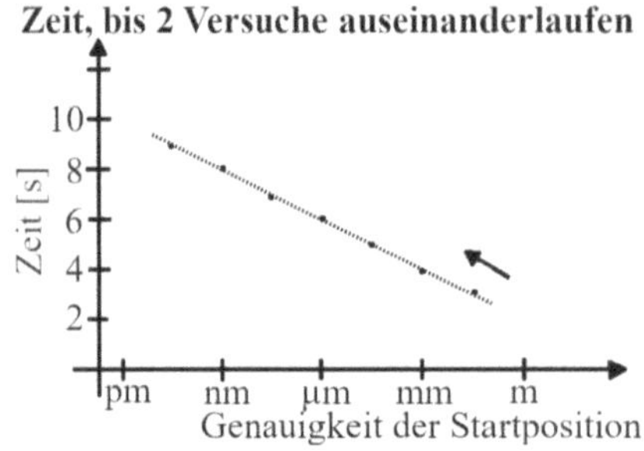

Fig. 3.2 c: Je genauer die Startposition, desto länger laufen die Bahnen nebeneinander

Je genauer man die Startposition bestimmen kann, desto länger bleiben die beiden Bahnen gleich. Die Wege trennen sich aber *immer*, solange die Startpositionen nicht exakt dieselben sind. Im Bild 3.2 c sind auf der horizontalen Achse die Abweichungen in der Startposition aufgetragen, auf der vertikalen, wie lange es geht, bis eine gewisse Differenz zwischen den Bahnen erreicht ist. Gehen Sie dem Pfeil entlang nach oben: Die Abweichung zwischen den Startpositionen wird immer kleiner, es geht aber auch länger, bis die Bahnen voneinander abweichen. Führen wir das Experiment viele Male durch, entsteht die Karte von Fig. 3.2 d, die für jeden Startpunkt anzeigt, bei welchem Magneten (grau, weiss oder schwarz) das Pendel schliesslich landet. Beachten Sie auch die colorierte Ausführung auf den farbigen Seiten. Auffällig sind die Regionen, bei denen die Farben ganz dicht beieinander liegen.

Nun kann man einen Teilbereich der Startposition genauer untersuchen. In der untenstehenden Bildfolge wird von links nach rechts ein Startbereich vergrössert: rechts oben als Quadrat markiert (Christian 2018). Das neue Teil-Bild sieht wieder sehr ähnlich aus, wie das Ursprungs-Bild. Diese Vergrösserung kann man beliebig fortsetzen: Es entstehen immer ähnliche Bilder mit eindrücklicher Feinstruktur. Man kann aber nicht voraussagen, wie das Bild aussieht, wenn man in einen Bereich weiter hineinzoomt. Oder anders gesagt: Es ist in diesen Regionen nicht möglich, für eine Startposition zu sagen, wo das Pendel schliesslich landen wird. Wir nennen solche Startpositionen labil.

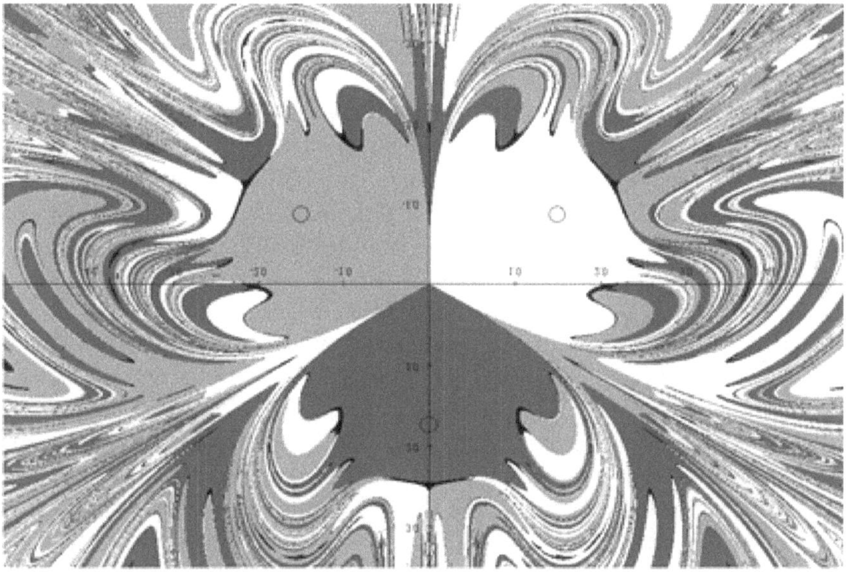

Fig. 3.2 d: Gebiete, die angeben, bei welchem Magneten das Pendel stoppt

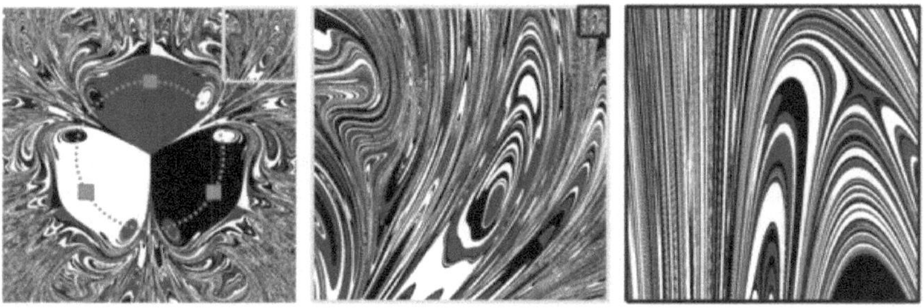

Fig. 3.2 e: Hineinzoomen in die Endpunkte der Bahnen

Obwohl Poincaré, ein Zeitgenosse von Laplace, solche Phänomene erahnt hatte, wurden sie erst durch die oben genannten Simulationen ab den 1960er Jahren richtig analysierbar. Leider haben sich bis heute die weltanschaulichen Konsequenzen aus diesen Befunden wenig verbreitet. Wir wollen nun die Voraussetzungen hinter den Überlegungen von Laplace genauer untersuchen. Eine Vorbedingung für die perfekte Voraussage wäre, die Startpositionen und -geschwindigkeiten mit unendlicher Genauigkeit zu bestimmen. Wir stellen uns das gerne als machbar vor, in der Praxis ist dies aber unmöglich. Warum?

a) Jede Messung ist immer einem Messfehler unterworfen: Messen wir mit einem Meter-Mass, ist der Fehler von der Grössenordnung von 1 mm. Die kürzeste Länge, die wir heute messen können ist im Bereich des Radius eines Atomkernes: 10^{-15} m. Wenn ich das hinschreibe ist klar, dass bei jeder Messgenauigkeit immer weitere Kommastellen in der Grössenangabe folgen, die man womöglich nicht mehr messen kann. Wir stehen also vor einer Problematik der Digitalisierung, die wir mit der Metapher von Achilles und der Schildkröte darstellen wollten.[8]
b) So genannte quantenmechanische Effekte (entdeckt um 1930) – ich werde sie weiter unten noch genau beschreiben – verhindern, dass man alle Angaben über ein Teilchen gleichzeitig beliebig genau erfassen kann: Will man den Ort ganz genau festlegen, wird die Geschwindigkeitsbestimmung immer ungenauer. Diese Naturgesetzlichkeit wird mit der so genannten Heisenberg'schen Unschärferelation beschrieben.

Ich bin mir bewusst, dass man die Einschränkung b) in dieser verkürzten Form nicht verstehen kann. Ich habe sie der Vollständigkeit halber hier angeführt, um zu zeigen, dass es zwei Ursachen gibt für die folgende Behauptung: *Es ist nicht möglich, physikalische Systeme zweimal genau gleich zu starten, da die Startbedingungen stets unterschiedlich sind.* Selbst wenn man die Grössen unendlich genau bestimmen könnte, müsste man die Daten irgendwo speichern. Diese Speicherung erfordert Energie. Unendliche Genauigkeit würde sehr viel Energie beanspruchen, mehr Energie als uns zur Verfügung steht (die Energie im Universum ist nämlich endlich). Das so genannte Landauer-Prinzip besagt, dass es zum Schreiben eines Bits an Information eine Energie von k*T *ln(2) braucht (k ist die Boltzmann Konstante). Bei einer Temperatur von 20 °C ergibt dies 0.0175 eV pro Bit, d.h. 2.805 10^{-21} J. Ein Joule (J) ist die Energie, die man braucht, um eine Tafel Schokolade vom Boden aufzuheben. Die Einheit eV verwendet man zum Beschreiben von Energien auf atomarem Niveau: Sichtbares Licht hat Energien von 1 – 3 eV. 10^{-21} J ist zwar wenig, doch ist die Energie nicht unendlich klein.

Deshalb ist eine perfekte Buchführung über die Welt, z.B. in einer Computersimulation, nicht möglich. Der Laplace'sche Dämon ist demzufolge ein Gedankenkonstrukt ohne praktische Umsetzbarkeit. In komplexen Systemen führt dies dazu, dass deren Resultate vollständig unprognostizierbar werden: Es entsteht eine Lücke zwischen Input und Output. Ich finde sie

8 In der so genannten Quantengravitation wird diese «Unendlichkeit» vermieden. Lesen Sie im Anhang warum (§ 10.1.7).

interessant, weil sie Kreativität und Unbestimmtheit ermöglicht. Der Output, die Bahn oder der zeitliche Verlauf überraschen uns. Es gibt keine Möglichkeit, sie auch nur annähernd vorherzusagen. Die Bahnen liegen nicht nahe beieinander, sie sind gänzlich verschieden. Der Vollständigkeit halber sei angemerkt, dass kleine Verschiebungen in der Startposition in *nicht-komplexen* Systemen – hauptsächlich einfache mechanische Systeme wie ein gewöhnliches Pendel ohne Magnete – nur kleine Abweichungen bei der Bahn hervorrufen. Die Grösse der Abweichung ist zudem voraussagbar. Deshalb kann man bei diesen Systemen nicht von Kreativität sprechen.

3.2.2 Schmetterlingseffekt: Zahl-Genauigkeit

Das Genauigkeitsproblem haben wir nicht nur bei der Startposition. Die Präzision, mit der wir eine Zahl beim Magnetpendel angeben, wirkt wie ein Schmetterlingseffekt. Um dies zu verstehen, denken wir uns die drei Magnete angeordnet als Ecken eines gleichseitigen Dreiecks: In einem Koordinatensystem mit horizontaler und vertikaler Achse liegt der eine Magnet bei -1 auf der horizontalen Achse und der andere bei +1. Der Dritte muss dann bei ca. 1.7 auf der vertikalen Achse liegen. Der Wert berechnet sich mit Pythagoras $\sqrt{3} = 1.732\,050\,807\,568\,88\ldots$ Wenn wir nun das Pendel von einem oben als labil bezeichneten, aber immer dem gleichen Startpunkt aus laufen lassen, dann wird sein Weg von der Genauigkeit abhängen, mit der wir dieses 1.7 angeben: Bei 1.70 schlägt das Pendel einen ganz anderen Weg ein als bei 1.73. Wenn wir allerdings die entstandenen Bilder (siehe Fig 3.2 d) anschauen, werden wir kaum einen Unterschied feststellen zwischen einem Bild, das entstanden ist, wenn wir den punktierten Magneten bei 1.70 setzen, und einem, in dem er bei 1.73 liegt. Die Genauigkeit der Zahl wirkt als Schmetterlingseffekt im System des Pendels. Sie beeinflusst eine einzelne Bahn ganz entscheidend, fällt aber im statistischen Mittel, im Endergebnis, heraus.

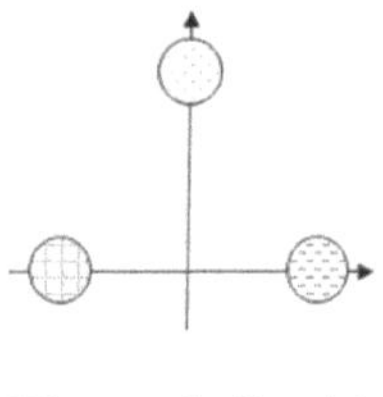

Fig. 3.2f: Postitionen der Magnete

3.3 Emergenz beim Magnetpendel

3.3.1 Zwei Ebenen: System und Output

Es ist nun interessant, das Problem in zwei Ebenen und einen zwischen ihnen vermittelnden Zwischenschritt aufzuteilen: Die eine, untere Ebene beim Magnetpendel besteht aus wenigen, genau beschreibbaren Dingen: dem Pendel, dem Startpunkt, den Magneten und der Erdanziehungskraft, die das Pendel jeweils in die Mitte zieht. Der Zwischenschritt hingegen besteht aus einer unendlich vielfältigen Anzahl von Bahnen, die wir entweder auf Video aufnehmen oder anhand der Koordinaten in einem Datensatz speichern können. Dieser Datensatz ist unendlich gross, und wir können ihn nie abschliessend beschreiben.

Der Output besteht aus einem farbigen Bild. Die Farben geben die Endpositionen des Pendels an, während der Punkt, an dem die Farbe eingezeichnet wird, der Startposition entspricht. Die Farben dieses Bildes können wir in gewissen Bereichen nicht voraussagen. Zudem können wir an einer Stelle, wo verschiedene Farben nebeneinanderliegen, hineinzoomen und wir bekommen immer neue Bilder. Wir wollen das Pendel, den Startpunkt, die Magnete und die Erdanziehung nun die tiefere Ebene nennen und den Output die höhere. Definition:

Bringt ein System Phänomene auf einer höheren Ebene hervor, die nicht vollständig auf die darunter liegende Ebene reduziert werden können, nennen wir dies Emergenz.

Damit verwende ich den Begriff nicht im streng philosophischen Sinne, wie dies z.B. Achim Stephan tut (Stephan 2007), sondern eher umgangssprachlich. Wichtig ist, dass wir aufgrund der unteren Ebene nicht vorherzusagen vermögen, was auf der oberen Ebene entsteht. Wir sind auch nicht fähig, die Erscheinungen auf der oberen Ebene zu erklären. Wie erwähnt schlage ich den Leserinnen und Lesern vor, dieses Magnetpendel als Metapher für komplexe Systeme zu verwenden: Wir haben eine untere Ebene, das materielle System mit der Startposition, und die obere Ebene, das farbige Bild. Der Zwischenschritt von einem Punkt der unteren Ebene zu einem auf der oberen besteht in einem dünnen Faden, der aber in einem kaum entwirrbaren Knäuel aufgewickelt ist. Dies ist *ein einzelner* Lauf des Pendels vom Startpunkt bis es zur Ruhe kommt. Wir können die Entwicklung eines einzelnen Fadens nicht vorausberechnen, wir müssen das Pendel schwingen lassen. Zudem müssen wir jeden Faden individuell verfolgen, um den Output zu konstruieren. Der Output selber enthält unendlich viel Information. Man kann gewisse Bildstellen beliebig oft vergrössern und es gibt immer neue Anordnungen der Farben. In den Wissenschaften gibt es viele Phänomene, die diese Zwei-Ebenen-Struktur aufweisen. Beispiele sind:

- Atomkerne und Moleküle: Auf der höheren Ebene befinden sich die Moleküle mit ihren oft ungewöhnlichen Eigenschaften, die tiefere Ebene besteht aus Atomkernen, Elektronen und der elektromagnetischen Wechselwirkung. Der Faden besteht in der Bewegung der Elektronen zwischen den Kernen, die die Atome aneinanderbinden.
- Das Wetter: die höhere Ebene besteht aus dem Wetter, z.B. einem Gewitter über Zürich. Die tiefere Ebene setzt sich zusammen aus dem Luft-Wasserdampf-Gemisch, Druck, Temperatur und den Gleichungen, die das Verhalten von Flüssigkeiten und Gasen beschreiben. Der Zwischenschritt besteht aus ganz vielen kleinen Schritten, die langsam von einer Wetterkonfiguration zur nächsten führen.

Es ist zwar stets interessant, Ebenen miteinander in Verbindung zu bringen – manchmal entstehen sogar tiefere Einsichten. Oft ist es aber sinnvoller, die Ebenen unabhängig voneinander zu studieren, da die obere wegen der Komplexität nicht aus der unteren präzise hergeleitet werden kann. Wir haben beim Magnetpendel gesehen, dass wir den Aufbau des Pendels beschreiben können sowie die physikalischen Gesetze, nach denen es sich bewegt. Damit lässt sich die untere Ebene vollständig mit den üblichen Mitteln beschreiben. Auch eine Bahn, auf der das Pendel sich bewegt, können wir lückenlos darstellen. Dennoch ist jede Bahn, die wir beobachten, ein neues Ereignis, das wir vorher – ohne dass wird das Pendel laufen liessen – so nicht hätten erzeugen oder voraussagen können. Diese Bahn des Pendels, wie sie im Bild «Bahnen von Pendeln» dargestellt ist, verbindet zwar die untere mit der oberen Ebene. Die Verbindung ist aber so hochkompliziert, dass wir den Endzustand, wo das Pendel stoppt, nicht prognostizieren können. Deshalb lassen sich die Bilder unter Fig. 3.2 e «Hineinzoomen in die Endpunkte der Bahnen» nicht vorhersagen und daher auch nicht vorausberechnen.

Eine Sammlung der Bahnen des Pendels und ihre statistische Auswertung würde es erlauben, im Nachhinein Gesetzmässigkeiten zusammenzustellen. Wie das Bild 3.2 d zeigt, können wir z.B. in gewissen Regionen die Endstellung abschätzen. Es gibt Gebiete, wo eine Farbe dominiert, dort sind die Abschätzungen nur von statistischer Qualität. Wir sagen dann, das Pendel werde in 85% der Fälle auf Blau landen. Man nennt derartige Gesetze heuristisch. Ausserdem können wir berechnen, wie lange sich ein Pendel durchschnittlich bewegt. Die physikalischen Gesetze bleiben vollumfänglich in Kraft. Und dennoch gibt es Regionen in der Karte der Einzugsgebiete, also der oberen Ebene, die so zersplittert sind, dass keine Voraussagen möglich sind. Falls die Pendelbahnen irgendeine praktische Relevanz hätten für unser Leben, müssten wir sie separat studieren, jede simulieren und über ihre Endstationen heuristische Gesetze aufstellen.

3.3.2 Reduktion: die Leiter abwärts steigen

Ein radikaler Reduktionsansatz hingegen hätte beim Magnetpendel zur Folge, dass man die Analyse auf der höheren Stufe ausschliesst. Wir würden es ablehnen, heuristische Gesetzmässigkeiten zu studieren: wie z.B. die Einzugsgebiete, denn alles wäre ja aus den physikalischen Gesetzen der unteren Ebene erklärt. Das scheint mir nicht gerechtfertigt zu sein. Eine konsequente Reduktion würde noch weitergehen: Sie behauptet, die makroskopische Physik sei stets aus der Quantenmechanik herzuleiten und diese dann wiederum aus subatomaren Prozessen. Ich werde unten auf Quantenmechanik und so genannte hidden variables eingehen, die für ein solches Vorgehen unabdingbar wären. Ein derartiger Reduktionsprozess wäre zwar logisch korrekt, praktisch aber undurchführbar, wenn nicht gar nutzlos: Die Beschreibungen auf verschiedenen Grössenskalen hängen zwar zusammen, die Bezüge sind aber so komplex, dass ein Zusammenhang von unten nach oben nicht immer hergestellt werden kann. Eine Erklärung von oben nach unten hingegen ist ohne jede Zweideutigkeit möglich.

Würden wir weitere Wissensgebiete analysieren und rigoros reduktionistisch denken, dann folgte daraus, dass wir alle Hierarchiestufen der Wissenschaft auf Photonen und andere Elementarteilchen (gemeint sind z.B. Quarks, Leptonen, W- oder Z-Bosonen, Gluonen oder Higgsteilchen) zurückführen könnten: absteigend von der Philosophie und der Psychologie über die Biologie, die Chemie bis hinab zur atomaren Physik und von da zu den subatomaren Prozessen. Das heisst, Gedanken und Gefühle liessen sich auf Quarks und Gluonen zurückführen. Das erscheint wahrscheinlich den meisten Leserinnen und Lesern als unhandlich und jetzt aufgrund der Überlegungen oben als falsch und beschränkt. Durch die Komplexität sind Bezüge unüberschaubar und schnell nicht mehr möglich. Das bedeutet: Physik, Chemie, Biologie, Psychologie, Philosophie etc. stellen eigenständige Ebenen mit eigenständigen Gesetzmässigkeiten dar. Obwohl sie sich aufeinander beziehen, können sie nicht vollständig auf eine andere Disziplin reduziert werden. Das tönt vernünftig – solange Sie die Argumentationsleiter nicht umkehren. Was passiert, wenn Sie nicht von oben heruntersteigen, sondern von unten nach oben? Jede Ebene weist einen Zuwachs an Gesetzmässigkeiten und Bezügen auf. Woher kommen die? Sind sie vom Himmel gefallen? Diese Frage treibt Denkerinnen und Denker schon ziemlich lange um. Mindestens seit ca. 1750, als man in der Folge der Aufklärung nur noch Wirkursachen – Gesetze auf der unteren Ebene – gelten lassen wollte, machte man sich verdächtig, wenn man von anderen Erklärungsmustern wie dem heutigen Begriff Emergenz zu reden begann. Ich will weiter unten einen kleinen philosophischen Zwischenhalt einschalten und die Diskussionen um strikt getrennte Ebenen und Emergenz beleuchten. Die Frage wird uns aber während des ganzen Buches beschäftigen. Zuerst will ich nochmals zur Kreativität zurückkehren.

3.3.3 Kreativität

Wir haben es als Kreativität bezeichnet, wenn ein Prozess etwas Neues hervorbringt. Die Produkte eines kreativen Prozesses können nicht durch einen anderen Prozess, ein Modell oder eine Theorie vorausgesagt werden. *Das Produkt erhält man nur, wenn man den kreativen Prozess ablaufen lässt.* Wir beobachten solche Prozesse auch in Systemen (Magnetpendel, komplexe Computerprogramme), die im Kleinen streng deterministisch sind. Wir können alle Abläufe für eine kurze Zeitspanne voraussagen und berechnen. Auf lange Zeit hinaus ist die Prognose hingegen oft nicht möglich. Dieses Verhalten zeigen nicht alle Maschinen und Systeme, denn es gibt sowohl Apparate, die strikt festgelegt sind, wie auch kreative Geräte und Gefüge. Folgende Elemente, die ich weiter unten noch genauer erkläre, begünstigen die Kreativität:

- Nichtlinearität
- eine grosse Anzahl von Freiheitsgraden
- verstärkende Rückkopplung

Reibung und dämpfende Rückkoppelung hingegen können Kreativität verhindern. Wir finden, dass künstliche Intelligenz (KI) wirklich prinzipiell etwas Neues erschaffen kann, z.B. eine Abfolge von Schachzügen, Musikkompositionen und Bilder von Gesichtern wie z.B. auf https://thispersondoesnotexist.com. Nebenbei bemerken wir, dass Kreativität kein Selbstbewusstsein voraussetzt. Da Kreativität ein geistiges Produkt hervorbringt, gehört zum Begriff unabdingbar dazu, was es im Betrachter auslöst. Darüber will ich kein Urteil abgeben. Schauen Sie sich die Bilder der künstlich erzeugten Gesichter oder der wundersamen Strukturen des magnetischen Pendels an: Finden Sie sie schön? Wenn nein: Würden Sie sie schön finden, wenn Sie nicht wüssten, dass sie künstlich hervorgebracht wurden?

3.3.4 Hypothese

Die Art, wie das Programm erstellt wurde, ob durch einen Lernprozess oder durch Programmierung durch einen Menschen, stellt keinen prinzipiellen Unterschied dar: Auf beiden Wegen kann Komplexität entstehen. Versuchen wir nun diese Ergebnisse der künstlichen Intelligenz auf die natürliche Intelligenz zurück zu übertragen. Es ist naheliegend, dass die Neurowissenschaft eines Tages an einen Punkt gelangen wird, wo sie die Entstehung der Gedanken im Gehirn vollständig erklären kann, oder zumindest wird sie die neurologischen Prozesse, die den Gedanken entsprechen, genau kennen. Wir erscheinen dann vor den Augen der Neurowissenschaftler wie Computer, in denen ein Programm abläuft. Es ist aufgrund der obigen Darstellungen klar, dass wir auch aus dieser Perspektive Wesen bleiben, die über Freiheit verfügen, denn die Kenntnis der unteren Ebene (Neurologie) erfasst nicht den Output auf höherer Ebene (Gedanken und Gefühle). Das Verhältnis von Materie und Geist, das die Philosophie seit jeher bewegt hat, erscheint in einem neuen Licht. Wir haben das Bieri-Trilemma entschärft, indem wir den Begriff des komplexen Prozesses eingeführt haben: *Durch einen komplexen Prozess entstehen aus physikalischen Phänomenen mentale Zustände. Das Erscheinungsbild der mentalen Prozesse kann meist nicht aus den darunterliegenden, erzeugenden Mechanismen vorhergesagt werden und muss separat untersucht werden.*

Diese Hypothese leitet mich in diesem Buch. Ich werde verschiedene Begründungen vorbringen und hoffe, Ihnen liebe Leserinnen und lieber Leser, etwas von der Faszination weitergeben zu können, an der wir in der heutigen Zeit teilhaben dürfen. Ein Teil dieser Begeisterung liegt auch darin, dass viele Fragen noch offen sind und der Aufstieg von unten nach oben uns ziemlich fordern wird. Damit wir etwas Boden unter den Füssen spüren, stelle ich noch zwei weitere komplexe Systeme vor. Wenn Ihnen Chaos und mathematisch-physikalische Komplexität bekannt sind oder Sie nicht so interessieren, können Sie die folgenden beiden Unterkapitel überspringen, ohne dass dabei der Sinnzusammenhang gestört wird.

3.4 Weitere komplexe Systeme

3.4.1 Mandelbrot-Menge

Beim Magnetpendel haben wir ein physikalisches System vor uns. Wichtige chaotische Systeme treten aber auch in rein mathematischen Modellen auf. Ein Paradebeispiel ist die so genannte Mandelbrot-Menge. Sie entsteht, wenn man Pfeile oftmals miteinander multipliziert. Wenn die Pfeillänge über 1 liegt, kann die Multiplikation zu einer Explosion der Länge führen. Liegt sie unter 1, dann verschwindet der Pfeil nach einigen Schritten. Zur Analyse der unteren Ebene legen wir ein Koordinatensystem fest wie im untenstehenden Bild. Im Moment betrachten wir nur den grauen Punkt. Zu ihm führt ein Pfeil, den wir c nennen.

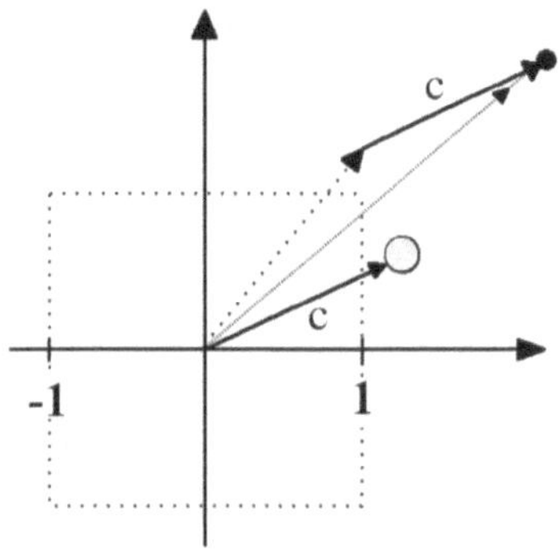

Fig. 3.4 a: Pfeilmultiplikation

Die Vorschrift der Pfeilmultiplikation lautet nun:
- Wir multiplizieren die Länge des Pfeiles mit sich selbst
- Wir verdoppeln den Winkel
- An den entstandenen Pfeil (·····) hängen wir c an.

Man sieht, der neu entstandene Pfeil (grau) ist ziemlich viel länger. Wenn wir nun die Vorschrift wiederholen, sie also auf den grauen Pfeil anwenden, wird der Pfeil immer länger. Hätten wir mit einem Punkt nahe dem Ursprung begonnen, dann wäre die Pfeillänge vielleicht nur 0.1 gewesen. Die Multiplikation hätte dann 0.01 ergeben und das c dazu gezählt hätte etwa 0.11 ergeben. Der Pfeil würde immer weniger wachsen. Man sagt: Der Punkt ist Teil der Mandelbrot-Menge. Er wird schwarz eingefärbt. Im ersten Fall dagegen wächst der Pfeil über alle Grenzen und der Punkt ist demzufolge nicht Teil der Mandelbrotmenge. Er wird grau oder farbig markiert. Dieses Prozedere macht man nun für alle Punkte in einem Quadrat um den Ursprung des Koordinatensystems und erhält so ein Apfelmännchen aus schwarzen Punkten, umgeben von grauen/farbigen Punkten. Auf den Farbseiten ist das Apfelmännchen coloriert dargestellt. Die Farbabstufungen sind nicht wichtig, aber plakativ. Sie entstehen, weil man

noch zählt, wie schnell der Pfeil wächst. Nehmen wir als Grenze 2 an. Wie oft muss man die Vorschrift wiederholen, bis der Pfeil länger als 2 ist?
- 5 -mal: dunkelrot
- 10 -mal: heller rot
- 100-mal: hellrot

Interessant wird die Region um 1 herum. Sie ist im untenstehenden Bild und auch auf den farbigen Seiten dargestellt. Wenn der Pfeil verschwindet, zeichnet man wie gesagt einen schwarzen Punkt. Wenn der Pfeil explodiert, kann man einen hellgrauen oder hellroten Punkt zeichnen, sofern dies langsam geht, oder einen dunkelroten, sofern es schnell geht. Dadurch entsteht ein Apfelmännchen wie im folgenden Bild. Das ist die obere Ebene.

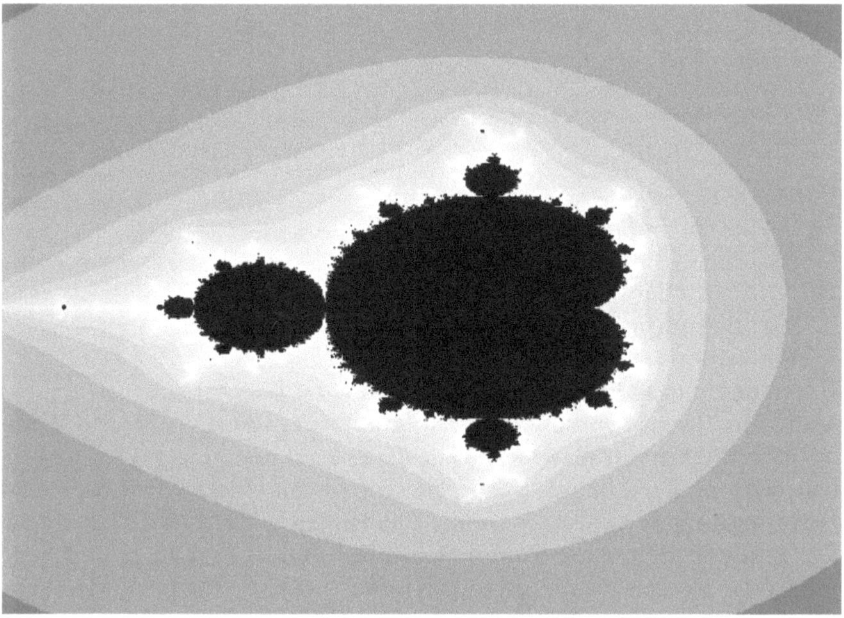

Fig. 3.4 b: Mandelbrot Menge

Man kann für diese Einfärbung alle Regenbogenfarben verwenden. Dann erhält man eigentliche Farbposter. Pröbeln Sie selber ein bisschen mit dem Mandelbrot-Programm auf der folgenden Webseite:

https://www.ultrafractal.com/

Das Faszinierende am Mandelbrot-Bild ist wie beim Magnetpendel seine Zoomeigenschaft. Sie können auf eine beliebige Randstelle ein kleineres

Rechteck legen und einen feineren Punktabstand wählen: Sie bekommen faszinierende, unvorhersehbare Bilder. Auf den farbigen Seiten finden Sie eine Bildfolge, deren letztes Bild die untenstehende Figur ist. Die Formenvielfalt hört nie auf. Und: Sie können sie nicht voraussagen. Sie müssen den Prozess jedes Mal durchspielen. Mit meinem Rechner und dem Programm Ultra Fractal 6.03 auf der erwähnten Webseite kann ich die Auflösung um einen Faktor zehntausend Milliarden vergrössern. Dann weisen die Figuren keine Struktur mehr auf. Würde man einen Zentimeter so stark vergrössern, könnte man die Atomkerne sehen.

Fig. 3.4 c: Zoomen: Scaling-Eigenschaft

Komplexität: Eine einfache Regel oft anwenden

Was haben wir nun? Als Endresultat eine kaum überblickbare Informationsmenge und eine Komplexität, die wir nicht beschreiben können. Als Ausgangspunkt:

- Ein Koordinatensystem mit ein paar wenigen Bytes an Information
- Eine simple Regel, die auch in ein paar wenigen Bytes abgespeichert werden kann
- Einen Prozess, in dem eine simple Regel immer und immer wieder angewendet wird.

Der Prozess erzeugt die Komplexität. Das ist das Zentrale auch an diesem rein mathematischen System. Der Faden in unserer Zwei-Ebenen-Metapher ist der Multiplikationsprozess, angewendet auf den Pfeil zum grauen Punkt. Das Endresultat ist wieder eine Einfärbung: schwarz oder eine Farbe. Der Prozess der Berechnung kann lange herumirren, bis man endlich weiss, ob der Pfeil explodiert oder verschwindet. Das Resultat eines chaotischen Prozesses lässt sich auch an diesem Beispiel nicht aus dem Anfangszustand (dem Pfeil c) vorhersagen. Man muss den Prozess ablaufen lassen, um zu wissen, was herauskommt. Diese fehlende Voraussagekraft hat zum Begriff „chaotisch" geführt. Er ist irreführend, weil er nahelegt, ein solcher Prozess sei willkürlich, gesetzlos und der Vernunft nicht zugänglich. Vielmehr ist die fehlende Voraussagekraft das zentrale Merkmal. Prognostizierbarkeit galt bisher immer als unabdingbar für naturwissenschaftliche Erklärungsmodelle. Es liegt in der Struktur komplexer Prozesse, dass sie nicht voraussagbar, wohl aber im Nachhinein erklärbar sind. Ein weiteres Phänomen ist die Rückkoppelung. Sie kennen sie von Verstärkeranlagen. Wenn das Mikrofon zu nahe am Lautsprecher platziert ist, nimmt es den Lautsprecherton auf und verstärkt ihn. Dies führt zu einem Kreisprozess, der sich aufschaukelt. Das System beginnt zu pfeifen. Bei der Mandelbrotmenge ergibt sich die Rückkoppelung durch das Multiplizieren der Länge mit sich selber: Lange Pfeile werden noch länger, kurze hingegen wachsen kaum.

3.4.2 Populationsdynamik

Aus aktuellem Anlass will ich noch ein weiteres chaotisches System vorstellen: eine Tierpopulation, die sich sehr stark vermehrt. Wegen der Corona-Virus-Debatte wissen heute die meisten Leute, dass die Ausbreitung einer Seuche oder die Vermehrung einer Tierpopulation mit dem Vermehrungsfaktor r beschrieben wird. Ist er kleiner als 1, schrumpft die Population. Ist er grösser, wächst sie exponentiell. Da aber der Lebensraum für Tiere beschränkt ist, flacht die Population ab und erreicht eine stabile Grösse. Interessanterweise gibt es ab einem Vermehrungsfaktor von ca. 3 nicht mehr *eine* stabile Populationsgrösse, sondern mehrere. Auf der Vertikalen der untenstehenden Grafik ist die Populationsgrösse in willkürlichen Einheiten aufgetragen und auf der horizontalen der Vermehrungsfaktor r.

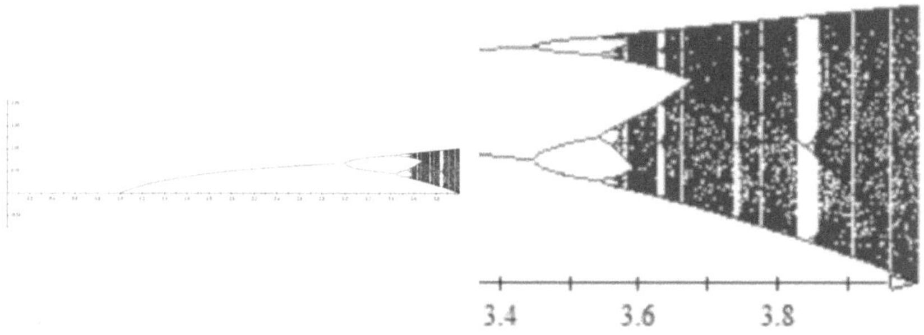

Fig. 3.4 d: Bei grosser Vermehrungsrate (r) wird die Populationsgrösse unvorhersagbar

Ab einem Faktor von 3.56 beginnt die Population regellos herumzuschwanken. Das System wird chaotisch – mit einer verblüffenden Struktur. Z.B. hören die chaotischen Phasen an gewissen Stellen wieder auf (weisse Bereiche). Dieser Populationsdynamik liegt eine erstaunlich einfache Regel zugrunde: Eine vorhandene Population y wird mit dem Vermehrungsfaktor r multipliziert: r*y. Diese neue Population wird nun vermindert, wenn die Ressourcen fehlen. Man multipliziert sie deshalb mit dem, was noch übrigbleibt, wenn die «anderen alles weggefressen» haben. Wir würden z.B. sagen, der Lebensraum könne 1000 Tiere ernähren, dann wäre das, was noch übrigbleibt: 1000-y. Wir Naturwissenschaftler haben es gerne einfach und sagen, der ganze Lebensraum sei 1. Dann ist das Resultat der Populationsberechnung ein Prozentsatz der Maximal-Ressource. Wir haben also für die neue Population y_n:

$$y_n = r*y*(1-y)$$

Diese Berechnung müssen wir nun bei einem bestimmten r einige hundert Mal durchführen, indem wir das y_n anstelle von y in die Gleichung einsetzen, um die nächste Population zu bekommen. Nach 500 bis 1000 Schritten, so genannten Iterationen, ändert sich das y beinahe nicht mehr. Dann zeichnen wir den Punkt als Wert auf der Vertikalen ein. Dies führen wir für alle r auf der horizontalen Achse aus.

In der Sprache unserer zwei-Ebenen-Metapher mit dem dünnen Faden lässt sich das System folgendermassen beschreiben: Auf der unteren Ebene haben wir eine Ausgangs-Tierpopulation (welche, ist unwichtig) mit einem Vermehrungsfaktor r und einer Gesetzmässigkeit. Auf der oberen

Ebene haben wir eine stabile Population nach einer gewissen Zeit. Der dünne Faden besteht in den Hunderten von Rechenschritten zur Berechnung der Population, bis sie stabil wird. Über einen beträchtlichen Bereich von r ist das Verhalten normal. Dann aber entsteht eine Struktur auf der oberen Ebene, die unvorhersehbar ist. Jeder Punkt kann aber mit einem Faden von unten nach oben – den vielen Berechnungen – erzeugt werden. Würden Sie erwarten, dass die Maximalpopulation sich ab einem bestimmten r plötzlich aufspaltet – die Populations-Grafik also eine so genannte Bifurkation zeigt? Und wieso setzt Chaos gerade bei r = 3.56994571869 .... ein? Und was ist der Grund für das überraschende Muster? Stimmen Sie mir zu, dass all diese Information nicht in der Gleichung enthalten sein kann? Dass sie durch das Ablaufen der Berechnung erst entsteht? Dass der komplexe Prozess Information erzeugt?

Damit Sie als Leserin nachvollziehen können, dass auch in der «strengen» Disziplin der Mathematik die oben beschriebene Unvorhersagbarkeit vorkommt und exakt dargestellt werden kann, gehen wir im Folgenden auf diese Beschreibung näher ein. Entweder Sie lassen sich etwas von der Mathematik verführen oder Sie überspringen diesen Teil des Unterkapitels.

Informationsfluss und mathematische Beschreibung

Wir betrachten einfache mathematische Systeme. Sie können als lineare Gleichungssysteme mit konstanten Koeffizienten geschrieben werden. Die Veränderungen solcher Systeme werden angegeben mit Differentialgleichungen der Form

$$y(t)' = A*y(t) \qquad \text{(i)}$$

Dabei ist y(t) der Zustand, in dem sich das System aktuell befindet und y'(t) ist die Änderungsrate des Systems in einer kleinen Zeiteinheit – die so genannte Ableitung. A wird Propagator genannt. Er beschreibt die Fortentwicklung des Systems, indem er auf Grund der Abhängigkeiten *im* System die Reaktionen auf kleine Änderungen darstellt. In einfachen Systemen ist der Propagator nicht abhängig vom aktuellen Zustand des Systems. Die Gleichung oben beschreibt das System vollständig; für kleine Zeitschritte (dt) kann jeweils berechnet werden, was im folgenden Moment geschieht über:

y(t+dt) = y(t)+A*y(t)*dt (ii)

Die analytische Lösung kann meist geschrieben werden als:

y(t) = y(0)*exp(A*t) (iii)

Die so genannte Exponentialfunktion (exp(A*t)) ist die einzige Funktion, deren Ableitung wieder die Funktion selbst ergibt – bis auf einen konstanten Faktor A. Diese Bedingung ist bei Systemen, deren Änderungsrate nicht vom aktuellen Zustand abhängt, erfüllt: siehe Gleichung (i). Kennt man den Zustand jetzt (Anfangszustand), dann kann man alle künftigen und vergangenen Zustände berechnen. Es gibt keine willkürlichen Einflüsse oder keine Freiheit – wenn man denn bei technischen Systemen überhaupt von Freiheit sprechen darf. Laplace erfand damals wie gesagt den „Laplace'schen Dämon", um diesen mathematischen Zusammenhang bildlich für Nichtmathematiker darzustellen. Sein Enthusiasmus war aber etwas zu gross, denn in so genannten komplexen Systemen ist das Verhalten des Systems abhängig vom aktuellen Zustand:

y(t)' = A(y)*y(t)

Diese Gleichung beschreibt den Determinismus im System: Alles, was abläuft, läuft nach klaren Gesetzen ab. Deshalb kann man sich „durchhangeln" entlang der Zeit und aus einem Zustand den folgenden berechnen:

y(t+dt) = y(t)+A(y)*y(t)*dt

Damit haben wir nur für einen ganz kleinen Zeitschritt später (z.B. dt = 1/1000 s) das System berechnet. Mit einem leistungsfähigen Computer kann man solche kleinen Zeitschritte aneinanderhängen und bekommt dann den Zustand des Systems nach einer längeren Zeit, z.B. einer Sekunde. Dafür sind 1000 solcher Schritte nötig. Schon für den Zustand nach einer Stunde ist ein derartiges Verfahren ohne Computer undurchführbar. Dieses Prozedere wird in Simulationen des Systems verwendet. Eine so genannte analytische Lösung – wie beim linearen System mit der exp-Funktion – hingegen existiert nicht im Allgemeinen und deshalb kann man meist keine Prognosen auf lange Sicht stellen.

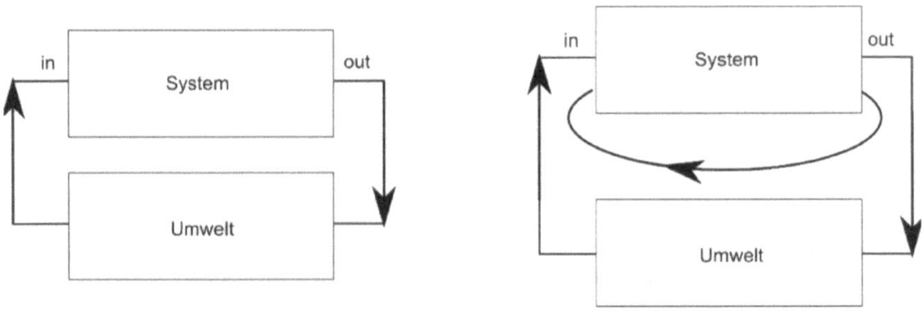

Fig. 3.4 e: Einfache und rückgekoppelte Systeme

Betrachten wir nun den Informationsfluss in den beiden dargestellten Systemen. Im einfachen Fall (links) liefert die Umwelt einen Input, woraus das System einen Output generiert. In komplexen Systemen (rechts) bleibt diese Schleife erhalten, nur dass der Input das System *selber* ändert, was oben in der Gleichung durch A(y) dargestellt wurde: Die Systementwicklung ist vom aktuellen Zustand des Systems abhängig. Wie wir gesehen haben, genügt dies meistens schon, damit keine Langzeitprognosen mehr möglich sind. In der Interaktion mit der KI ist die Situation noch komplexer, dazu tragen zwei zusätzliche Faktoren bei:

1. Erstens lernt das System aus *allen* vorhergehenden Schritten – nicht nur aus dem unmittelbar vorausgehenden. Dabei kann die Reihenfolge der Erfahrungen einen zusätzlichen Einfluss haben. Anstatt A(y(t)) müsste man also schreiben:
   A(y(t),y(t-dt),...,y(0))
2. Zweitens verändern Erfahrungen – das Training und bei dauernd lernfähigen Systemen auch die Anwendung – das System in einer unvorhersehbaren Art. Das Lernen der KI ist selber ein komplexer Prozess und deshalb nicht prognostizierbar.

Den zweiten Punkt habe ich oben erwähnt: beim Einsatz der KI im Schach. Würden zwei KIs gegeneinander Schachpartien spielen und wäre das Lernen des einen Systems prognostizierbar, könnte das andere die Entwicklung des ersten in seine Strategie mit einbeziehen und entsprechend das erste stets schlagen. Dies ist aber nicht der Fall, was einen experimentellen Nachweis liefert, dass KI-Resultate prinzipiell nicht prognostizierbar sind und wir KI deshalb als kreativ betrachten sollten.

Der erste Punkt ist in der Mathematik gefürchtet: vor allem wenn Optimierungen durchgeführt werden sollen. Der Anfangspunkt der Optimierung spielt dabei leider oft eine wichtige Rolle, obwohl er nur zufällig gewählt wird oder im besten Fall abgeschätzt wird. Wer schon in England

Auto gefahren ist, kennt das Phänomen aus eigener Anschauung: Wie schwierig ist es, sich auf den Linksverkehr einzustellen! Ist denn Linksverkehr komplizierter als Rechtsverkehr? Sicherlich nicht. Sie als Festlandeuropäerin haben die Regeln des Rechtsverkehrs nur *vor* denen des Linksverkehrs gelernt, deshalb ist es anspruchsvoll umzustellen. Die Analogie geht noch weiter: Wenn Sie einmal in den Linksverkehr eingespurt sind, dann fällt Linksfahren leicht. Gefährlich ist es am Anfang: Wenn Sie von einem Parkplatz auf eine Strasse einbiegen, auf der keine Autos zu sehen sind – dies hat jüngst zu einem aufsehenerregenden, tödlichen Unfall in Schottland geführt. Kurz gesagt: Alle Ihre Erfahrungen im Verkehr prägen Ihr Lernverhalten. Das ist auch bei der KI so. Wenn wir also die Reaktionen der KI kennen wollten, dann müssten wir oft auch die ganze „Lerngeschichte“ des Systems kennen, und dies ist selten möglich.

Wir haben oben gesehen, dass in komplexen Systemen kleine Änderungen eine grosse Rolle spielen können. Traditionell wurde vom *Schmetterlingseffekt* gesprochen, bei dem der Flügelschlag eines Schmetterlings ausschlaggebend sein kann für die Entstehung eines Hurrikans.

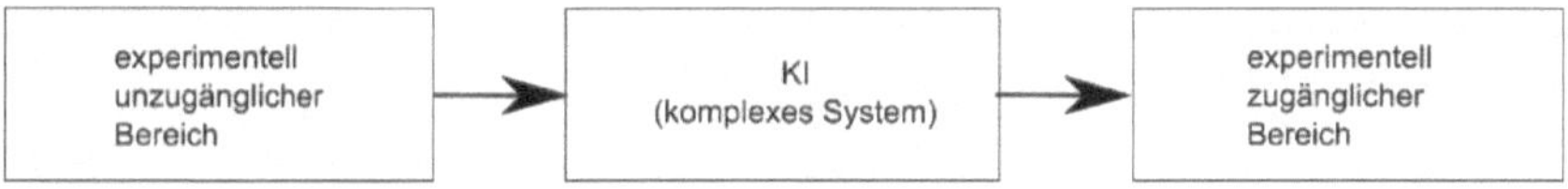

Fig. 3.4f: Informationsfluss bei einem komplexen System

Betrachten wir den Informationsfluss bei einem komplexen System, dann sehen wir, dass es aus einem Bereich, der prinzipiell nicht zugänglich ist, eine Information generiert, die für unsere direkte oder indirekte Wahrnehmung erfahrbar ist. Nun ist man leicht versucht zu urteilen, dass die Voraussagen bei komplexen Systemen *heute* nicht möglich seien – doch wer weiss, wie der Stand der Wissenschaften morgen sein wird? Oder etwas weniger freundlich: *„Die Wissenschaftler sollen etwas ‚vorwärts machen' mit der Forschung und auch für die komplexen Systeme, wie z.B. die KI, Prognosen entwickeln.“* Dies wird aber nicht möglich sein. Wir haben nicht nur gezeigt, dass globale Voraussagen heute nicht möglich sind, sondern dass sie prinzipiell nicht möglich sind – auch morgen nicht.

3.4.3 Zusammenfassung

Kurz zusammengefasst ist die Argumentation folgende: komplexe Systeme haben die Eigenschaft, dass sie *kleinste* Einflüsse *massiv* verstärken können, so dass diese Einflüsse schliesslich das Verhalten des Systems auf lange Sicht bestimmen. Auf der anderen Seite ist es nicht möglich, die Welt vollständig zu vermessen, noch ist es möglich, alle Information zu speichern, - geschweige denn zu verarbeiten: wegen der begrenzten Menge an Daten, die man speichern kann und der begrenzten Energie, die zur Verfügung steht. Deshalb werden komplexe Systeme wie die KI und der Mensch immer unerwartete Phänomene hervorbringen können, auch wenn die Wissenschaft sehr weit voranschreiten wird.

Es gibt zahlreiche Beispiele für komplexe Systeme. Auch die Evolution der Lebewesen stellt ein Phänomen auf höherer Stufe dar, das nicht aus der Physiologie der aktuellen Lebewesen vorhersagbar ist. Die Grippeimpfung beispielsweise schützt nur gegen 2 bis 4 Virenstämme (Vgl. BAG 2020). Da sich die Grippeviren verändern und nur gegen eine kleine Zahl von Viren geimpft werden kann, wird der Impfstoff für den Herbst jeweils gemäss den aktuellen Empfehlungen der WHO angepasst. Die Prognosen, welcher Stamm in dieser Saison zuschlagen wird, sind nur statistischer Natur und können deshalb daneben liegen. Die Evolution der Lebewesen, hier im Speziellen der Grippeviren, ist ein komplexer Prozess, dessen Resultate nicht mit hundertprozentiger Sicherheit vorhergesagt werden können. Genau gleich steht es um die Beschreibung der Wirtschaft. In „Economyths“ hält David Orrell fest, dass die Wirtschaftswissenschaften zu wenig berücksichtigen, dass Wirtschaftssysteme komplex sind und deren Entwicklung deshalb nicht immer vorhersagbar sind, besonders nicht in Situationen, wo grosse Veränderungen stattfinden, z.B. wenn Finanzblasen entstehen und zu platzen drohen.

Die KI und das menschliche Gehirn scheinen also in „guter Gesellschaft“ zu sein: Viele Systeme sind komplex und bringen einen Output hervor, der nicht durch die Kenntnis des Systems selbst und der Kenntnis des Inputs vorhergesagt werden kann. Ich behaupte, dass auch in Zukunft das Verhalten eines komplexen Systems nicht vorausgesagt werden kann. Dass dies selbst in den klassischen Naturwissenschaften der Fall sein soll, wird zum Teil bestritten. Ich will deshalb noch genauer begründen, was der Unvorhersagbarkeit zu Grunde liegt und welche Überraschung sie für uns bereithält: eine Vorbedingung für Freiheit.

3.5 Begründungen des Indeterminismus

3.5.1 Indeterminismus und Freiheit

Mich beschäftigt die Frage, wie ein Phänomen wie Freiheit von der Natur zugelassen wird. Damit befassen wir Naturwissenschaftler uns mit einem Begriff, der eine lange philosophische Tradition aufweist, und wir massen uns nicht an, dessen philosophische Erörterungen adäquat darzustellen. Damit ein Laie – der diese Diskussion eventuell nicht kennt – die Brisanz der Fragestellung aber erahnen kann, soll doch ein Blick auf diese zentrale philosophische Fragestellung geworfen werden. Freiheit ist nämlich eines der wichtigsten Wesensmerkmale des Menschen. Meiner Meinung nach leistet der erwähnte Peter Bieri auch zur Frage der Freiheit wesentliche Beiträge. In dieser Diskussion unterscheidet man zwischen Handlungsfreiheit und Willensfreiheit.

Handlungsfreiheit

Wenn Freiheit gegeben sein soll, muss zuerst sichergestellt sein, dass ein Lebewesen über Handlungsalternativen tatsächlich verfügt. Dass es über die Macht verfügt, eine Handlung umzusetzen. Wenn diese Voraussetzung gegeben ist, dann stellt sich die Frage, ob ein Lebewesen zwischen Handlungsalternativen tatsächlich wählen kann, ob es auch in seinem Willen frei ist. Diese Unterscheidung ist in der Philosophie Allgemeingut und wird auch von vielen anderen Wissenschaften geteilt. Stellvertretend zitiere ich hier die Ökonomen Rothbard und Parent, die bemerken, ein Mensch habe zwar den Wunsch, ein Kinobillett kaufen zu wollen, verfüge aber eventuell nicht über die Macht, dies auch zu tun, weil ihm z.B. das Geld oder die Zeit fehle, ins Kino zu gehen (Rothbard 1980, S. 49 und S. 218). Angesichts der langen Tradition und der Kontroversen um den Freiheitsbegriff sehen es Philosophinnen und Philosophen nicht gerne, wenn Physiker von freien Systemen oder Freiheitsgraden sprechen. Freiheit, und vor allem die Willensfreiheit, steht nur dem Wesen mit reflektierendem Bewusstsein, dem Menschen, zu. Deshalb versuche ich die Begriffe zu vermeiden und spreche dann von Ungebundenheit, Willkürlichkeit, Nicht-Determiniertheit, Quasi-Freiheit usw.

Willensfreiheit

Die höchste und komplexeste Form der Freiheit ist die so genannte Willensfreiheit. Sie kommt wie gesagt nur dem denkenden Menschen zu. Sie ist Folge einer Auseinandersetzung mit sich und der Welt, so dass ein Mensch schlussendlich sagen kann: «Mein Denken bestimmt meinen Willen. Und mein Wille bestimmt über meine verschiedenen und oft widerstreitenden Wünsche.» Freiheit wird demzufolge als Ideal verstanden, dem Menschen in unterschiedlichen Situationen unterschiedlich nahekommen können. Willensfreiheit ist eine Sache des Grades. In den letzten Jahrzehnten hat die Auseinandersetzung um die Freiheit in der Philosophie bedeutende Fortschritte gemacht. Freiheit war seit Beginn der Neuzeit ein Kernthema des philosophischen Diskurses. Und mit dem Begriff Freiheit, besonders in der Form des freien Willens, wurden über Jahrhunderte Menschen gepeinigt. Dieser Missbrauch stützte sich auf das Postulat, freier Wille sei eine allgemeine Gegebenheit. Jeder Mensch verfüge über ihn. Er setzt die vollumfängliche Verantwortlichkeit des Menschen für seine Handlungen voraus und leitet daraus das Recht ab, den Menschen zu strafen – oft sogar auch noch nach seinem Tod und bis zum Ende aller Zeiten.

Bieri und andere zeigen nun, dass Willensfreiheit nicht gegeben ist. Sie ist in unterschiedlichem Ausmass vorhanden bei verschiedenen Menschen in verschiedenen Situationen. Willensfreiheit ist dem Menschen aufgegeben. Sie zu erreichen ist eine Lebensaufgabe. Der Mensch muss sie erringen. Der Titel des wegweisenden Buches von Bieri bringt diese Aufgabe zum Ausdruck: „Das Handwerk der Freiheit“. Obwohl der Mensch prinzipiell zur Freiheit fähig ist, kann er sie oft nicht realisieren. In seinem Willen ist er manchmal nicht frei – zuweilen auch deshalb, weil unbewusste Gefühle seine Wünsche und sein Wollen steuern. Ich schliesse mich deshalb dem Gedanken von Bieri an: Die Willensfreiheit ist ein *Ziel* des erwachsenen Menschen. Sie zu erringen ist ein oft mühsames Projekt.

Als Mensch, der im Schatten der Kanzel gross geworden ist, habe ich gar keine Freude am Begriff Willensfreiheit. Er tönt mir zu stark nach «freier Wille» und dessen missbräuchlicher Verwendung. Sie sehen, dass mich diese Diskussion reizt: Ich will aber in diesem Text nicht darüber nachdenken, wie Willensfreiheit erreicht werden könnte. Es geht mir hier um die prinzipielle Voraussetzung für Freiheit: Lässt die Natur Freiheit überhaupt zu?

3.5.2 Chaotische Natur des Systems

In den vorausgegangenen Diskussionen habe ich eine Voraussetzung für einen so wichtigen Begriff wie Freiheit zu begründen versucht: die Nicht-Determiniertheit. Zwischen den Neuronen und ihren Verbindungen auf der unteren Ebene und dem Phänomen der Willensfreiheit auf der oberen Ebene klafft eine Lücke der Unvorhersagbarkeit und der Nicht-Determiniertheit, die Freiheit auf der oberen Ebene ermöglicht.

Wir nennen ein System nicht-determiniert, wenn es im Einzelfall von Ursachen beeinflusst ist, die im statistischen Mittel wegfallen.

Solche Ursachen bezeichnet man oft als Schmetterlingseffekte. Sie sind charakteristisch für komplexe Gefüge. Das komplexe System Mensch, die Einheit von Körper und Geist, erfüllt deshalb eine Voraussetzung von Freiheit: Ein Mensch kann durch verschiedene solche Schmetterlingseffekte sowohl in seiner Entwicklung als auch in seinem aktuellen Verhalten beeinflusst sein. Es ist somit auch möglich, dass eine vernunftmässige Analyse diese komplexe Einheit beeinflusst und steuert – obwohl sie aus dem gleichen Gehirn stammt. Damit ist eine Voraussetzung für die prinzipielle Freiheit des Menschen begründet.[9]

Auf der oberen Ebene ist Freiheit selbst wieder das Resultat eines komplexen Prozesses. Sie entsteht als Folge eines emergenten Geschehens, das gemäss Bieri mit Denken aber beeinflusst werden kann. Es ist nicht das Ziel dieser Abhandlung, diesen komplexen Prozess auf der oberen Ebene genauer zu fassen – obwohl mich als Psychologe dieser Prozess natürlich auch brennend interessiert und wir Psychologinnen und Psychologen meinen, dazu einen eigenständigen Beitrag leisten zu können.

Es gibt viele naturalistisch orientierte Denker, die die Quasi-Freiheit eines materiellen Systems zu begründen versuchten. Einen wichtigen Ansatz will ich im Folgenden vorstellen, weil er einen Indeterminismus auch begründen kann: Die Nicht-Vorhersagbarkeit eines Systems kann in seiner quantenmechanischen Natur liegen. Erschrecken Sie nicht, ich erkläre Ihnen das Grundprinzip in anschaulicher Sprache.

9 Ob ein Gehirn sich allerdings selbst erklären kann, ist eine interessante Frage, die im Anhang noch etwas beleuchtet wird (§ 12.2).

3.5.3 Quantennatur des Systems

Den Quantenphänomenen können wir auf die Spur kommen, wenn wir ein ähnliches Gedankenexperiment ausführen, wie die griechischen Atomisten: Demokrit und seine Schüler stellten sich bekanntlich die Frage, ob man ein Stück Materie, z.B. ein Blatt Papier, beliebig oft zerschneiden könne und dann immer mehr und immer kleinere Stücke bekomme. Sie sagten: Nein – es gibt eine kleinste, unteilbare Einheit; das Atomos, das Atom. Und damit auch eine endliche Anzahl Teile. Als Angehörige des Informationszeitalters könnten wir das Atomisten-Experiment mit Information machen. Gibt die Natur uns eigentlich beliebig viel Information, oder «weigert» sie sich ab einem bestimmten Punkt und «sagt»: bis hierher und nicht weiter? Als Beispiel können wir an die Position eines Balles denken, der auf einem mit Platten belegten Küchenboden liegt. Wir könnten von einer Ecke aus dessen Position angeben und seinen Abstand bestimmen, sowohl in der Länge als auch in der Breite. Denken wir vorerst nur an die Länge: Wenn die Abstandszahl immer genauer wird, dann wachsen die Stellen hinter dem Komma. Wir würden immer mehr Bits brauchen, um diese Zahl darzustellen: Die Information wächst ins Unendliche. Die meisten Menschen denken, das könne nicht sein. Tatsächlich «weigert» sich die Natur in bestimmten Fällen, uns genauere Informationen zu geben. Bei kleinsten Systemen z.B. bekommen wir die Energie nur noch in Paket-Form: ein Paket oder zwei Pakete, aber nicht anderthalb Pakete. Man sagt dann, die Energie sei quantisiert: Sie liege nur in Paketen, so genannten Quanten, vor.

Ein Grossteil der Physikerinnen und Physiker denkt, dass auch der Raum quantisiert sei. Man stellt sich vor, der Küchenboden sei dann mit Plättchen belegt und die Natur sagt nur noch, auf welchem Plättchen der Ball liege. Innerhalb des Plättchens macht sie keine genaueren Angaben. Allerdings sind die Plättchen relativ klein, wir haben es schon gesagt: 10^{-35} m. Das ist 10^{20}-mal weniger als der Durchmesser des Atomkerns. 10^{20} ist eine unvorstellbare Zahl, sie ist grösser als das Alter des Universums in Sekunden. Ob eine Ebene geplättelt oder der Raum körnig ist, beschäftigt die Theoretiker der so genannten Quantengravitation. Ich lasse sie aussen vor und gehe bei den quantenmechanischen Ursachen noch etwas tiefer.

Das Nervensystem übermittelt Information ja bekanntlich mittels elektrischer Signale, so genannter Aktionspotentiale. Es könnte sein, dass sie durch quantenmechanische Effekte beeinflusst werden. Deshalb fassen wir Licht ins Auge, weil es das für uns bekannteste «elektromagnetische» Signal ist. Stellen wir uns als Beispiel ein Wohnzimmer vor, das von einer

Terrasse umgeben ist und von dem aus wir durch ein Fenster in die Natur schauen können. Betrachten wir das Blatt eines Baumes: Sein grünes Licht dringt durch das Fenster in unser Auge. Wenn wir auf der Terrasse stehen würden, dann könnten wir den Baum eventuell auch schwach reflektiert in der Scheibe erblicken. Das ist der springende Punkt: Das grüne Licht kann durch die Scheibe hindurchtreten, oder es kann von der Scheibe zurückspringen. Viele Leute denken: Das Licht besteht aus Wellen und ein Teil der Wellen dringt durch die Scheibe und ein anderer Teil wird reflektiert. Basta. Nun wissen wir seit der bahnbrechenden Arbeit von Mileva Marić und Albert Einstein aus dem Jahre 1905, dass Licht aus Teilchen besteht. Wenn nun ein solches grünes Lichtteilchen vom Blatt auf das Fenster zufliegt, wie weiss es dann, ob es zurückspringen soll oder nicht?

Es weiss es nicht!

Die Natur gibt uns keine Auskunft über ein einzelnes Teilchen. Sie gibt uns nur eine Aussage, was passiert, wenn sehr viele Teilchen auf die Scheibe zufliegen: Dann gehen im Maximalfall 84% durch und 16% kommen zurück. Die Natur gibt nur noch Wahrscheinlichkeitsaussagen. In der Praxis ist es nicht ganz einfach, ein Modell für die Berechnung dieser Wahrscheinlichkeiten zu entwerfen. Es nennt sich Quantenmechanik und verursacht vielen Studierenden der Naturwissenschaften erhebliches Kopfzerbrechen. Für unsere Diskussion müssen wir es nicht verstehen: Es genügt, wenn wir wissen, dass die Natur in gewissen Fällen nur für sehr viele Teilchen eine Aussage macht und sich im Einzelfall weigert.[10]

Natürlich werden Sie jetzt sofort ein paar Einwände gegen dieses Beispiel haben und sagen: Das liegt an der Scheibe! Sie besteht ja aus Atomen und man könnte denken, das Lichtteilchen werde nur dann zurückgeworfen, wenn es auf einen Atomkern trifft. Da Atomkerne aber sehr klein sind im Vergleich zum gesamten Atom, gehen die meisten Lichtteilchen anstandslos durch. Wenn das stimmt, dann müsste die Reflexionshäufigkeit mit der Dicke der Scheibe zunehmen, weil dann ja immer mehr Atomkerne vorhanden sind.

Das tut sie aber nicht.

Im Gegenteil: Sie schwankt bei einer üblichen Scheibe schön regelmässig zwischen ca. 0% und 16% hin und her. Man hat sehr aufwändige Experimente durchgeführt und festgestellt, dass immer dann, wenn die Dicke um 130 nm zugenommen hat, die Reflexionshäufigkeit wieder gleich gross

10 Man sollte ein solches Modell nicht mit der Realität verwechseln: Die Begründung hierfür finden Sie im Anhang (§ 10.1.1).

ist. Dies ist ¼ der Wellenlänge von grünem Licht (Vgl. z.B. Feynman 1985, S. 33).[11]

Albert Einstein hatte übrigens diese Einwände auch – zeit seines Lebens. Obwohl er mit seiner Frau zusammen die Teilchennatur des Lichtes überzeugend beschreiben konnte, war er immer ein Gegner der Quantenmechanik (Vgl. Pais 1982, S. 409 und Kap. 25a.) Er argumentierte: Hinter dem, was wir experimentell nachprüfen können, liegt noch eine ganz komplizierte Welt versteckt, die wir nicht verstehen. Könnten wir sie aber entdecken und analysieren, dann würden sich keine Wahrscheinlichkeiten ergeben: Wir könnten Reflexion streng deterministisch beschreiben. Deshalb wird er gerne mit seinem Satz zitiert: „Gott würfelt nicht". Solche Ursachen, die im Hintergrund die Reflexion bestimmen, bezeichnet man mit dem englischen Ausdruck hidden Variables. Heute schliessen sich die meisten Physikerinnen und Physiker der Meinung von Max Born an, dass man auf sie verzichten muss und dass die Natur auf atomarem Niveau im Einzelfall indeterministisch sei (Vgl. Zitat von Born in: Pais 1982, S. 449-450.)

Wenn nun im Gehirn quantenmechanische Prozesse eine wesentliche Rolle spielen, könnten sie den Indeterminismus, die mangelnde Vorhersagbarkeit von Gehirnleistungen, begründen. Ob dies zutrifft, ist meiner Meinung nach noch nicht endgültig geklärt. Der hervorragende Physiker und Mathematiker Roger Penrose hat ein entsprechendes Modell entworfen (Penrose 1994, S. 334-346). Er erntete massiven Widerspruch. Selbst mit unserer rudimentären Einführung in Quantenmechanik können wir einen Teil der Einwände verstehen: Es ist die Frage, ob bei einem Phänomen *viele* Lichtteilchen beteiligt sind, oder nur *ein einziges*. Im ersten Fall gibt es praktisch keinen Indeterminismus, es gibt höchsten eine kleine Unsicherheit: Bei Tausend Lichtteilchen und einer bestimmten Glasdicke reflektieren nicht genau 80, es könnten auch 75 sein. Aber diese Ungenauigkeit bedeutet kein prinzipielles Problem. Wenn aber nur ein einziges Photon beteiligt ist, dann wird das Problem heftig. Wir wollen dazu unser Fenster-Experiment weiterspinnen. Denken wir uns, der Beobachter auf der Terrasse sei von einem reflektierten, grünen Lichtteilchen ins Auge getroffen worden und auf Grund unglücklicher Umstände sei eine Blutung ausgelöst worden, die zu einem tödlichen Gehirnschlag geführt habe. Wenn wir jetzt das ganze System – die Terrasse, das Fenster und den Beobachter – in eine schwarze Kiste packen würden und dann das Lichtteilchen eintreten liessen, dann hätten wir ein ziemliches Problem: Lebt der Beobachter noch, oder ist er tot?

11 Wenn Sie die Erklärung interessiert, konsultieren Sie bitte den Anhang (§ 10.1.2).

Wir wüssten es nicht. Dieser Indeterminismus läuft unter dem Schlagwort „Schrödingers Katze“. Er bereitet uns Physikern und mittlerweile auch einigen Philosophen erhebliches Kopfzerbrechen. Wenn ein solcher Mechanismus im Gehirn oder im Körper spielt, könnte er einen Indeterminismus des komplexen Systems Mensch begründen.

3.5.4 Fazit für den Menschen

Ein einigermassen verständliches quantenmechanisches System beim Menschen ist seine Netzhaut. Lichtteilchen können die Moleküle des Sehpurpurs spalten. Ob sie das tun oder nicht, «wissen» die Lichtteilchen nicht. Die Ladungstrennung infolge des gespaltenen Moleküls können die Nervenzellen der Netzhaut feststellen. Allerdings reagieren sie bei einem einzigen getrennten Molekül noch nicht; es braucht fünf bis sechs gespaltene Moleküle, bis die Nervenzelle ein Signal ans Gehirn weitergibt (Vgl. Feynman 1985, S. 25). Nehmen wir an, ein Jäger streife durch die Savanne und ein Leopard liege gut versteckt in einem Gebüsch auf der Lauer. Nur wenige Lichtteilchen seines Fells dringen ins Auge des Jägers. Nun kann ein quantenmechanischer Indeterminismus auftreten: Bei zwei genau identischen Jägern kann beim einen ein Nervensignal ans Gehirn weitergeleitet werden und beim anderen nicht. Dieses Signal kann zu einer äusserst komplexen Reaktion führen, so dass sich der eine Jäger vor dem Leoparden retten kann, der andere aber nicht. Im Einzelfall kann der quantenmechanische Effekt eine entscheidende Rolle spielen: Der Einzelfall lässt sich nicht mit Bestimmtheit voraussagen. Wenn wir aber das Jagdverhalten vieler Jäger studieren und aus ihm Regeln für ein erfolgreiches Jagen ableiten wollen, dann spielt der quantenmechanische Effekt keine Rolle. Die Erfahrung, das geschickte Sich-Bewegen, die Aufmerksamkeit usw. spielen eine viel grössere Rolle. Damit übt der quantenmechanische Effekt eine ähnliche Funktion aus wie der Schmetterlingseffekt oder die Messungenauigkeit: Komplexe Systeme verstärken diese mikroskopischen Schwankungen und führen im Einzelfall zu nicht vorhersagbaren Resultaten. Das Endergebnis vieler Durchläufe eines komplexen Prozesses kann aber im Nachhinein sehr genau analysiert werden: Es gibt zuverlässige empirische Gesetze.

Auch ein quantenmechanisches System können wir mit der zwei-Ebenen-Metapher beschreiben. Die untere Ebene setzt sich aus den Lichtteilchen und der Spaltung des Sehpurpurs zusammen. Die obere Ebene besteht in einem visuellen Bild. Über den dünnen Faden können wir im Einzelfall nichts aussagen, wir wissen nicht einmal, ob er gespannt wird, ob das Lichtteilchen das Sehpurpur spaltet. Bei sehr vielen Lichtteilchen können wir aber eine zuverlässige Aussage machen. Wenn wir viele Fäden spannen, können wir die obere Ebene erzeugen. Oft wird die untere Ebene mikroskopisch genannt und die obere makroskopisch.

3.5.5 Der Reduktion entgeht die Komplexität

Stephen Hawking soll gesagt haben: «I think the next century will be the century of complexity» (Vgl. Deacon 2013, S. 154. «Ich denke, das nächste Jahrhundert wird das Jahrhundert der Komplexität sein.»). Es lohnt sich, über die Methodik der Naturwissenschaften etwas nachzudenken, um den Wechsel des Blickpunktes, den Paradigmenwechsel, zu verstehen, auf den diese Aussage hinweist. Der grosse Erfolg von Naturwissenschaft und Technik seit der Mitte des 18. Jahrhundert liegt in der Methodik der so genannten Reduktion. Ich habe sie oben am Beispiel des Fallens eines Steines illustriert: Man reduziert das System des fallenden Körpers auf einen Massenpunkt, ohne Luftwiderstand und mit konstanter Beschleunigung. Man isoliert es von der Umwelt. Zudem setzt diese Herangehensweise voraus, dass das Verhalten des Gesamtsystems genügend gut aus dem Verhalten von Teilsystemen aufgebaut werden kann. In sehr vielen Fällen ist dieses methodische Vorgehen möglich, weil die Störeffekte klein sind und die Teilsysteme wenig miteinander interagieren. Mit der genau gleichen Methodik wird das Verhalten von komplizierten Atomanordnungen, den Molekülen, in der Chemie erklärt: Indem deren Eigenschaften mit den beteiligten Atomen in Beziehung gebracht und erläutert werden. Der beeindruckende Erfolg dieses Ansatzes hat andere Blickrichtungen auf die unbelebte Natur lange Zeit verdrängt.

Der Reduktionsansatz kann nur ungenügend beschreiben, was herauskommt, wenn viele gleichartige Einzelteile über längere Zeit miteinander zusammenspielen. Man weiss dies eigentlich schon lange von der Bewegung der Planeten: Wenn drei ungefähr gleich schwere Planeten über längere Zeit umeinander kreisen, kann man ihre Positionen schon nach relativ kurzer Zeit nicht mehr voraussagen. Glücklicherweise ist der Mond viel leichter als die Erde und diese wiederum viel leichter als die Sonne: Dann kann man das Problem auf das Verhalten des Mondes reduzieren. Die Bewegung der Erde vernachlässigen wir: Sie ist in Ruhe und der Mond kreist *um* die Erde. Man nennt dieses reduktionistische Vorgehen oft auch «atomistisch» oder «Smallismus».

Was ich Ihnen mit dem Magnetpendel vor Augen führen wollte, ist ein solch nicht-reduzierbares System. Es ist ein Beispiel eines komplexen Systems. Man kann die Reichhaltigkeit seines Verhaltens nicht mit einer peinlich genauen atomistischen Beschreibung erlangen. Es nützt nichts, das Pendel, die Magnete und die Startposition auch noch so genau darzustellen. Nur der Untersuch des Ablaufens deckt die unglaubliche Vielfältigkeit des Verhaltens auf. In den letzten Jahrzehnten des vergangenen Jahrhunderts rückten solche komplexen Systeme in den Blickpunkt der Naturwissenschaften. Ihr Verständnis ist wichtig, wenn wir uns die Frage stellen, ob ein Roboter intelligent sein kann. Die Frage könnte dann umformuliert werden: Welche Komplexitätsmerkmale eines lebenden Organismus kann ein mechanisch-elektrisches System nachbilden?

3.5.6 Philosophischer Zwischenhalt

Virtuelle Zwischen-Welt

Das Nachbilden der Wirklichkeit nimmt in den letzten Jahrzehnten einen immer grösseren Platz in den Naturwissenschaften ein – und auch im alltäglichen Leben. Es entsteht eine Art Scheinwelt, die sich zwischen der Realität und dem Menschen, z.B. dem passionierten Gamer, zu etablieren beginnt: die Welt der Simulation. Ihr Entstehen verdankt sie zum grossen Teil den immer leistungsfähigeren Computern. Sie wird bevölkert von KI-Systemen und beginnt die reale Welt nachzubilden – selbst uns Menschen. Ein Teil dieser Scheinwelt zwingt uns, über einige Begriffe vertieft nachzudenken, z.B. den der Vorhersagbarkeit. Ich habe vorgeschlagen, das Simulieren eines Prozesses von seiner Vorausberechenbarkeit zu unterscheiden. Wir können sehr verwickelte und komplizierte Systeme simulieren, aber wir können ihre Resultate nicht vorausberechnen. Wir müssen die Simulationen ablaufen lassen, um zu wissen, was herauskommt. Auch beim Begriff des Determinismus mache ich die Vorausberechenbarkeit zu einem wesentlichen Kriterium. Deshalb spreche ich von Indeterminismus, wenn ein System nicht vorausberechenbar ist, obwohl es sich durchaus simulieren lässt. Allerdings ist dies sehr aufwändig, weil jeder Faden von der unteren Ebene zur oberen separat berechnet werden muss.

Dieses Modell der zwei Ebenen stützt sich auf einen Vorschlag von John Stuart Mill aus dem Jahre 1843. Innerhalb einer Ebene funktionieren die physikalischen Systeme so, wie wir es uns gewohnt sind: Komplizierte Strukturen können auf einfachere reduziert werden und die Wirkungen dieser elementaren Strukturen lassen sich zusammenzählen. Übergänge zwischen den Ebenen aber sind schwierig zu beschreiben. Bei einigen von ihnen lassen sich die einzelnen Wirkungen nicht addieren, der Zusammenhang ist nicht-linear. Die Gedanken von Mill wurden von verschiedenen Denkern aufgenommen und weitergeführt. Sie konnten bis zum Anfang des 20. Jahrhunderts wesentliche Eigenschaften von komplexen Systemen identifizieren: die Unvorhersagbarkeit und damit das Scheitern des Laplace'schen Dämons, die Nicht-Linearität und das Entstehen neuer Strukturen und Gesetze auf der höheren Ebene. Dieses letztere Resultat wurde Emergenz genannt.

Die Auseinandersetzung um die Emergenz erreichte Anfangs des letzten Jahrhunderts eine grosse Differenziertheit in der Begriffsbildung. Auf sie gehe ich nicht näher ein. Danach ist die Entwicklung allerdings stehen geblieben. Die Gründe liegen darin, dass man das Ebenen-Modell einerseits nicht mit geplanten Experimenten an der Realität prüfen konnte und andererseits nicht die Möglichkeit bestand, bei mathematischen Systemen die nötigen komplizierten Berechnungen mit vernünftigem Aufwand durchzuführen. Anfangs des zwanzigsten Jahrhunderts war es nicht möglich, einen Faden zwischen unterer und oberer Ebene zu spannen. Gegen Ende des Jahrhunderts erlaubte die Rechenleistung von Computern, die nötigen Berechnungen tatsächlich abzuwickeln, und damit stieg auch das Interesse an komplexen Systemen wie magnetischen Pendeln oder sich stark vermehrenden Tierpopulationen.

Heute sind deshalb einige Fragestellungen dieser Denker präzisiert und andere obsolet geworden. Leser, die sich in der Diskussion um Emergenz auskennen, werden feststellen, dass ich ein starkes Gewicht auf die Dynamik eines Systems lege. Wie gesagt kann das magnetische Pendel, das mit seinen unvorhersehbar komplizierten Bahnen die untere Ebene mit der oberen verbindet, als Metapher und Leitgedanke für Emergenz dienen. Der Schritt von unten nach oben erfordert keine obskuren Zutaten von aussen. Er ist nur einfach unmöglich kompliziert und der Ablauf bringt tatsächlich etwas Neues hervor. Es muss aber jeder Punkt der oberen Ebene durch das Ablaufen dieses Prozesses bestimmt werden. Heute sind die Strukturmerkmale eines solchen komplexen Systems weitgehend anerkannt:

- Es ist ein *Prozess*, der aus unzählbar vielen Einzelschritten besteht; das Resultat dieser so genannten Iterationen ist unvorhersehbar
- Ein Einzelschritt wirkt auf das System zurück; es ist *rückgekoppelt*
- Die Wirkungen sind *nicht-linear*; die Einflüsse von Teilsystemen können nicht aufaddiert werden

- Es entstehen auf der höheren Ebene *neue* Strukturen und Gesetze; sie können nicht aus den Strukturen und Gesetzen der unteren Ebene hergeleitet werden, obwohl sie auf ihnen fussen
- Die Systeme sind hoch *labil*; sie zeigen Schmetterlingseffekte.

Damit sind komplexe Systeme oder auch chaotische Prozesse ein Modell geworden für Veränderungen, die Emergenz hervorbringen (Vgl. Deacon 2013, S. 171). Wir werden allerdings sehen, dass bei Lebewesen der Schritt von unten nach oben noch grössere Probleme aufwirft als der Schritt beim magnetischen Pendel: Lebewesen sind wahrscheinlich nicht durch Wirkursachen alleine zu verstehen. Ihr Verhalten ist zielgerichtet. Auf diesen Gedanken werde ich weiter unten genauer eingehen.

Bisher haben wir viel von naturwissenschaftlichen und mathematischen Systemen gesprochen. Wo aber ist der Geist geblieben?

Geist im Laufe der Geschichte der Philosophie

Beim Konzept «Geist» treffen wir auf eine ähnliche Situation wie beim Begriff Freiheit. Generationen von Denkerinnen und Denkern haben sich mit ihm auseinandergesetzt. Eine einfache Definition von Geist könnte lauten:

Geist ist alles, was wir Menschen in der ersten Person Singular erleben.

In dieser Definition steckt einiges an Sprengkraft:
- Die erste Person Singular
- Das Erleben

Wer erlebt Geist? Ich selber. Können wir dann überhaupt über Geist sprechen? Können wir Geist aus einer Er-Perspektive beschreiben, oder ist er in unsere Subjektivität eingekapselt? Können wir von Geist nur sprechen, wenn wir ihn erleben, oder gibt es ein Ding wie Geist «an und für sich» – ohne dass ihn ein Beobachter erlebt? Diese Fragen sind ausserordentlich spannend und brisant. Die Auseinandersetzung um Geist spielt sich aber bereits vollständig auf der oberen Ebene ab. Wenn KI die Materie mit Geist ausstatten soll, dann interessiert mich wieder der dünne und komplizierte aufgewickelte Faden, der von der unteren Ebene der Neuronen auf die obere Ebene des Geistes, den wir erleben, führt.

Bei den besprochenen materiellen Systemen entsteht eine wichtige Komponente zur Übertragung von Geist: Es entsteht Information. Natürlich ist Information noch lange kein Geist, aber sie ist sicher eine unabdingbare Voraussetzung, um Geist zu beschreiben und zu vermitteln. Bis zu diesem Punkt in unserer Darstellung können wir sagen: Komplexe Systeme und damit auch KI können der Materie Information einhauchen. Das ist viel – aber bis zum Geist fehlt noch einiges. Um zu zeigen was, fasse ich im zweiten Teil dieses Buches Menschen und Tiere ins Auge.

3.5.7 Eine neue Denkweise

Mit einem gewissen Stolz haben wir in Folge der naturwissenschaftlichen Fortschritte gegen Ende des 20. Jahrhunderts festgestellt, dass komplexe Systeme Information und Struktur erzeugen, die auf der unteren Ebene noch nicht vorhanden sind. Wir nennen diesen Vorgang wie gesagt Emergenz. Und exakt an dieser Stelle setzen einige Kritikerinnen des Emergenz-Modelles an und fragen: Und wo kommt nun die Ordnung her? Von aussen, von einem lieben Gott? Oder vom Menschen, der diese Ordnung betrachtet? Solche philosophischen Fragen sind faszinierend, weil sie unser gängiges Denken hinterfragen. Bei diesem Denkmuster reicht die Tradition bis zu Aristoteles zurück. Ich versuche dies hier ein erstes Mal zu begründen und werde den Einwand später immer wieder aufnehmen.

Es ist nicht leicht, auf eine eingefahrene Denkweise aufmerksam zu werden. Weil sie eben eine Tradition ist oder weil sie zu unserem Hintergrund gehört, den wir nicht wahrnehmen, weil er sich nicht gegen einen anderen Hintergrund absetzen kann. Wir beginnen deshalb wieder mit einem Beispiel: Denken wir zurück an den Stein, der zur Erde fällt. Was würden Sie antworten, wenn jemand fragt: Warum fällt er zur Erde?

1. Weil er von der Erde angezogen wird.
2. Weil er schwer ist.
3. Weil der Raum gekrümmt ist.

Präexistente Gesetze?

Die meisten Leute würden mit 1. antworten. Sie kennen die Erdanziehungskraft und gehen davon aus, dass die Natur Gesetzen unterworfen ist. Und damit liefern sie sich der Frage aus: Ja, wer hat dann die Gesetze gemacht? Dazu gibt das Standardmodell der Hochenergiephysik eine überraschende Antwort. Ich muss dazu aber etwas ausholen.

Hochenergiephysiker sagen, die Schwere sei eine Eigenschaft von Materie, die den Stein zum Stein macht und ihn z.B. von einem Photon unterscheidet, das keine Ruhemasse hat und deshalb nicht schwer ist. Die

Schwere ist eine Form von Masse. Das so genannte Standardmodell legt abschliessend alle Eigenschaften fest, die Materie überhaupt haben kann. Seit Higgs-Bosonen kürzlich am CERN nachgewiesen wurden, kann man selbst das Entstehen von Masse aus einer Grundstruktur des Raumes herleiten.[12] Dieser Gedanke, dass ein physikalisches System wie z.B. ein Proton oder ein Elektron nur endlich viele Eigenschaften haben kann, und dass diese mit der Grundstruktur des Raumes zusammenhängen, wird Komplementaritätsprinzip genannt (Weinberg 1993, S. 81). Es bildet zusammen mit der Quantisierung die Grundstruktur eines «digitalen Weltmodells», das Information als physikalische Grundgrösse auffasst. Seit ca. Mitte der Nullerjahre gewinnt diese Sichtweise in Form des CBH-Theorems an Bedeutung in der so genannten Quantenphilosophie (Vgl. Bub 2004). Die Auseinandersetzung um die Rolle von Information in der Physik könnte in Zukunft noch intensiver werden, aus folgenden Gründen:

Das Konzept der Quanten und die Hypothese, die Welt im Kleinen sei in diskrete Stücke unterteilt, beschränkt die verfügbare Information. Quantisierung ist ein Paradebeispiel für Digitalisierung. Denken wir an die Netzhaut und das Lichtteilchen, das das Sehpurpur spaltet: Die Antwort der Netzhaut ist ja oder nein, null oder eins, Bit gesetzt oder Bit nicht gesetzt. Es gibt viele Physiker, die der Meinung sind, die Welt sei im Grunde digital. Information in Form von Bits würde die Dinge bestimmen. Mit dem Slogan von John Archibald Wheeler gesprochen: «It from Bit». Das «Es», das Ding, stammt ab vom «Bit» (Vgl. Wheeler 1989, S. 1). Diese Grundannahme revolutioniert unser alltägliches Denken. Es gäbe dann z.B. kein Kontinuum: Physikalische Grössen könnten nicht mit unendlicher Genauigkeit bestimmt werden. Damit würde der Fallstrick von Achilles und der Schildkröte vermieden: Die Natur würde ab einer bestimmten Stelle keine weitere Information liefern. Diese Tatsache führt zu unvermuteten Konsequenzen, die Schrödinger mit seiner Katze illustrieren wollte. Mit der Überzeugung «It from Bit» wird die Welt grundsätzlich digital. Damit steigt die prinzipielle Hoffnung, dass eine Welt auf einem digitalen Gerät auch simuliert werden kann.

Eine weitere unvermutete Konsequenz der Beschränktheit von Information zeigt sich bei deren Übertragung: Will man die endliche Menge an Wissen über die Eigenschaften eines kleinen Systems von A nach B, von Anna auf Beat, übertragen, dann würde man die Information vermehren.

---

12 Wenn Sie sich fragen, warum, stellen Sie eine fundamentale Frage zum heutigen Verständnis von Materie und ihren Wechselwirkungen, die ich im Anhang zu beantworten suche (§ 10.2).

Die Natur widersetzt sich dieser Aufblähung; Quanten-Information kann nicht geklont werden. Anna kann ihr Wissen schon auf Beat übertragen, und der ist danach auch im Besitz der Information – aber Anna zerstört dabei ihr quantenmechanisches System, weil sie in es eingreift. Sie verändert das System durch eine Messung. Die Übertragung von quantenmechanischer Information ist etwas grundsätzlich Neues. Sie öffnet einen neuen Kommunikationskanal, mit dem Dinge getan werden können, die mit einem klassischen Kanal unmöglich sind (Vgl. Bub 2004, S. 14). Dieses so genannte Quantencomputing wird noch einige Überraschungen für uns bereithalten.

Die Idee, dass Information begrenzt sei, wird auch durch neueste Erkenntnisse im ganz Grossen befeuert. Mitte der Siebzigerjahre stellte Jacob Bekenstein eine erstaunliche Behauptung über die Menge der Information in schwarzen Löchern auf. Schwarze Löcher bilden oft das Zentrum von Galaxien und sind sehr kompakte, massive Gebilde, die Licht so stark anziehen, dass es sich nicht mehr von ihnen entfernen kann. Bekenstein und später auch Hawking sagten, die Information innerhalb von Schwarzen Löchern sei beschränkt, sie entspreche der Oberfläche oder dem Quadrat der Masse des Schwarzen Loches und könne in Einheiten der Raumquanten, der erwähnten Planck'schen Länge, gemessen werden. Steven Hawking gelang es, diese Formel überzeugend zu begründen. Sie sieht folgendermassen aus:

$$S = 4\,\pi * M^2$$

Dabei ist S die Menge der Information, angegeben durch die Anzahl Bits, die es braucht, um sie darzustellen. Wir werden weiter unten auf den Informationsbegriff noch genauer eingehen.

Auch Kräfte sind eine Folge der Raumstruktur

Normalerweise schreiben wir die 3. Antwort Albert Einstein zu. Der Gedanke wurde aber schon vom genialen Mathematiker Bernhard Riemann um 1850 geäussert. Massen verändern den sie umgebenden Raum: Sie verdichten ihn. Oft sagt man auch, sie krümmen ihn. Und damit sind die Bahnen von Körpern gebogen, wenn sie in die Nähe einer solchen Masse geraten. Mit gekrümmten Räumen kann man auf Gravitationskräfte verzichten.

Warum entkräften die Antworten 2 und 3 den Einwand der Kritikerinnen? Eine vorläufige Antwort lautet: Die Struktur ist eine innere Eigenschaft des Raumes. Natürlich können die drei Aussagen ineinander überführt werden; sie sind äquivalent. Allerdings überzeugen die Sichtweisen 2 und 3 mit der unmittelbaren Rückführung eines Gesetzes oder einer Eigenschaft auf die Struktur des Raumes, in dem sich die Materie befindet. Damit fällt es leichter, ein Gesetz oder eine Einschränkung als innere Eigenschaft zu begreifen.

Terrence W. Deacon legt nun Wert auf diese Sichtweise, die Ordnung entstehe wegen einer Einschränkung. Das System Erde schränke die Bewegung des Steins ein, und damit entstehe Ordnung. Ich habe diesen Gedanken bei ihm das erste Mal in dieser Klarheit angetroffen. Es lohnt sich, ihn noch etwas zu vertiefen. Betrachten wir dazu nicht unseren Stein, sondern den Mond. Wir stellen uns den Raum als Würfel vor und denken uns, der Mond fliege durch diesen Würfel hindurch. Er kann dies von jedem Punkt aus tun: Er wird immer eine schön gerade Bahn beschreiben und kann alle drei Dimensionen nutzen. Es gibt eine unfassbar grosse Zahl von möglichen Bahnen, je nach Startpunkt.

Nun setzen wir die Erde in die Mitte des Würfels. Jetzt geht es dem armen Mond möglicherweise wie uns in der Corona-Krise: Er ist nicht mehr vollständig frei zu fliegen, wie er will. Je nach Anfangspunkt wird er z.B. um die Erde kreisen, weil die Erde den Raum an bestimmten Stellen so stark gekrümmt hat, dass er eingefangen wird. Er bewegt sich dann in festem Abstand auf einem einzelnen Kreis: Es steht ihm nur noch eine Dimension zur Verfügung. Von anderen Startpunkten aus wird seine Bahn nur etwas abgelenkt und er fliegt einen Bogen. Ganz weit von der Erde entfernt wird seine Bahn kaum beeinflusst werden. Damit wurden seine Möglichkeiten reduziert und es entsteht eine Struktur. Das ist Information: Sie reduziert die Anzahl der Möglichkeiten. Sie schränkt den Mond ein. Sie ist aber eine intrinsische Eigenschaft eines Raumes, in dem sich eine Masse befindet.

Warum ist der Gedanke «Kraft erzeugt Bewegung» eine aristotelische Denktradition? Die griechischen Denker und mit ihnen der frühe Naturforscher Aristoteles hatten eine andere Auffassung von Bewegung als die heutige Physik: Sie dachten, ein Wagen bewegt sich nur, wenn er von Pferden gezogen wird. Bewegung erfordert eine Ursache. Sie nannten diesen Antrieb eine Wirkursache. Wenn sie nicht wirkt, verlangsamt sich der Wagen und steht schliesslich still. Deshalb erfordert Bewegung mit unseren heutigen Worten gesprochen eine Kraft. Wir wissen, dass dies nicht zutrifft. So lange keine Reibung den Wagen bremst, würde er immer geradeaus weiterfahren, wie ein Schlittschuhläufer auf glattem Eis. Nur die *Änderung* der Bewegung erfordert eine Kraft. Die Kraft beschränkt aber die Freiheit der Bewegung: Beim Mond verhindert sie, dass er weiterhin geradeaus fliegt. Es gibt deshalb einen fundamentalen Unterschied zwischen Bewegungen ohne Krafteinfluss und solchen mit einer wirkenden Kraft. Den Griechen entging das Konzept der unbeschleunigten Bewegung, die gewissermassen ein Naturzustand ist und einem Körper drei Dimensionen für die Bewegung zur Verfügung stellt. Die Auseinandersetzung mit der unbeschleunigten Bewegung ist für uns schwierig, weil sie nicht zu unserer Alltagserfahrung gehört. Sie ist aber die Grundlage der so genannten speziellen Relativitätstheorie. Einstein und Marić begründeten sie, indem sie forderten, dass die physikalischen Gesetze in all den Systemen gleich sein müssen, die sich nur durch eine konstante Geschwindigkeit voneinander unterscheiden. Wenn in unserem Beispiel der Mond durch den leeren Würfel hindurchfliegt, dann könnten wir uns auf ihn setzen und die Gesetze der Natur müssten die gleichen sein.

Die Teilchenphysiker mit ihrem Standardmodell machen sich nun wie gesagt anheischig, abschliessend alle Eigenschaften zu benennen, die Materie haben kann: Masse, Ladung, Geschwindigkeit (Impuls), Drehimpuls, Spin und ein paar weitere exotische Eigenschaften. Diese Eigenschaften werden von den Symmetrien des Raumes diktiert, in dem sich Physik abspielt. Deacon legt nun wie angedeutet den Blickpunkt auf die Einschränkungen, die diese Eigenschaften der Materie auferlegen. Die Begrenzungen erzeugen Information. Beim Magnetpendel können wir diesen Gedanken gut nachvollziehen: Wenn die Magnete am Boden entfernt sind, kann das Pendel in jede Richtung schwingen. Werden die Magnete hinzugefügt, dann werden die Bewegungen des Pendels eingeschränkt: Es landet schliesslich über einem Magneten. Dieser wirkt als Attraktor, der den pendelnden Magneten einfängt und seine Bewegung eingrenzt. Aber die Bewegung der Bahn ist höchst interessant. Durch die Einschränkung entsteht eine Fülle von Information. Ein System ist deshalb wesentlich von seinen Einschränkungen bestimmt. Es wird terminiert von dem, was es nicht (mehr) erreichen kann. Deshalb macht Deacon die Assoziation mit der Null, die ja auch stellvertretend steht für etwas, was nicht da ist. Und die Araber sagten, die Null diene dazu, «die Spalten senkrecht zu halten». Die Null bringt Ordnung in die Zahlen, z.B. wenn man sie schriftlich addieren will. Der Gedanke der Null war unendlich viel schwieriger zu fassen als der von Eins, Zwei oder Drei.[13] Also: Information ist grundlegend für die Beschreibung und Übermittlung von Geist. Sie entsteht aus Beschränkungen.

13 Vom Anhang können Sie sich verführen lassen, etwas über die Null nachzudenken (§ 9.4).

Teil II: Der Geist im Körper

Wie gesagt: Künstliche Intelligenz fordert uns. Wir stellen uns sofort die Frage, ob ein künstlicher Künstler menschliche Eigenschaften aufweist, und denken dann über das Humane bei uns nach. Und meist sind wir in einer direkten Art betroffen; wir diskutieren nicht wertfrei irgendeinen Sachgegenstand, sondern es geht uns ans Lebendige. In diesem zweiten Teil will ich den Standpunkt demzufolge ändern: Im ersten Teil haben wir untersucht, wie aus Materie Geist – oder zumindest Information – entsteht. Wir haben über das Künstliche beim künstlichen Künstler nachgedacht. Jetzt wechseln wir die Perspektive, wir schauen vom Menschen aus und identifizieren seine Wesensmerkmale. Wir fassen also den Künstler ins Auge und fragen uns: Können dessen Charakteristika von einem Roboter nachgebildet werden? Dabei müssen wir eine Reihe von Begriffen deutlicher fassen. Bisher haben wir eine recht abstrakte Definition von Geist gegeben: Geist ist alles, was wir in der ersten Person Singular erleben. Beim schwierigen Weg von der unteren Ebene der Neuronen hoch zur oberen Ebene des Geistes haben wir einen Schritt getan: komplexe Systeme wie die Neuronen des Gehirns und ihre Verbindungen können Information erzeugen. Wenn es um tatsächlichen Geist geht, müssen wir einige diffizile Begriffe klären. Allen voran Bewusstsein, dann aber auch Denken, Intelligenz, Aufmerksamkeit, Gefühl, Intuition, usw.

Geist charakterisiert wie gesagt vor allem den Menschen. Vergleichen wir seine mentalen Fähigkeiten mit denen von Maschinen, sind meiner Meinung nach fünf Themenbereiche massgebend. Der Mensch ist:

1. Ein lernendes Wesen
2. Ein bewertendes Wesen
3. Ein denkendes Wesen
4. Ein tauschendes Wesen
5. Ein gebrechliches Wesen

Vielleicht wenden Sie als gebildete Leserin ein: Warum nicht z.B. ein Mängelwesen (Gehlen), ein spielendes Wesen (Schiller), ein sprachliches Wesen (Aristoteles), oder ein ästhetisches, ethisches, soziales usw.? Sie werden sehen, dass ein Grossteil dieser Charakterisierungen in den fünf Eigenschaften enthalten ist. Wie an vielen Stellen dieses Buches versuche ich immer wieder die grundlegendste Eigenschaft herauszuschälen. Dabei stehen meiner Meinung nach das Tauschen und Teilen von Nahrung am Ursprung der sozialen Natur des Menschen und gemäss Tomasello auch der sprachlichen oder mit Deacon auch der ethischen.

Wenn wir über den Geist im Menschen nachdenken, dann könnten wir uns zuerst fragen, ob und wie er in den Körper kommt. Eine Antwort lautet: Der Mensch lernt. Ist das, was ein Roboter tut, auch ein Lernen oder speichert er bloss Information? Wir wissen, dass der Mensch die Wahrnehmungseindrücke der Aussenwelt bewertet. Dies ist sicher ein notwendiges, möglicherweise aber nicht hinreichendes Merkmal für die Wandlung von Information in Geist. Diese Bewertungsmechanismen will ich im fünften Kapitel untersuchen. Wir sind dann mit der Frage konfrontiert, ob ein KI-System auch bewerten kann, oder ob die Bewertung vom Programmierer in den rationalen Agenten hineingeschmuggelt wurde.

Weiter wissen wir, dass geistige Tätigkeiten nur teilweise bewusst sind. Menschen sind aber fähig, über einige Bereiche ihrer geistigen Tätigkeit nachzudenken: Sie verfügen über ein reflexives Bewusstsein, dessen Lokalisierung und Funktion man im Gehirn schon glaubt identifizieren zu können. Wo stehen wir in diesem Forschungsprozess und könnten dies Roboter eventuell auch? Diese Themen diskutiere ich in Kapitel 6.

Menschen spezialisieren sich und tauschen untereinander ihre Güter aus. Zusammen mit dem reflexiven Bewusstsein bilden diese beiden Wesenszüge die Grundlage für den Aufbau einer Kultur. Roboter sind sicher hoch spezialisiert, würden sie aber auch miteinander kooperieren und tauschen? Damit beschäftigen wir uns in Kapitel 7.

Menschen kommen – verglichen mit benachbarten Arten – sehr früh zur Welt. Sie müssen intensiv gepflegt werden und erleben eine ausgedehnte Kindheit. Welchen Einfluss hat diese spezielle Geburtssituation auf unser Wesen und unsere Daseinsbedingungen? Menschen und Tiere sind evolutive Systeme: Sie kennen eine individuelle und eine stammesgeschichtliche Entwicklung. Menschen zeichnet aus, dass sie einerseits zu Beginn ihres Lebens eine sehr fragile Existenz haben. Sie sind anfänglich zwar abhängig, aber zum Schluss sind sie andererseits auch autonom: Sie erhalten und reparieren sich selbst. Kann Geist ohne die aus diesen Entwicklungsprozessen gewonnenen Kompetenzen überhaupt entstehen? Müssen wir für Roboter eine Genese einplanen? Und last but not least: Müssten wir Rücksicht auf die Gebrechlichkeit evolutiver Systeme verlangen? Brauchen wir also auch eine Maschinenethik? Diese Erörterungen sind Gegenstand des letzten Kapitels.

4 Ein lernendes Wesen

4.1 Lernstrategien im Lauf der Evolution

Wenn wir den Gang der Natur seit dem Urknall überblicken, dann sehen wird, dass die Natur verschiedene Systeme des Lernens entwickelte: genetischer Code, neuronales Lernen, reflexives Bewusstsein. Dem Evolutionsprozess gelang es zunächst, aus der Materie die für eine Spezies wichtigen Regeln zu extrahieren. Dieser Prozess war langwierig und aufwändig. Er fusst hauptsächlich auf dem Erzeugen von Nachkommen mit leicht modifizierten Eigenschaften und damit eventuell besserer Anpassung an die Regeln der Umgebung. Die nächste Lernstufe war bedeutend effektiver: Durch die Entwicklung eines Gehirns mit neuronalen Schaltkreisen braucht ein individuelles Lebewesen nur noch wenige Jahre, um der Natur Regeln zu entlocken. Der Mensch setzt diesem Prozess die Krone auf: Er kann gar über sein Lernen und seine geistigen Prozesse selber nachdenken. Er entwickelte ein reflexives Bewusstsein.

Die KI kann die verschiedenen Prinzipien des Lernens in *einem* System und zur *gleichen* Zeit zusammenführen. Zumindest kann man den genetischen mit dem neuronalen Ansatz verbinden: Wir können ein neuronales Netz mit seinen Gewichten als Lebewesen anschauen und die verschiedenen Lebewesen dann über Genaustausch und Mutation zu einer neuen Generation kombinieren. Die Effektivität könnte man mit einer Zielfunktion testen: Welches Lebewesen kann von 100 Gesichtern wie viele richtig zuordnen? Die alles entscheidende Frage ist aber, ob ein Roboter auch Gesetze erkennen kann. Wir haben bereits erwähnt, dass Spitzer sagt, der Mensch sei ein regelbildender Automat. Kann ein Computer Regeln bilden? Dazu will ich zuerst die Fähigkeit des Menschen zum Bilden von Gesetzen genauer betrachten.

4.2 Das Lernen der Menschen

Die unglaubliche Lernfähigkeit des Menschen zeigt sich vielleicht am eindrücklichsten beim Spracherwerb. Ein Kleinkind hört eine Menge von Sätzen deutscher Sprache. Mit drei oder vier Jahren hat es Dutzende komplizierter Regeln aus diesem Material extrahiert: Es bildet korrekte deutsche

Sätze. Da steht die Verbpersonalform an zweiter Stelle („Gestern *hat* es geregnet"); da stimmen Subjekt und Prädikat in der Person überein („*Du* ha*st* gesagt"); da wird das Präteritum korrekt gebildet, indem ein „t" zwischen Verbstamm und Endung tritt („ich sage" – „ich sag*t*e"). Und all das, ohne dass das Kind eine einzige Grammatik-Lektion erhalten hat. Es leitet die Regeln aus dem gehörten Sprachmaterial ab. Deshalb sagt Spitzer, der lernende Mensch sei ein regelbildender Automat. Der Mensch ist wahrscheinlich die lernfähigste Spezies auf der ganzen Welt. Er lernt nicht nur geistige Dinge, sondern auch grosse Teile der Steuerung seines Körpers. Selbst seine artspezifische Bewegung, den aufrechten Gang, muss er ein geschlagenes Jahr lang üben. Sein Gang hat dann eine individuelle, unverwechselbare Note. Dieses Lernen ermöglicht ihm später, mit einem Snowboard auf der Kante durch eine Kurve zu flitzen. Warum können wir so gut lernen?

Wir werden zu früh geboren: Sollte ein Säugling körperlich so gut ausgebildet auf die Welt kommen, wie unsere nächsten Artverwandten, die Schimpansen, dann müssten Menschenfrauen ihre Kinder zirka 21 Monate lang austragen. Dann aber wäre deren Kopf zu gross, um durch den Geburtskanal zu gelangen. Darum hat die Natur einen Ausweg gewählt: Sie bringt uns zu früh auf die Welt. Der Basler Anthropologe Adolf Portmann sagt deshalb: Der Mensch ist eine physiologische Frühgeburt.

Genauso wie das maschinelle Lernen weist auch der menschliche Lernprozess einige Strukturmerkmale eines komplexen Prozesses auf:

- Er besteht aus sehr vielen Schritten.
- Das Gelernte wirkt auf den Lerner zurück, es verändert ihn.
- Lernen hat Schmetterlingscharakter, oft kann eine scheinbar unerhebliche, zufällige Ursache die Entwicklung eines Menschen in eine ganz andere Richtung lenken.
- Man kann das Resultat eines Lernprozesses nicht prognostizieren, man kann aber sehr wohl hinterher feststellen, welche Ursachen das beobachtete Resultat mitbestimmt haben.

Wenn wir nun das Lernen der Menschen mit dem von Robotern vergleichen, dann müssen wir zuerst feststellen, dass Computer schon jetzt einiges viel besser können, als Menschen je fähig sein werden.

4.3 Was Roboter besser können

Ich habe bereits mehrmals darauf hingewiesen, dass Computer die Zeitspanne für logische Operationen erheblich verkürzen. Damit sind Rechner in der Datenverarbeitung dem Menschen hoch überlegen.

4.3.1 Massive Leistungszunahme und -grenzen der Computer

Wir erleben eine schwindelerregende Leistungszunahme bei Computersystemen. Wie bereits gesagt: Ungefähr alle anderthalb Jahre verdoppelt sich die Leistung von elektronischen Schaltkreisen. Damit wurde die Zeitspanne für eine logische Operation massiv verkürzt. Zudem wurde die Speicherfähigkeit von Daten praktisch unbegrenzt erhöht. Nun stellt sich die Frage, ob das immer so weiter geht. Bei der Schaltgeschwindigkeit gibt es eine natürliche Grenze, die wiederum von der Fliessgeschwindigkeit der Elektronen abhängt. Sehr empfindliche Schalter, die nur wenige Ladungsträger brauchen, um zu schalten, werden vielleicht in einer Zehntelnanosekunde (100 psec) schalten können. Also vielleicht noch 10-mal schneller als heute. Aber jetzt schon kompensiert man die Grenze der Schaltgeschwindigkeit durch mehrere Prozessoren, die parallel Arbeiten ausführen.

Miniaturisierte Schaltungen müssen mit der Aussenwelt verbunden werden. Solche Übergangs-Verbindungen werden durch Matrizen hergestellt. In diesen sehr feinen Gittern sind die Stellen weggeätzt, die nicht leiten sollen. Das Herstellen einer solchen Matrix ist ein hochanspruchsvoller Prozess. Man schneidet mit Lasern, deren Licht man bereits nicht mehr sieht. Sie arbeiten im Ultraviolett-Bereich. Der Grund ist die Beugung der Lichtstrahlen an den feinen Öffnungen. Diese Beugung hängt von der Wellenlänge des Lichtes ab und ist eine natürliche Grenze der Miniaturisierung. Eine weitere Grenze ist das Übersprechen der Signale: Wenn Leiterbahnen ganz nahe aneinander vorbeilaufen, dann induziert das Signal auf der einen Bahn ein zusätzliches auf der Nachbarbahn. Auch dieser physikalische Effekt wird dazu führen, dass das Moore'sche Gesetz an seine Grenzen stösst (Tages Anzeiger 2020.02.13).

4.4 Können Roboter Gesetze lernen?

Das genetische Lernprinzip und das neuronale können heute wie gesagt einem Computer einprogrammiert werden. Wenn er dann Gesichter zu erkennen lernt, modifiziert er sein neuronales Netz bei jedem neuen Gesicht geringfügig. Dafür braucht ein Roboter weder Jahrtausende wie die Evolution, noch Jahrzehnte wie gehirnbegabte Tiere, sondern Millionstel-Sekunden für ein einzelnes Lern-Beispiel. Dabei sucht der Roboter, grob gesprochen, nicht nach Regeln. Er erkundet nicht, ob ein Portrait eine Nase, Ohren, Augen und Mund enthält. Gesetzmässigkeiten wurden ihm nicht einprogrammiert. Er stellt nur unterschiedlich starke Verbindungen zwischen den Neuronen her. Es ist erstaunlich, dass dies alleine genügt, ein Gesicht zu erkennen. Die Frage ist nun, ob ein Roboter aus dem Gelernten auch Gesetze extrahieren kann. Ein erster Schritt dazu bestünde darin, Begriffe oder Kategorien zu bilden: z.B. die erwähnten körperlichen Merkmale wie Nase und Ohren oder die sprachlichen Kategorien wie Vokale und Konsonanten.

4.5 NETtalk und überwachtes Lernen

Terry Sejnowski und Charles Rosenberg haben schon in den Neunzigerjahren des letzten Jahrhunderts überzeugend darstellen können, dass ein neuronales Netzwerk fähig ist, Konsonanten von Vokalen zu unterscheiden – obwohl man ihm die Regeln dazu nie vorgegeben hatte. Der Philosoph Paul M. Churchland arbeitete eng mit ihnen zusammen. Ich will seine Argumentation wiederholen und dabei ein konkretes, einfaches neuronales Netz vorstellen (Vgl. Churchland 1995, S. 101-107).

4.5.1 Kann jemand, der dumm wie ein Esel ist, doch richtig sprechen?

Es geht darum, einen geschriebenen Text vorzulesen. Die von Sejnowski und Rosenberg entwickelte Software NETtalk liest englische Sprache laut vor. Wir haben also als Input Buchstaben und als Output Sprechlaute, Phone, wie man in der Fachsprache sagt. Ein solches Problem ist vor allem im Englischen eine nicht zu unterschätzende Herausforderung: Obwohl Englisch mit bloss 26 Buchstaben geschrieben wird, verwendet diese Sprache insgesamt ca. 44 von insgesamt 79 unterschiedlichen Lauten. Es gibt also für jeden Buchstaben verschiedene Sprachlaute. Z.B. der c-Buchstabe: Er wird in jedem der drei folgenden Wörter verschieden ausgesprochen: carrot, circuit und cherry. Wir können also nicht einfach ein c in einen Laut überführen, sondern müssen das c in seinem Umfeld untersuchen und daraus dann den zugehörigen Laut generieren. Im neuronalen Netz von Sejnowski werden je drei Buchstaben vor und je drei hinter dem zu übertragenden Buchstaben einbezogen. Das Netzwerk besteht aus bloss drei Ebenen. Die Inputebene enthält den Buchstaben und seine Nachbarschaft. In der untenstehenden Illustration des Netzwerks soll der Buchstabe «N» im Wort Translation richtig ausgesprochen werden. Der Input besteht also aus TRANSLA. Um die Buchstaben zu identifizieren, ist das ganze Alphabet in einem Block angeordnet, der Plätze für die 26 Buchstaben enthält. In diesem Gitter-Block befindet sich das A dann ganz oben links, während das L in der Mitte anzutreffen ist.

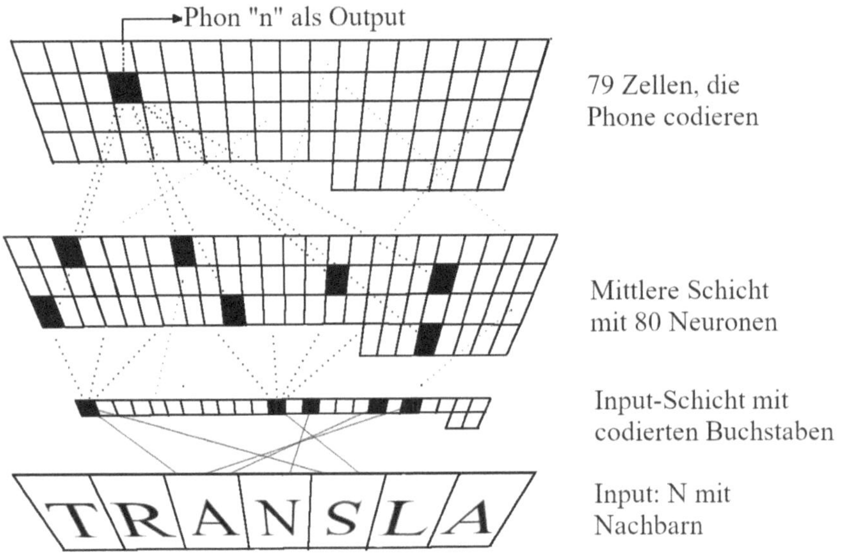

Fig. 4.5 a: Prinzip-Schema der Neuronenebenen von NETtalk

Die Input-Schicht ist demzufolge eine neuronale Ebene mit 26 Neuronen. Jedes dieser Neuronen hat eine mehr oder weniger starke Verbindung zu einem Neuron der mittleren Schicht. In der Figur sind nur weniger dieser Verbindungen angedeutet. Sie besteht aus 80 Neuronen. Von ihnen hat jedes wiederum verschieden starke Verbindungen zur Outputschicht, auch sie sind in der Figur nur angedeutet. Der Output besteht aus 79 Neuronen: für jeden möglichen Sprechlaut eines. Nun wird das Netzwerk trainiert. Anfänglich enthält es zufällige Verbindungen und das Vorlesen wäre ein unverständliches Gebrabbel.

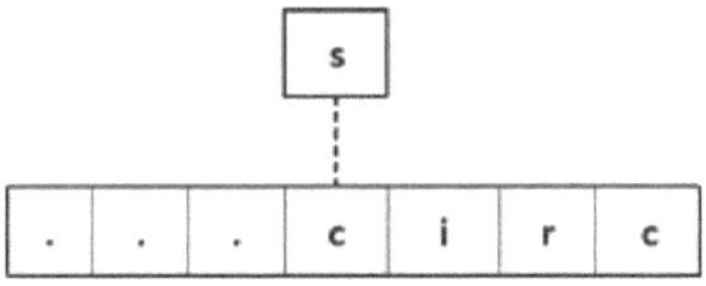

Fig. 4.5 b: Aussprache-Training am Beispiel circuit

Wenn nun dem Netzwerk ein c mit dem Wort circuit präsentiert wird, dann sollte das erste c wie ein s tönen. Der Trainer instruiert das Netzwerk, was richtig gewesen wäre und das Netzwerk setzt ein Korrekturprogramm in Gang, das die Verbindungen geringfügig anpasst.

Diese Korrekturprogramme stellen das Kernstück des Lernens künstlicher neuronaler Netzwerke dar.[14] Im nächsten Schritt wird die Buchstabenfolge um eine Einheit nach links verschoben, so dass nun das i mit dem korrekten Sprechlaut i verbunden werden muss. Sejnowski nahm die Leistung des Netzwerkes nach einigen Lernschritten auf Tonband auf und spielte das Band seinem Publikum vor. Der Fortschritt war erstaunlich: Nach jedem Lernschritt konnte man den vorgelesenen Text besser verstehen. Dieses Resultat ist in keiner Weise trivial. Churchland schreibt:

> Natürlich versteht NETtalk nicht, was es da liest, denn es kennt die Bedeutung der Worte nicht. In diesem Punkt ist es „dumm" wie ein Esel. Erstaunlich ist aber die Tatsache, daß es eine Leistung vollbringt, für die man normalerweise einen Wust von Ausspracheregeln und mehrere Mann-Jahre zu deren Programmierung benötigt. All das schafft das Netzwerk nur dadurch, daß es Signale durch wenige Hundert „Neurone" mit Verbindungen unterschiedlicher Stärke schickt. Schliesslich gab man NETtalk nie irgendwelche spezifischen Regeln ein; zudem hatte es nie die Möglichkeit, derartige Regeln in irgendeiner Form zu bilden. Seine einzige Informationsquelle war die wiederholte Konfrontation mit den Beispielen aus dem Trainingsset, worauf es nur mit der Änderung seiner Verbindungstärken reagieren konnte. Die zentrale Frage lautet also: Wie schafft NETtalk das? Wie bringt es das Netzwerk fertig, die gewünschte allgemeingültige Buchstaben-Phonem-Umformung durchzuführen? (Churchland 1995, S. 103.)

---

14 Ich erkläre sie im Anhang etwas detaillierter (§ 11.2).

4.5.2 Das Netzwerk trennt Vokale von Konsonanten

Nun will ich nachweisen, dass in der mittleren Ebene Vokale von Konsonanten getrennt sind. Dabei möchte ich die Leserin und den Leser bitten, auf zwei Ebenen mitzudenken: Erstens auf der Ebene des Resultats: Sind die beiden Lautformen tatsächlich voneinander unterschieden? Zweitens auf der Ebene des Vorgehens: Welche Schritte unternehmen wir bei der Analyse?

Wir fragen uns nun, ob ein Endneuron, ein Laut, mit einer *bestimmten* Region der mittleren Ebene verbunden ist, oder ob die Verbindungen *zufällig* über die ganze mittlere Ebene verteilt sind. Dazu setzen wir mit Sejnowski ein mathematisches Modell ein: Jedes Neuron der mittleren Ebene verstehen wir als eine Dimension in einem so genannten Merkmalsraum. Bei drei Neuronen können wir diesen Merkmalsraum noch zeichnen:

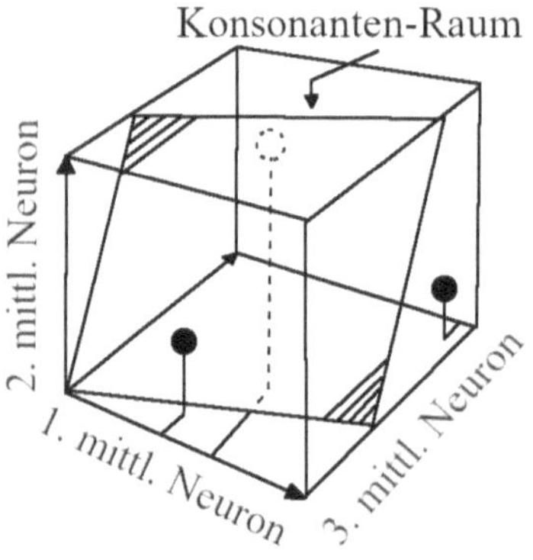

Fig. 4.5 c: Merkmalsraum von NETtalk

Jeder Punkt im Raum charakterisiert die Stärke der Verbindung zum Endlaut. Der Punkt ganz rechts hinten, sagen wir, es sei der Zischlaut s hat eine sehr starke Verbindung zum 1. mittleren Neuron und eine starke Verbindung zum dritten mittleren Neuron, aber nur eine ganz schwache zum zweiten. Wenn man nun alle diese Verbindungsstärken auflistet, bekommt man eine Zahlenreihe, die man Pfeil oder Vektor nennt. Der Vektor für den Zischlaut s – oder jeden anderen Laut – hat 80 Einträge: für jedes Neuron der mittleren Ebene eine Zahl. (Stellen Sie sich diesen Pfeil nicht räumlich vor, er ist 80-dimensional!). Nun kann man den Abstand zwischen zwei Pfeilen und damit zwischen zwei Lauten ausrechnen. Ist der Abstand klein, liegen die Laute nahe beieinander, ist der Abstand gross, liegen sie weit voneinander entfernt. In der Abbildung 4.5 c sieht man, dass der s-Laut nur wenig Abstand zum z-Laut hat, aber einen grossen zum p-Laut. Zur Abstandsberechnung bildet man den Differenzenvektor. Dafür wendet man den so genannten Satz von Pythagoras an: Man quadriert alle Differenzen, addiert die Quadrate zusammen und zieht am Schluss die Wurzel. Dieser «allgemeine Pythagoras» ist ein wichtiges Abstandsmass, es gibt aber noch eine Reihe andere. Auf der Ebene der Resultate würden wir nun einen grossen Abstand zwischen Konsonanten und Vokalen erwarten. Das ist tatsächlich so, wie die folgende Darstellung zeigt (Fig. 4.5 d, vgl. Sejnowski 1987, S. 158). Mit dieser Analyse kann man den Merkmalsraum in verschiedene Sektoren aufteilen. Die schraffierte Zwischenebene in Figur 4.5 c deutet eine solche Zerlegung in Konsonanten (hinten) und Vokale (vorne) an.

Damit haben wir ein Resultat, das weit über das technische Geschick des Vorlesens hinausgeht: Das Netzwerk bildet offensichtlich Kategorien. Es bildet Strukturen in einem Lautsystem ab. Damit ist es fähig, geistige Objekte zu isolieren, obwohl es sie natürlich nicht benennen kann. Auf der Ebene der Resultate kommt das Netzwerk einer menschlichen Fähigkeit nahe.

Dieses neuronale Netzwerk wurde von Menschen trainiert. Man spricht von überwachtem Lernen. Bei den Schachprogrammen hingegen haben wir gesehen, dass sie gegen sich selber spielen und dann keinen Menschen brauchen, der sagt, ob ein Zug gut oder schlecht sei. Sieg oder Niederlage geben diese Information. Bei derartigen Lernprozeduren spricht man von nicht-überwachtem Lernen.

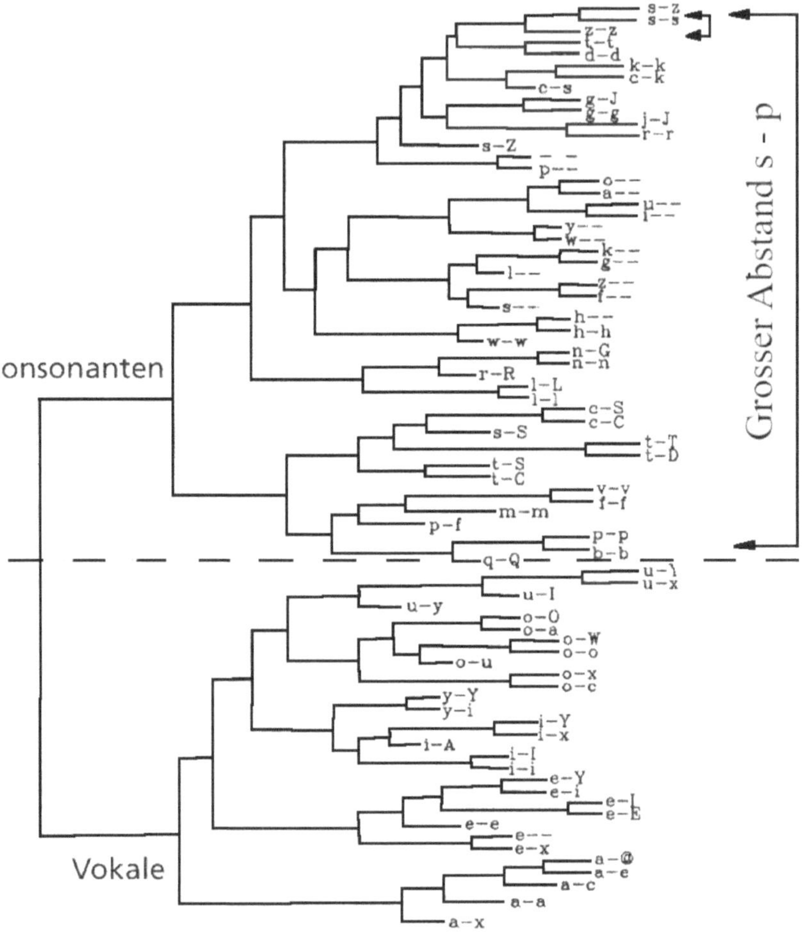

Fig. 4.5 d: Vokale und Konsonanten werden bei NETtalk getrennt

4.6 Klassifizieren: SVM

Wenn wir uns fragen, ob auch ein maschinelles System die Struktur des Merkmalsraums analysieren könnte, sind wir mit Klassifikationsproblemen konfrontiert: Gehört ein Laut zu den Vokalen oder den Konsonanten? Solche Einteilungen von Daten in Kategorien sind eine Grundvoraussetzung des Lernens von Regeln. Spitzers Aussage, das Kind oder der Mensch sei ein regelbildender Automat, zielt auf diese Fähigkeit ab, Objekte in Klassen einzuteilen. Bei Kleinkindern lässt sich dieser Prozess gut beobachten. Sie identifizieren lebendig sein z.B. mit „aus sich selbst heraus etwas tun". Deshalb schreiben sie Computern eine Lebendigkeit und einen Willen zu und sagen, der Computer „spinnt" wieder einmal. Man nennt solche Fehl-Zuordnungen Übergeneralisierungen. Künstlich intelligente Systeme haben sich in jüngster Zeit als ausserordentlich erfolgreich im maschinellen Erzeugen von Kategorien und im Zuordnen erwiesen: Texte werden als Spam klassifiziert, ein Tumor wird den bösartigen Gewebeveränderungen zugeordnet, eine Website wird als betrügerisch eingeschätzt usw.

Klassifizierende Algorithmen feiern momentan grosse Erfolge bei der Analyse von Texten und deren Übersetzung. Programmierer entwickelten zum Beispiel einen perfekten Dolmetscher-Roboter, der Arabisch ins Englische überträgt – ohne dass die Informatiker ein einziges Wort Arabisch verstehen (Vgl. Russell 2012, S. 54). Dieser Sprung beruht auf zwei Entwicklungen: einer immensen Sammlung von Daten (z.B. Arabisch-Englisch-Übersetzungen mit Milliarden von Wörtern) und verbesserten Programmierstrategien. Sie sind die vierte Schule der KI-Programmierung und beruhen auf Techniken, die in einem Datenraum nach Gleichheit und Verschiedenheit suchen.

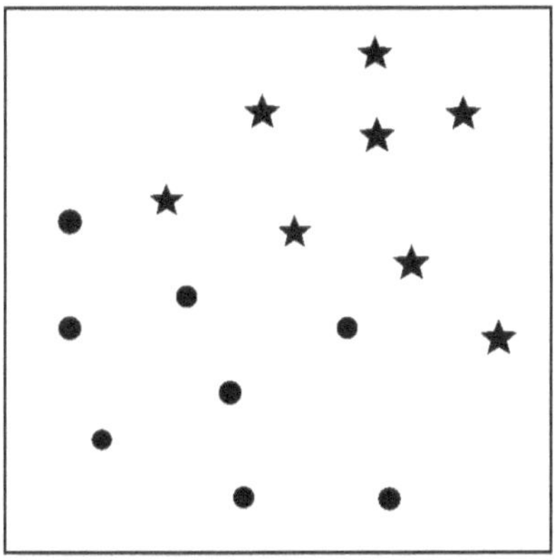

Fig. 4.6 a: Klassifizieren von Objekten

Eines der erfolgreichsten Verfahren ist dabei die so genannte support vector machine (SVM). Der Einfachheit halber stellen wir uns einen zweidimensionalen Merkmalsraum vor, in dem z.B. Kreise und Sterne verteilt sind. Wenn die einen geometrischen Figuren sich in einer Region, z.B.

einer Ecke, häufen und in einer anderen nicht vertreten sind, dann bilden sie Cluster und man könnte sie klassifizieren.

Das heisst, man könnte Kategorien bilden, in die die Objekte eingeteilt werden können. Diese Fähigkeit, Grundstrukturen zu identifizieren, ist wie gesagt die Voraussetzung zur Regelbildung. Bei NETtalk wäre diese Struktur sichtbar an der Distanz zwischen Vokalen und Konsonanten im Merkmalsraum.

Die Frage ist nun, ob diese Struktur von einem Programm automatisch erkannt werden kann. Wir haben gesagt, dass man die Distanzen zwischen den einzelnen Merkmalsvektoren bestimmen könnte und damit ein Mass bekäme für die Nähe und den Abstand von Merkmalsvektoren. Support vector machines verfeinern dieses Vorgehen und sind fähig, Kategorien zu identifizieren. Damit wird es möglich, z.B. arabische Wörter und deren Bedeutungen zu klassifizieren und ein Mass zu entwickeln für die Zusammengehörigkeit oder die Verschiedenheit von Wörtern. Die Lösung einfacher Klassifizierungsprobleme mit SVM kann man mit etwas Verständnis für Vektoren selber nachvollziehen.[15] Ich habe gefragt, ob ein künstliches System auch das Vorgehen bei der Analyse des Merkmalsraums lernen könnte. Mit dieser Frage werde ich mich weiter im Kapitel 6 befassen. Eine Grundlage für das Herausarbeiten eines Modells zur Analyse ist sicher die erwähnte Kategorienbildung.

Nun haben wir lange vom Standpunkt des Menschen aus überlegt, ob ein Computer uns nahekommen kann. Zum Schluss dieses Kapitels zum Lernen des Menschen schlage ich vor, den Blickwinkel zu wechseln und zu fragen, ob der Mensch auch vom künstlichen Künstler etwas lernen kann.

4.7 Der Tunnelblick wird erweitert

Der Philosoph Thomas Metzinger hat wie gesagt den Begriff «Ego-Tunnel» geprägt. In seinem gleichnamigen Buch setzt er sich mit der Frage auseinander, wie die Welt «da draussen» in den Geist «hier drinnen» gelangt. Dabei macht er den Leser darauf aufmerksam, dass die Information aus der umgebenden Welt in einem hoch komplexen Prozess gefiltert wird. Und: Wir merken meist gar nichts von dieser Informationsauswahl. Wir sehen die Welt mit einem Tunnelblick. Dieser Tunnelblick ist gleichzeitig eine enorme geistige Leistung. Säuglinge z.B. können überhaupt

---

15 Im Anhang finden Sie dazu eine Einführung (§ 11.3).

nicht richtig sehen. Sie brauchen mehrere Monate, bis sie so sehen, wie wir dies als Erwachsene tun. Und erneut: Wir sind uns meist nicht bewusst, dass wir durch unser Sehen die elektromagnetischen Wellen, die auf unsere Netzhaut treffen, in einem ungemeinen Ausmass strukturieren. Wir sehen eine Blume auf unserem Schreibtisch, einen Baum durch unser Fenster und einen Berg in weiter Ferne. Die meisten Menschen wissen nicht, dass wir dazu unsere Augenlinse jeweils verformen müssen, so dass der Brennpunkt unserer Augen mit der Distanz des Gegenstandes, den wir sehen wollen, übereinstimmt. Wie funktioniert das? Könnte das ein Roboter auch? Wir wissen von unseren elektronischen Kameras, dass sie «automatisch» scharfstellen können. Aber: Sie geben uns einen Vorschlag, worauf man fokussieren könnte. Entscheiden müssen wir. D.h. es braucht ein Interesse, um die Augen scharfstellen zu können. Eine elektronische Kamera hat kein solches Interesse. Deshalb die kritische Frage zu Anfang dieses Textes: Kann ein Roboter eventuell eigene Interessen entwickeln? Wir können also etwas plakativ sagen: Um zu lernen, muss der Mensch seinen Egotunnel ausrichten und ihn dann scharf stellen; gemäss seinen Interessen.

Ein Meilenstein auf dem Weg zum Fortschritt: Erweiterung der Sinnesorgane

Menschen haben ihren Tunnelblick im Laufe der Kulturentwicklung stark erweitert. Solche Verbreiterungen standen oft am Ausgangspunkt einer Wissenschaft. Galileo zum Beispiel baute ein in Holland entwickeltes Fernrohr nach, entdeckte damit Jupitermonde und konnte deren Bahnen genauer verfolgen: Sie kreisten nicht um die Erde! Wie Brecht so treffend analysierte: Der Blick durchs Fernrohr entfernte die Erde aus dem Zentrum des Universums. Das Fernrohr erweiterte die Leistungsfähigkeit eines unserer Sinnesorgane, des Auges – und brachte damit eine Weltsicht zum Einsturz.

Heute verfügen wir Menschen über eine eindrückliche Menge erweiterter Sinnesorgane. Wir sind fähig, die Strukturen eines Atomkerns zu erkennen, wenn wir ihn mit Teilchen beschiessen und er in z.B. drei Jets auseinanderstiebt. Ein «Sinnesorgan», wie der so genannte Atlas-Detektor am CERN, erweitert unseren Tunnel zur Realität um eine imposante Röhre und vertieft damit unser Lernen enorm. Allerdings war sein Bau getrieben von einem hartnäckigen Interesse. Wie gesagt: Kann ein Roboter in Zukunft ein solches Interesse auch aufbauen? Dazu müsste er fähig sein,

Werturteile abzugeben. Mit diesem zweiten fundamentalen Wesenszug wollen wir uns im folgenden Kapitel beschäftigen.

4.8 Schlussfolgerungen

4.8.1 Das Lernen des Menschen wird erweitert

Wir können künstliche Intelligenz vorerst einmal als zusätzliche Erweiterung unserer Sinnesorgane und der Informationsverarbeitung betrachten. Sie versetzt uns in die Lage, z.B. eine Unmenge von Daten zu sichten und zu bearbeiten. Diese Erweiterung unserer natürlichen Möglichkeiten ist furchterregend und faszinierend zugleich. Ein Mensch kann z.B. zwischen 3'000 und 5'000 Artgenossen im Gedächtnis behalten und wiedererkennen. KI ist kurz davor, jeden Menschen, der auf irgendeinem unserer Fotos abgebildet ist, zu identifizieren. Dies ist vorerst ein technischer Fortschritt, der zum Wohl oder zum Übel des Menschen eingesetzt werden kann. Sie können diese Erweiterung unserer Sinnesorgane selbst testen: Suchen Sie in Ihrem Bilderverzeichnis auf dem PC nach einem Fahrrad. Das System bringt Ihnen Bilder, die Sie längst vergessen haben.

Aber KI geht über die Funktion eines erweiterten Sinnesorgans und dessen Steuerung hinaus: Mit ihr bilden wir Funktionen nach, die wir dem «Denken» zuordnen. Dabei spielt die Simulation durch ein neuronales Netzwerk eine zentrale Rolle. Wir haben gesehen, dass ein solches Softwareprogramm trainiert wird, indem bloss seine Verbindungen stärker oder schwächer gemacht werden. Das Netzwerk erkennt keine Objekte wie Augen, Nasen etc. Hinterher kann man das trainierte Netzwerk analysieren und findet dann Strukturen, die einem Auge entsprechen. Diese Strukturen, wir haben sie oben heuristische Gesetze genannt, finden wir aber nur, wenn wir das Netzwerk von aussen einer Inspektion unterziehen. Es könnte durchaus sein, dass die neuronalen Netzwerke in unserem Gehirn ähnlich funktionieren. Wir können an ihnen Verarbeitungsweisen kennenlernen, die wir direkt von unserem Gehirn kaum erfahren können (Vgl. Churchland 1995, S. 153): Auf einer ersten Stufe werden bloss Verbindungen gelegt, die je nach Gebrauch stärker oder schwächer leiten. Erst in einem zweiten Anlauf werden die derart trainierten Netzwerke dann einer Analyse unterzogen und ein Auge wird identifiziert. Dieser zweite Schritt setzt ein reflexives Bewusstsein voraus und eine Begrifflichkeit, die sich in Sprache ausdrücken kann. Ob das Kind als regelbildender Automat über dieses reflexive Bewusstsein schon verfügen muss, halte ich für eine spannende, für mich vorerst noch offene Frage.

4.8.2 Ein Computer identifiziert Kategorien

Ein neuronales Netzwerk hat offensichtlich eine Fähigkeit, über die ein kleines Kind auch verfügt: Es kann die Regeln des Sprechens anwenden, obwohl es sie nicht benennen kann. Etwas plakativ gesagt: Es ist zum Learning by doing fähig. Das ist ein grosser Schritt, bei dem wir womöglich mehr über uns als gehirnbegabte Tiere lernen, als über die Frage, ob es künstliche Künstler gibt. Es könnte gut sein, dass gehirnbegabte Tiere auf einer ersten «Bewusstseinsstufe» genau gleich lernen wie ein neuronales Netzwerk. So genannte Klassifizierer, allen voran support vector machines, sind fähig, Kategorien maschinell zu bilden und Objekte wie z.B. Wörter zu klassifizieren, indem sie den Kategorien automatisch zugeordnet werden. Damit kommt KI dem Lernen eines Kleinkindes schon beträchtlich nahe.

4.8.3 Roboter sind intelligent – auf einer tiefen Stufe

Lernen verbinden wir üblicherweise mit Intelligenz. Die Definition, was Intelligenz sei, ist nicht ganz einfach. Auf tiefstem Niveau definiert man Intelligenz als das Anpassen seiner Handlungen auf Grund von Umwelt-Informationen (Vgl. Leaky 1977, S. 185). Schon eine Alge ist gemäss dieser Definition in einer rudimentären Art intelligent, weil sie lernfähig ist. Heutige neuronale Systeme erfüllen diese Basis-Anforderung von Intelligenz.

Natürlich sind wir nicht zufrieden mit dieser basalen Intelligenz. Wir stellen an ein intelligentes Wesen höhere Ansprüche. Aber welche? Etwas provokativ könnten wir sagen, ein intelligenter Organismus sei fähig, einen Intelligenztest zu bestehen. Wir könnten ein neuronales Netzwerk mit vielen Intelligenztests füttern und dann würde dieses neuronale Netzwerk bei einem neuen Test wahrscheinlich ein überdurchschnittliches Resultat erzielen. Das so trainierte neuronale Netz wäre aber immer noch blind bezüglich der Regeln, die einem Intelligenztest zu Grunde liegen und bezüglich derer ein intelligentes Wesen Auskunft geben müsste.

Wenn wir weitere Forderungen stellen und verlangen, dass ein intelligenter Organismus auch über *emotionale* Intelligenz verfügen sollte, dann ist unser neuronales Netzwerk am Ende seines Lateins. Allein schon die erste Forderung emotionaler Intelligenz, Aufmerksamkeit gegenüber dem eigenen Gefühlszustand, tönt irgendwie schräg im Zusammenhang mit neuronalen Netzwerken. Damit sind wir beim Thema unseres nächsten Kapitels. Lernende Lebewesen können ihre Existenz gestalten. Diese Gestaltung kann den charakteristischen Merkmalen einer Art gut entsprechen, oder sie kann ihnen schlecht gerecht werden. Was ein Lebewesen lernt, kann für das Überleben eines Individuums entscheidend sein. Es braucht deshalb einen Bewertungsmechanismus, der das Gelernte qualifiziert. Für einen Roboter sind gelernte Dinge vorerst neutral. Wir wollen im Folgenden diesen Bewertungsmechanismus verstehen und davon ausgehen, dass er bei Menschen und anderen Tieren gleich abläuft. Erst im darauffolgenden Kapitel will ich dann auf die Differenzen zwischen Mensch- und Tierreich eingehen.

4.8.4 Lernen ist nicht gleich Lernen

Wie gesagt hat die Natur drei lernende System hervorgebracht: das genetische, das neuronale und das reflexive. Etwas oberflächlich habe ich sie durch ihre Schnelligkeit unterschieden. Es lohnt sich, hier noch etwas genauer zu werden. Das genetische Lernen entsteht durch einen Selektionsprozess. In einer statistischen Art, durch Mutation, werden verschiedene Individuen produziert. Die umgebende Natur setzt einen Stellwert. Diejenigen Individuen, die diesem Richtwert am nächsten kommen, vermehren sich stärker: Sie werden selektioniert. Dieses Verfahren riecht schon etwas nach Wahrscheinlichkeit. Mit dem Selektionsprozess wird den Individuen eine Chance für das Überleben zugeschrieben. Sie erinnern sich an Einsteins Horror vor Wahrscheinlichkeiten. Die meisten Naturwissenschaftlerinnen und Naturwissenschaftler nehmen den Selektionsprozess einigermassen gelassen: Er wählt aus verschiedenen Möglichkeiten eine aus.

Neuronales Lernen unterscheidet sich von genetischem in der Qualität, nicht nur in der Quantität, der Schnelligkeit. Wir haben gesehen, dass neuronale Netzwerke fähig sind, Gesetze und Strukturen der Umwelt abzubilden. Sie *repräsentieren* die sie umgebende Natur. Im nächsten Kapitel werden wir sehen, dass rückgekoppelte Netze fähig sind, Veränderungen zu erfassen: Indem sie zeitlich vorhergehende Repräsentationen mit nachfolgenden vergleichen. Mit Recht weisen Neurologinnen und Kognitionswissenschaftler darauf hin, dass damit ein qualitativer Sprung einhergeht: Die Dimension der Zeit wird eingeführt.

Ich greife noch etwas weiter vor: Das Lernen eines Lebewesens mit reflexivem Bewusstsein beinhaltet einen weiteren qualitativen Sprung: Neuronale Netze mit reflexiven Fähigkeiten sind in der Lage, ihre inneren Repräsentationen von den Referenzen zur Natur, auf die sie anfänglich verweisen, zu lösen und mit ihnen zu manipulieren. Sie simulieren Zustände, die in der Umgebung noch nicht existieren und sind damit fähig, die Zukunft vorwegzunehmen. Damit werden wir Naturwissenschaftler mit Ursachen wie Zweckgerichtetheit konfrontiert, die uns bisher nicht gefallen haben. Die so simulierte Zukunft bestimmt unser aktuelles Verhalten.

5 Ein bewertendes Wesen

Eine Information, die ein Mensch von aussen aufnimmt, ist wie gesagt meist mit einem Wert versehen. Der Sinneseindruck ist mit einem Gefühl bewertet: Die Blume ist *schön*. Das Kunstwerk ist *ästhetisch*. Der Hund ist *gefährlich*. Diese Bewertung ist wesentlich bei der Transformation von Information zu Geist. Die Kognitionswissenschaften haben bezüglich dieser Bewertungen interessante Hypothesen aufgestellt. Ich will sie zuerst diskutieren und dann prüfen, ob ein Roboter auch ein solches Bewertungssystem aufbauen könnte.

Mit dem Begriff der Emotion und des Gefühls sprechen wir Felder des Geistes an, die Untersuchungsgegenstand verschiedener Wissenschaftsdisziplinen sind, wie z.B. der Psychologie oder der Philosophie. Es geht erneut nicht darum, diese Phänomene auf der oberen Ebene zu beschreiben. Das Anliegen ist vielmehr, den dünnen Faden darzustellen, der von der unteren Ebene der Neuronen und ihren Verbindungen zur oberen Ebene des Geistes führt. Damit hoffe ich die Frage beantworten zu können, ob ein künstliches System fähig ist, auch einen solchen Faden zu spinnen, und damit über die Grundvoraussetzung zur Ausbildung von Gefühlen verfügt.

Zur Begriffsfassung von Gefühl stelle ich mir eine lange Strecke vor, die von einem basalen, quasi körperlichen Befinden bis hin zu einem vollständig abstrakten Zustand – wie das Kunstwerk ist schön – reicht. Die Strecke ist deshalb so lang, weil wir in unserem Geist die grundlegenden Repräsentationen von deren körperlicher Referenz lösen können und sie miteinander zu kombinieren fähig sind, so dass schlussendlich etwas vollständig Ungegenständliches entsteht. Ein Gefühl am abstrakten Ende der Strecke stellt ein Resultat eines komplexen und emergenten Prozesses in einem Gehirn dar. Ein Säugling, der eben zur Welt gekommen ist, wird Jahre später einmal ein Gefühl entwickeln können, das er gar noch ausdrücken kann: «Dieses Musikstück ergreift mich». Über welche basalen Fähigkeiten muss er verfügen, um diese geistige Leistung später erbringen zu können?

5.1 Konzept der basalen Emotion

Was steht am Ausgangspunkt von Gefühlen oder Emotionen? Als Beispiel können wir an die Angst vor einem Hund denken. Sie besteht aus zwei Dingen: einer Vorstellung (beissender Hund) und einer körperlichen Reaktion: Adrenalinausschüttung mit körperlicher Aufregung, Energie in den Beinen, keine Energie im Magen und im Gehirn. Seit den Neunzigerjahren des letzten Jahrhunderts stellen wir einen grossen Fortschritt im Verständnis des menschlichen Gehirns und Nervensystems fest. Die erwähnten Neuro- und Kognitionswissenschaften tragen viel zu einem naturalistischen Verständnis von uns Menschen bei. Einer dieser Fortschritte ist das Modell von Damasio zur Erklärung von basalen Emotionen.

Damasio hat sein Konzept, wie Emotionen entstehen, in einem beeindruckenden Buch dargestellt: *Descartes' Irrtum*. Als Beispiel könnten wir an das Gefühl "Mutterliebe" denken. Wie entsteht es? Wir stellen uns einen hungrigen Säugling vor, der an der Mutterbrust trinkt. Dabei füllt sich langsam sein Bauch und das Hungergefühl weicht einem angenehmen Völlegefühl. Gleichzeitig nimmt der Säugling mit seiner Haut, seinem Geruchsinn und seinen Augen die Mutter wahr. Nun verbindet sich dieser Wahrnehmungszustand der Mutter mit dem wohligen Völlezustand des Körpers. Diese Verbindung von Sinneseindrücken mit einem bewertenden Körperzustand ist der Prototyp von Emotion. Am Anfang sind Emotionen also Vorstellungsinhalte, die mit einem Körperzustand verschränkt sind. Diese Urform von Emotion kann später selber wieder als Bewertungsinstrument verwendet werden. D.h. die Emotion "Mutterliebe" kann zur Bewertung z.B. einer Situation eingesetzt werden, bei der ein Mensch mir hilft oder sich um mich kümmert.

Die Kognitions- und Neurowissenschaftler am Ausgang des letzten Jahrhunderts untersuchten Gehirnverletzungen bei Menschen. Dabei spielt das Beispiel von Phineas Gage, eines Vorarbeiters beim US-amerikanischen Eisenbahnbau, eine Schlüsselrolle. Er verletzte sich schwer, als er eine Sprengladung präparierte und der Eisenstock, mit dem er sie stopfte, infolge einer Fehlzündung durch sein Frontalhirn drang. Er überlebte die schwere Verletzung, war aber in seinem Wesen stark verändert: Er konnte sich nicht mehr entscheiden. Die Verletzung betraf eine Stelle des Vorderhirns, an der die Körperwahrnehmung mit dem Grosshirn verbunden wird. Damasio und andere schlossen daraus, dass der Mensch sich auf seinen Körper stützt, wenn er entscheidet. Der Körperzustand bewertet einen Sinneseindruck.

Mit der Analyse von Hirnverletzungen wurden der Künstler selbst und die Resultate, die sein Gehirn produziert, untersucht. Ein Resultat ist das Postulat von Damasio: Primäre Gefühle sind durch Körperzustände bewertete Sinneseindrücke. Ich will nun die Perspektive wieder wechseln und die künstlichen Netzwerke der KI genauer unter die Lupe nehmen. Dabei stelle ich die ursprünglichen, primitiven Netzwerke vor: einerseits, weil sie leichter zu verstehen sind, und andererseits, um ihren Erfindern meinen Respekt zu zollen. Ein wesentlicher Fortschritt bei künstlichen neuronalen Netzwerken waren so genannte rückgekoppelte oder rekurrante Netze. Eines der ersten wurde von Elman entwickelt.

5.2 Elman-Netz: rückgekoppeltes KNN

Bei einem rückgekoppelten Netzwerk werden die Signale der Ausgangsneuronen (Output: O) in abgeschwächter Form den Mitte-Neuronen (M) erneut eingespeist. Damit entsteht eine Rückkoppelung. Die Tatsache, dass Input-Neuronen (I) unten gezeichnet werden hat einen Grund: Meist sind auch die Gehirn-Netzwerke von unten nach oben aufgebaut. Man spricht dann von *aufsteigenden* Bahnen, wenn sie vom Input zum Output führen und von *absteigenden* Bahnen bei Verknüpfungen von Output- zu Input- oder Mittelschicht-Neuronen. Die absteigenden Bahnen mit so genannten Kontext-Informationen müssen nicht zwingend von den Output-Neuronen stammen. Sie können auch von anderen Netzwerken oder anderen Sinnesorganen stammen, inklusive des Körperzustands. Ein Elman-Netz trägt diesem Umstand Rechnung.

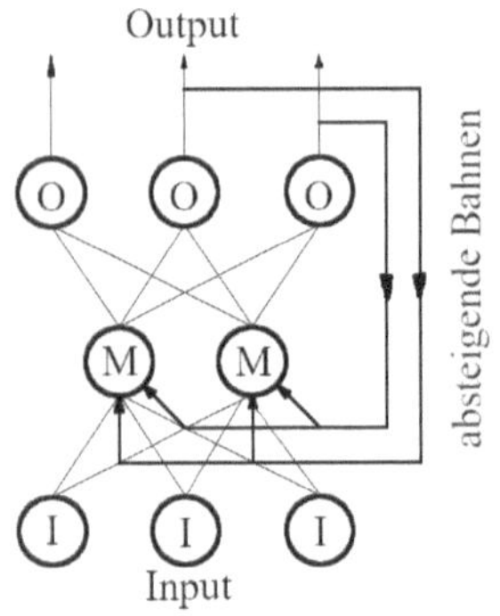

Fig. 5.2 a: Einfaches rückgekoppeltes künstliches Netzwerk

Im Gehirn gibt es eine grosse Menge absteigender Bahnen, viele Hirnstrukturen haben sogar mehr absteigende als aufsteigende Verbindungen. Durch die absteigenden Bahnen fliessen Signale von höheren Ebenen in die unteren Ebenen ein. Eine absteigende Verbindung ist fähig, den Mitte-Neuronen einen Zustand aus der Vergangenheit zu präsentieren. Weil der Output später ist als der Input, entsteht so eine zeitliche Struktur – wenn auch mit geringem zeitlichem Abstand. Zudem wird mit den absteigenden Bahnen eine Art Kurzzeitgedächtnis realisiert: Der zeitlich ältere Vorgang kann mit dem aktuellen verglichen werden. Das Netzwerk hat ein kurzzeitiges Gedächtnis, weil es den alten Zustand noch präsent hat.

Ein solches rückgekoppeltes Netzwerk kann nun einen periodischen Vorgang steuern. Im Extremfall braucht das Netzwerk keinen äusseren sensorischen Input, es kann alleine mit den inneren, den Kontext-Informationen, funktionieren. Es würde dann eine Art Kreisbewegung ausführen und immer schön das Gleiche tun: ohne Störung von aussen. Solche Netzwerke könnten z.B. den Herzschlag oder die Atmung steuern.

5.3 Körpersteuerung und Merkmalsraum

Wir könnten nun ein solches rückgekoppeltes Netzwerk zur Steuerung des Körpers, z.B. unserer Beine einsetzen. Diese Anwendung ist deshalb wichtig, weil Menschen ihre artgerechte Bewegung, den aufrechten Gang, ein Jahr lang lernen und trainieren müssen. Zudem illustriert ein solches Beispiel gut die Wechselwirkung zwischen Gehirn und Körper. Paul Churchland gibt ein interessantes Beispiel für die Steuerung des Hinterbeins einer Katze. Wir denken uns, die Katze habe einen Hund erblickt und würde jetzt davonrennen. Die Eingangs-Neuronen (sensorischer Input) sind dann Nervenzellen des visuellen Apparates. Die Ausgangsneuronen müssen die Muskelspannungen am Bein und damit die Gelenkstellungen steuern. Die Muskeln werden von so genannten Motoneuronen im Rückenmark befehligt. Zur Analyse des Netzwerks greifen wir wieder auf das Modell des Merkmalsraumes zurück. Wenn das Netz wie bei NETtalk mit einer Schicht von 80 mittleren Neuronen aufgebaut wäre, dann könnten wir erneut für jedes Motoneuron seinen Pfeil im Merkmalsraum der mittleren Neuronen definieren.

Prinzipiell hat jedes Endneuron 80 Verbindungen zu den Neuronen der mittleren Schicht. Es entsteht eine Liste von 80 Zahlen: Man nennt ein solches Gebilde wie gesagt Pfeil oder Vektor. Wir können nur drei dieser 80 Dimensionen tatsächlich zeichnen. Ich zeige nochmals die Grafik des

NETtalk-Netzwerkes und weise darauf hin, dass der Punkt ganz hinten rechts den Pfeil eines Endneurons darstellt, das eine starke Verbindung zum ersten und dritten Mittelneuron hat und nur eine schwache zum zweiten.

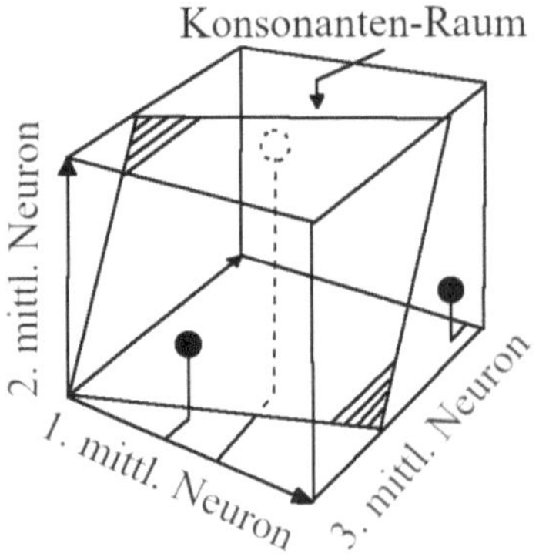

Nun wollen wir die *Bewegung* des Beines im Merkmalsraum verfolgen: Der Punkt wird sich bewegen, weil bei unterschiedlicher Beinstellung ein bestimmtes Motoneuron, das die Muskeln steuert, verschieden starke Signale von der Mittelschicht empfängt und diese dann an den Muskel weiterleitet. Weil das Bein am Ende der Bewegung wieder in der gleichen Lage ist wie am Anfang, vereinigen sich die einzelnen Punkte im Merkmalsraum zu einer geschlossenen Schleife. Dadurch entstehen die drei sonderbaren Kurven in Fig. 5.3 a. Churchland unterscheidet nun drei Bewegungsabläufe: Die Katze rennt (r), geht (g) und kratzt sich hinter dem Ohr (k). Jedes Mal entsteht im Merkmalsraum eine ähnliche Schlaufe. Da das Kratzen hinter dem Ohr am wenigsten Muskelenergie braucht, ändern sich die Pfeile nur wenig und die Schleife ist klein, während sie beim Rennen gross ist, da das Motoneuron starke Signale produzieren muss.

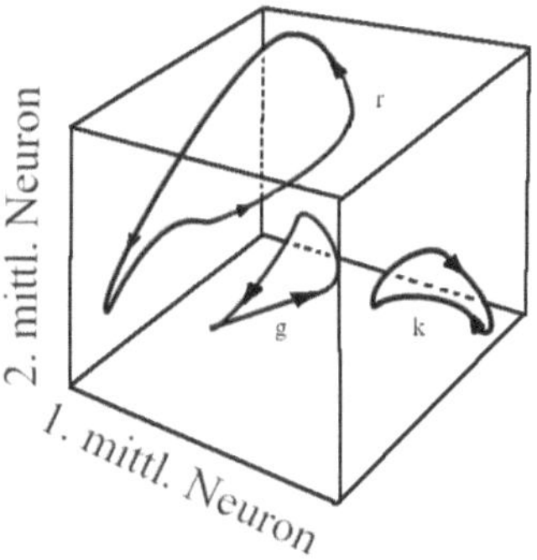

Fig. 5.3 a: Merkmalsraum der Neuronen, die das Hinterbein einer Katze steuern

5.4 Kategorien und Gesetze (Kognitive Fähigkeiten)

Bei der Analyse des Merkmalsraumes, oder eben des trainierten Netzwerkes, identifiziert man nun ähnliche Figuren: Die drei Gehbewegungen zeigen vergleichbare Schlaufen, während die Kratzbewegung eine abweichende Schleife erzeugt. Man spricht von prototypischen Figuren oder stellvertretenden Repräsentationen. Damit kann die Datenmenge, die in der mittleren Ebene des Netzwerks enthalten ist, reduziert und klassifiziert werden. Diese Klassifikationen werden auch Karten genannt. Wir könnten etwas plakativ sagen: *Die Prototypen geben die Gesetze wieder, die die Katze beim Lernen der Beinbewegung gebildet hat.*

Wir können nun auch besser verstehen, was neurologisch gemeint ist, wenn Spitzer sagt, der Mensch bilde aus zwei oder drei Beispielen eine Regel. Wenn die Katze die Bewegung des Beines dreimal erfolgreich ausgeführt hat, dann werden die entsprechenden Verbindungen zwischen den Neuronen gestärkt. Die Schlaufe im Merkmalsraum ist gefestigt. Der Ablauf spielt sich gewissermassen automatisch ab. Dieser Vorgang ist typisch für Neuronen und deren Verbindungen untereinander. Neurologen formulieren: Use it or loose it. Gebrauche die Verbindung oder sie geht verloren. Dies ist allerdings schon eine alte Weisheit für das Lernen in der Schule: Repetitio est mater studiorum. Wiederholung ist die Mutter der Studentinnen und Studenten.

Mit Mustern auf der mittleren Ebene eines neuronalen Netzwerkes lassen sich zwei weitere Fähigkeiten gehirnbegabter Tiere erklären: Die Vervollständigung bei lückenhafter Information und die Voraussage. Beide

Fähigkeiten werden normalerweise zu den so genannten kognitiven oder denkerischen Fähigkeiten gezählt. Auf Grund der Analyse neuronaler Netzwerke sind wir im Stande zu verstehen, dass auch Tiere über sie verfügen. Weiter oben im Unterkapitel 3.5.4 haben wir einen Jäger betrachtet, der sich in der Savanne bewegt und möglicherweise einen gut versteckten Leoparden entdeckt. Auch wenn er nur einen ganz kleinen Teil dieses Tieres zu erkennen vermag, ergänzt er die fehlende Information sofort. In seinen neuronalen Netzwerken gibt es den Prototypen «Leopard». Wenn seine Sinnesorgane das neuronale Netzwerk in die Merkmals-Schleife «Leopard» hineinsteuern, dann ist das Netzwerk des Jägers fähig, diese Schleife vollständig zu durchlaufen und den Ausgangsneuronen das ganze Bild des Leoparden zu liefern. Garrison Cottrell konnte dieses Vervollständigen fehlender Information schon sehr früh an seinem künstlichen Netzwerk für Gesichtserkennung zeigen (Churchland 1995, S. 55).

Ein erfahrener Jäger wird an der Haltung des Leoparden erkennen können, ob das Tier ihn schon bemerkt hat oder ob es schläft oder gar ein anderes Tier verfolgt. Wenn sein neuronales Netzwerk in die Schlaufe «Leopard schaut gegen mich» eingebogen ist, wird er eventuell eine Gefahr voraussagen und sich aus dem Staub machen. Damit nimmt der Jäger die Zukunft vorweg, er stellt auf die kommende Zeit gerichtete kausale Zusammenhänge her: Der Blick des Leoparden in meine Richtung bedeutet Gefahr. Es versteht sich wie von selbst, dass auch diese denkerische Fähigkeit dem Jäger – ob Mensch oder Tier – nicht «bewusst» sein muss. Es ist unerheblich, ob das Lebewesen sein Netzwerk z.B. mittels eines Merkmalsraums bewusst analysieren kann. Einige kognitive Fähigkeiten können also durchaus «unbewusst» sein.

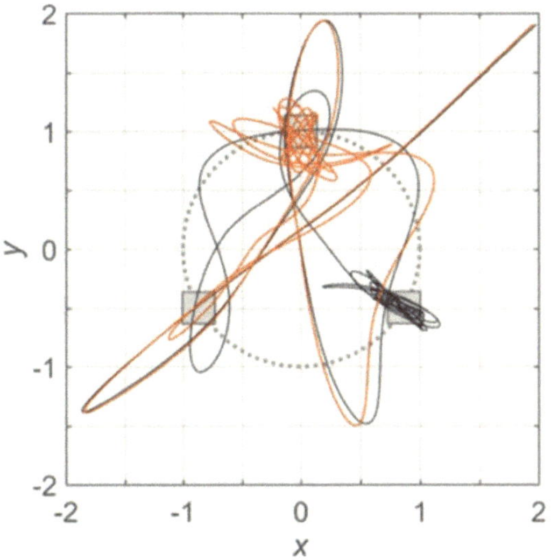

Fig. 3.2 b: Bilder von zwei anfänglich gleichen Bahnen, sie starten rechts oben.

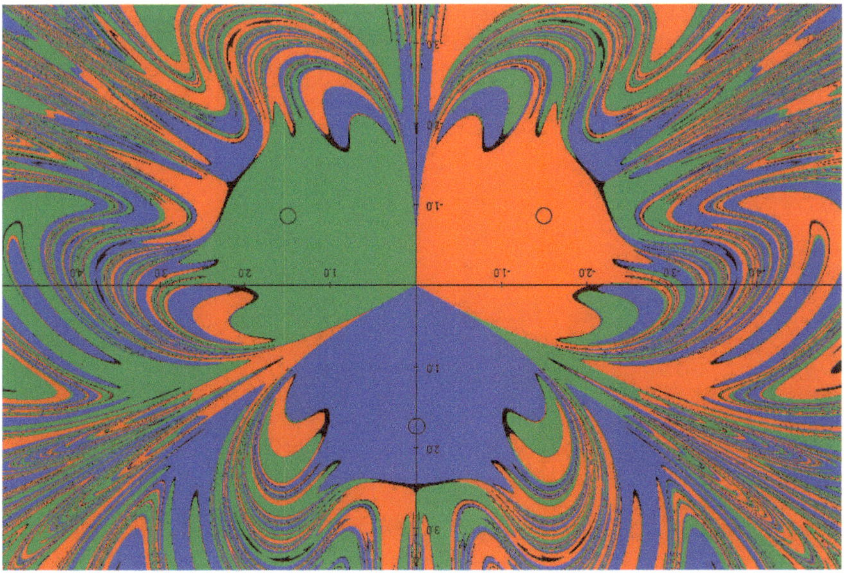

Fig. 3.2 d: Gebiete, die angeben, bei welchem Magneten das Pendel stoppt

Fig. 2.2 a: Alle diese Menschen gibt es nicht: Ein künstliches Netzwerk hat die Gesichter erzeugt.

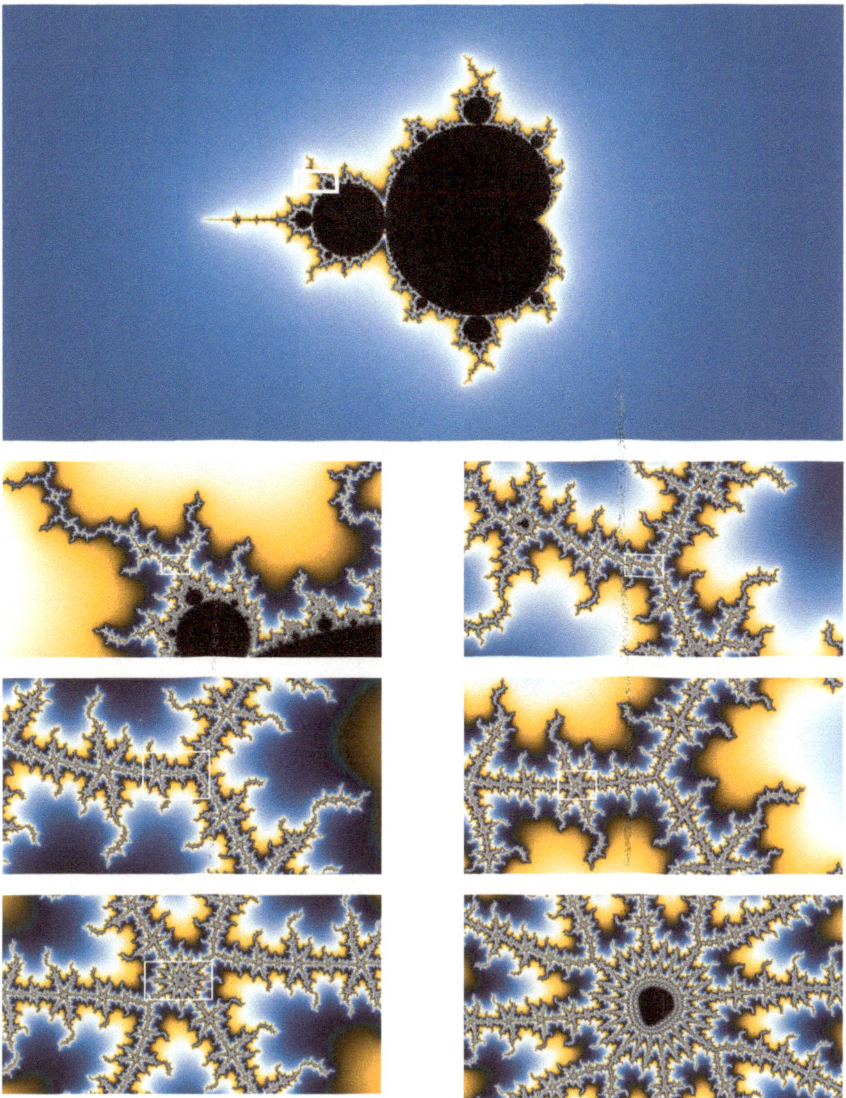

Fig. 3.4 c: Zoomeigenschaft: Achten Sie auf das weisse Rechteck. Sein Inhalt wird vergrössert: um einen Faktor von ca. einer Million bis zum Schluss.

Fig. 3.2 e: Stopppunkte des Magnetpendels. Man kann das Bild beliebig vergösseren (gelbes/blaues Quadrat), die Formenvielfalt hört nicht auf.

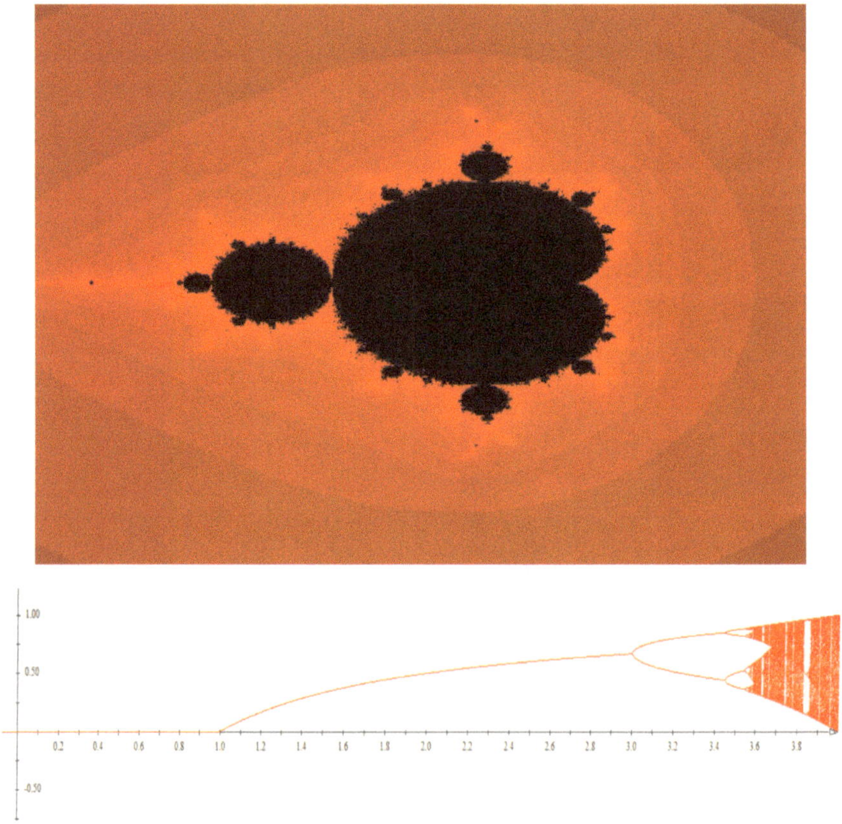

Fig. 3.4 b, d: Komplexe Systeme: die Mandelbrotmenge und die Populationsdynamik

5.5 Rückmeldungen des Körpers

Wichtig im Zusammenhang mit Bewertungen und Emotionen sind bei rückgekoppelten Netzwerken die Rückmeldungen des Körpers. Nehmen wir beim Bein-Netzwerk an, dass einige der Rückleitungen von Schmerz-Sensoren des Schenkels stammen. Wenn das Training des Beines diese Schmerzsensoren aktiviert, werden die Mitte-Neuronen diese Schmerzrückmeldungen einbauen und die Verbindungen zu den Endneuronen so ausgestalten, dass diese Bewegung nicht mehr auftritt. Damit wird ein Bewegungsmuster bewertet: Man weicht dann dem Schmerz aus.

5.5.1 Bewusst oder unbewusst?

Es ist sehr wichtig zu bedenken, dass die Muster im Merkmalsraum, die Prototypen, etwas ganz anderes sind, als unsere *Analyse* dieser Figuren. Jeder Organismus, der über neuronale Netze verfügt, bildet solche Strukturen aus. Ob ein Organismus aber fähig ist, solche Muster zu analysieren und über sie Auskunft zu geben, steht auf einem ganz anderen Blatt. Damit haben wir zwei Ebenen von «Bewusstsein» identifiziert. Die Strukturen im Merkmalsraum sind eine niedere Ebene von Bewusstsein: Sie sind ein Resultat von Erfahrung und aktuellen Sinneseindrücken und können das Verhalten des Organismus steuern. Ein Tier verfügt wie wir Menschen auch über diese Grundformen von Bewusstsein. Mensch und Tier können diese Strukturen anwenden, ohne sich ihrer «bewusst» zu sein.

Mit diesen Erörterungen über „bewusst“ oder „unbewusst" treffen wir auf eine neue begriffliche Schwierigkeit: die Bedeutung von Bewusstsein. Die Umgangssprache verwendet den Begriff nicht einheitlich. Wir reden davon, jemand habe eine Handlung bewusst gemacht oder ein anderer habe das Bewusstsein verloren. Auch von einer Katze sagen wir, sie habe das Bewusstsein verloren, obwohl sie doch eigentlich alles unbewusst macht. Es ist ziemlich wahrscheinlich, dass eine Katze ihr Handeln nicht bewusst planen kann. Strukturen oder Handlungen zu analysieren und darstellen zu können ist eine ganz andere Form von «Bewusstheit». Man spricht oft von reflexivem Bewusstsein oder von «Denken». Viele Kognitionswissenschaftlerinnen und Neurologen stellen sich ein Kontinuum von Bewusstseinsformen vor: Es reicht vom einen Extrem, dem Prototypen in der Mittelebene eines neuronalen Netzwerkes, bis zum anderen Extrem, dem Vektormodell im Geist einer nachdenkenden Mathematikerin (Vgl. Damasio, 2010, S. 181). Dieses Kontinuum wird bei der Beschreibung oft in Ebenen aufgeteilt. Wir werden die Auseinandersetzung um den Begriff des Bewusstseins im Kapitel 6 wieder aufnehmen und zusätzliche Ebenen in Betracht ziehen.

5.5.2 Frei oder unfrei?

Natürlich ist ein künstliches neuronales Netzwerk nur ein primitives Modell für einen Teil der Funktionen unseres Gehirns. Der Fortschritt in den Wissenschaften wird viele Fragen dazu genauer beantworten – und neue aufwerfen. Trotzdem sehen wir in rudimentärer Form eine Grundlage für Kernbegriffe des abendländischen Denkens: der Freiheit im Sinne von Handlungsfreiheit. Mit der Analyse der Bewegungssteuerung durch das Gehirn sind wir an einer interessanten Stelle in der Auseinandersetzung um den Begriff der Freiheit angelangt. Rüdiger Vaas charakterisiert sie in seinem Beitrag zum Lexikon der Neurowissenschaften wie folgt:

> Von einer physischen Perspektive aus betrachtet basiert alles, was ein Mensch überhaupt tun kann, auf Muskelbewegungen. Die absichtliche, zielgerichtete Bewegungssteuerung durch die Willkürmotorik ist daher ein wesentlicher Aspekt menschlicher Handlungsfreiheit. Diese hängt von physikalischen und physiologischen Randbedingungen ab – viele Tiere sind dem Menschen im Hinblick auf Geschwindigkeit, Kraft oder Flugfähigkeit überlegen und haben in dieser Hinsicht mehr Freiheitsgrade. Mit der Komplexität des Nervensystems geht in der Regel aber auch eine Verbesserung der Kontrolle und Vielfalt der Bewegungen einher. Zu angeborenen Verhaltensweisen kommen flexible Aktionsmöglichkeiten, die nicht zuletzt auf einer Erweiterung des Repertoires und der Verarbeitung von Sinneswahrnehmungen basieren, auf Lernen, Gedächtnis und Intelligenz sowie auf dem Vorstellungsvermögen ("innerliches Ausprobieren", Reflexion, Antizipation der Zukunft, Abstimmung mit verschiedenen Motiven, Interessen und Werten, zunehmende Bedeutung abstrakter Überlegungen und damit ein graduelles Freimachen von Reaktionen auf unmittelbare Reize) und nicht zuletzt der Sprache.

Ich habe schon oben darauf hingewiesen, dass ein lernendes Wesen, das sein Verhalten den äusseren Umständen anpassen kann, über verschiedene Alternativen verfügt. Es hat Handlungsfreiheit. Wenn diese Verhaltensalternativen aber mit Emotionen bewertet sind, werden diese Möglichkeiten stark eingeschränkt: Die Willensfreiheit wird reduziert. Damit stehen wir vor einem zentralen Problem der Psychologie.

- Der Mensch lernt seine Gefühle beim Trainieren seiner neuronalen Netzwerke in der Kindheit.
- Er ist lernfähig und verfügt über Handlungsfreiheit
- Trotzdem ist er oft willensunfrei: Er kann seine Gefühle nicht abstreifen, obwohl er dies gerne täte.

Wenn er z.B. Angst hat, dann analysiert er die Gründe für die Angst – und trotzdem geht sie nicht weg. Die Philosophen sagen, sein Wille sei nicht frei. Vielleicht gehen wir verständnisvoller mit diesem menschlichen Kernproblem um, wenn wir verstehen, dass unsere Emotionen tief eingegrabene Spuren in unseren neuronalen Netzwerken sind. Man kann sie prinzipiell zwar verändern, aber für diese Veränderung reicht ein «guter Vorsatz» meist nicht aus.

5.6 Geist: bewertete Information?

Menschen bewerten Informationen, die sie durch ihre Sinnesorgane aufnehmen. Vorerst mit ihrem Körperzustand und später werden diese primären Emotionen verwendet, um nachfolgende Sinneseindrücke zu bewerten. Mit grosser Wahrscheinlichkeit bewerten auch Tiere ihre Sinneseindrücke in gleichem Masse. Etwas holzschnittartig könnten wir Sinneseindrücke der Augen mit einem digitalen Bild gleichsetzen. Wir haben dann Information im Sinne des nachrichtentechnischen Informationskonzeptes. Die ganze Information ist in Bits und Bytes codiert.

Mit der Bewertung eines solchen Sinneseindruckes erhält die Information eine neue Qualität. Wird sie damit schon zu Geist? Ich stelle die These auf, dass die Bewertung von Information eine notwendige Bedingung für Geist ist. Ich denke aber, dass sie nicht hinreichend ist.

5.7 Semanto-Pragmatik

Wenn wir schon die Frage stellen, ob KI die Materie mit Geist ausstatten könne, dann sehen wir auf der einen Seite, dass ein nachrichtentechnisches Informationsverständnis zur Beschreibung von Geist nicht hinreicht. Andererseits sind Bits und Bytes doch ein Ausgangspunkt, aus dem Geist hervorgeht. Mit der Bewertung der Information sind wir einen Schritt weitergekommen. Können wir diese Bewertung aber genauer fassen?

Gehen wir nochmals zurück zum Bild meines Kollegen Christian. Ein Bild ist sicher ein geistiges Produkt; wie ein Gedicht trägt es Geist in sich. Dieser Geist erzeugt eine Reaktion im Betrachter. Die Erörterung dieser Reaktion ist das Ziel der Geisteswissenschaften. Der Betrachter sieht das Bild, er bewertet es und er reagiert. Leider können wir die Bewertung und die Reaktion nicht gut voneinander trennen. In der Lehre von den Zeichen und ihrer Bedeutung, der Semiotik, spricht man vom semantischen Aspekt, wenn man an die Bedeutung denkt, und vom pragmatischen Aspekt, wenn man die Reaktion ins Auge fasst. Die beiden Dimensionen sind miteinander verschränkt. Der Philosoph und Naturwissenschaftler Holger Lyre spricht von Semanto-Pragmatik (Lyre 2002, S. 20). Wir können die Bewertung, die ein Mensch einem geistigen Produkt zumisst, nur an seiner Reaktion ablesen: an seiner Mimik, seiner Körperhaltung und vor allem an seiner Sprache. Die Bewertung führt ja beim Menschen zu einer Aktion, er lächelt, er spannt seinen Körper, er spricht.

Daniel C. Dennett gibt ein illustratives Beispiel für die grosse Komplexität, die mit einem einzigen Satz einhergehen kann (Dennett 2017, S. 143:

> Wenn ich in ein Haus stürme und den dort Versammelten »Setzt Wasser auf!« zurufe, dann habe ich einen deutschen Imperativsatz geäußert, doch daraus wird der eine wohl schließen, dass ich gern eine Tasse Tee oder ein anderes Heißgetränk hätte, während der andere zusätzlich vermutet, dass ich mich hier heimisch fühle und vielleicht sogar der Hausherr bin. Dass ich Deutsch spreche, könnte ein ebenfalls anwesender monoglotter Ungar ebenso schlussfolgern wie diejenige Person, die ich angesprochen habe (zumindest hält diese es für Deutsch). Wer wirklich im Bilde ist, dem wird aber sofort klar sein, dass ich mich nun doch dazu entschlossen habe, einen gewissen Brief über dem Wasserdampf zu öffnen und die darin enthaltene Botschaft zu lesen, obwohl er nicht an mich gerichtet ist, denn ein Verbrechen steht bevor. Wie viel semantische Information man aus diesem Ereignis ableiten kann, hängt vom eigenen Vorwissen ab. Die Neuigkeit, dass eine bestimmte Person Deutsch spricht, mag eine Designverbesserung sein, die sich eines Tages auszahlen kann, und in den richtigen Händen dürfte die Tatsache, dass ein Verbrechen begangen werden soll, ebenfalls eine wertvolle Information darstellen. Die Vorteile, die jeder der Zuhörer aus dieser Interaktion ziehen kann, sind ganz verschieden, und es wäre ein großer Irrtum zu glauben, die gesamte semantische Information ließe sich gewinnen, indem man die Struktur des Signals ganz genau untersucht, sei es als Schallwelle oder als deutschen

Satz (»S-e-t-z-t-Leerzeichen-W-a-s-s-e-r... «). Es gibt keinen Code für all diese verschiedenen Erkenntnisse.

Diese semanto-pragmatische Verschränkung kann man mittels eines künstlichen neuronalen Netzwerkes noch in anderer Hinsicht besser verstehen. NETtalk z.B. kann richtig handeln, es liest englischen Text korrekt vor – ohne dass es das eigene Handeln versteht und benennen kann. Viele Kognitionswissenschaftlerinnen und Neurowissenschaftler stimmen heute überein, dass in aller Regel das Tun dem Verstehen vorausgeht (Vgl. Edelman 2000, S. 29 - 30).

5.8 Die Zwillinge und das Gewitter

Bewertungen spielen beim Menschen eine möglicherweise grössere Rolle als bei Tieren. Wir sind weniger instinktgebunden als sie und deren Lernen ist oft nicht so ausgeprägt wie das unsere. Später in Kapitel 8 werde ich näher auf diese Merkmale der menschlichen Existenz, der so genannten Conditio humana, eingehen. Aus diesen Gründen sind Menschen offener, aber auch verletzlicher. Sie müssen die Wahrnehmung der Umwelt viel sorgfältiger gewichten und bewerten. Ich will deshalb die Bedeutung von Bewertungen in der Ontogenese noch besser illustrieren.

Um den Schmetterlingseffekt und die Bedeutung von Bewertungen in der Erziehung von Kindern zu erläutern, erzählen wir Psychologinnen und Psychologen oft das Beispiel der Zwillinge: Eine Mutter hat Zwillinge, Benno und Fabio – sie können ruhig eineiig sein. Die Mutter ist geplagt mit furchtbarer Angst vor Blitzen und Gewittern. Als nun wieder einmal ein heftiges Gewitter im Anzug ist, packt sie Benno unter den linken Arm und Fabio unter den rechten und stürzt in den Keller, in die dunkelste Ecke. An Benno geht das Ereignis spurlos vorbei. Fabio entwickelt die gleiche Panik wie die Mutter. Wieso? Die Mutter ist die gleiche und die Situation ist identisch. Es könnte z.B. sein, dass sich Fabio körperlich nicht so wohl fühlt. Obwohl beide das Gleiche gegessen haben, liegen die Speisen Fabio auf, während Benno körperlich nicht negativ reagiert. Diese Reaktion kann unbedeutende Ursachen haben und deshalb ein Schmetterlingseffekt sein. Wenn neuronale Prozesse tatsächlich Quantencharakter haben und wir im Bild des Lichtteilchens an der Scheibe bleiben, kann der Unterschied darin liegen, dass ein Quantenteilchen bei Benno «hindurch» geht, während es bei Fabio «zurückgeworfen wird». Fabio bewertet mit seinem Körperzustand die Sinneseindrücke der aufgeregten Mutter, des Blitzes und des Gewitters ganz anders als Benno. Der Mensch ist eine körperlich-geistige Einheit. Das Gehirn ohne Körper funktioniert nicht. Der Indeterminismus kann auch im Körper seinen Ursprung haben. Damit stellt sich die Frage nach dem Körper beim Roboter.

5.9 Philosophischer Zwischenhalt

5.9.1 Fazit: Der Körper erzeugt Emergenz

Die Bewertung einer Information stellt einen wichtigen Schritt dar, wie ein materielles System Geist erzeugen kann. Dazu braucht ein Tier oder der Mensch seinen Körper. Etwas pauschal kann man sagen: Ohne Körper gibt es keinen Geist. Oder: Der Körper schafft Emergenz. Ich will diesen Gedanken noch etwas vertiefen. Die Bewertung eines Wahrnehmungszustandes mit der körperlichen Verfassung schafft die Verbindung zwischen zwei fundamental verschiedenen Zuständen. Wenn wir beim Paradigma des Magnetpendels für Emergenz bleiben, können wir erneut zwei Ebenen identifizieren: Auf der unteren Ebene haben wir Sinneseindrücke, wie sie z.B. ein Reptiliengehirn auch wahrnehmen kann. Diese Eindrücke werden nun bewertet, indem Körperzustände mit ihnen verbunden werden. Damit werden sie zu basalen Emotionen. Macht ein Mensch solche Erfahrungen immer wieder, werden sie gewissermassen kondensiert und leiten dann unsere Reaktionen. Solche verdichteten emotionalen Erfahrungen sind oft kaum bewusst und beeinflussen unsere Entscheidungen instantan. Wir sprechen dann oft auch von Intuition. Dieses Modell von Damasio stellt die Verbindung zwischen der unteren und der oberen Ebene dar: in Analogie dazu, wie der einzelne Weg eines Pendels auch die Transformation eines Punktes der unteren Ebene in einen Punkt der oberen herstellen kann. Dieser Mechanismus kann aber die Struktur und die Gesetze der oberen Ebene nicht erklären. Die Bewertung durch den Körper schafft Emergenz und macht aus einem Reptiliengehirn ein Gehirn höherer Tiere: in ihm ist *bewertete* Information *gespeichert*. Der Körper spielt nicht nur bei der Bewertung von Information eine Rolle. Bei allen drei noch zu besprechenden menschlichen Wesenszügen nimmt er eine unverzichtbare Stellung ein. Ich schaue deshalb etwas voraus, um die Bedeutung des Körpers zu unterstreichen.

5.9.2 Der Körper als Prototyp des Selbst

Beim Aspekt des Menschen als geistigem Wesen haben wir definiert, dass wir Geist als «Ich-Selbst» erleben. Niemand anders kann mein Erleben auch erleben. Die Frage ist dann: Wer ist dieses Ich, das meinen Geist erlebt? Die Kognitionswissenschaft spricht vom Selbst, das das erlebende Subjekt ist. Dieses Selbst darf man sich aber nicht als kleines Männchen oder Weibchen im Gehirn vorstellen. Wir werden uns an das Konzept von Damasio halten. Er sagt, der Prototyp, die ursprüngliche Form des Selbst, bestehe in der Abbildung des eigenen Körpers im Gehirn. Der Körper ist dann eine Grundvoraussetzung für ein «Selbst»: Auch das Selbst bedient sich des Körpers. Damit schliesst sich der Kreis zu unserer Definition von Geist: Geist ist alles, was wir Menschen in der ersten Person Singular erleben. Diese erste Person Singular ist eng mit dem Ich-Selbst und damit mit dem Körper verbunden. Ich werde diesen Gedanken im folgenden Kapitel näher ausführen und damit die Rolle des Körpers weiter betonen.

5.9.3 Der Körper misst das Risiko

Der Körper ist noch in einem weiteren Sinne unverzichtbar: Er misst das Risiko und er warnt: Er könnte Schaden nehmen und im Extremfall sterben. Alle lebenden Systeme sind dieser Gefährdung ausgesetzt. Die körperliche Unversehrtheit aufrecht zu erhalten erscheint uns eine Selbstverständlichkeit zu sein. Es ist nicht zu übersehen, dass alle Lebewesen mit einem unhintergehbaren Impetus ausgestattet sind, sich selbst zu erhalten, sich zu reproduzieren und sich zu vermehren. Können wir diesen Impetus naturalistisch erklären? Naturwissenschaftler werden damit aber vor eine Frage gestellt, deren Brisanz sie oft nicht sofort erkennen. Wird mit dieser Selbsterhaltung nicht eine Erklärung für ein jetziges Verhalten eingeführt, die in der Zukunft begründet ist? Gleiten wir hier nicht in ein problematisches Feld ab, in den Bereich der so genannten teleologischen Ursachen? Durch diese Hintertüre drangen seit je spekulative, nicht-naturalistische und religiöse Vorstellungen in die Erklärung des Menschen ein. Das Streben von Lebewesen, sich selbst zu erhalten, will ich weiter unten noch näher begründen.

5.9.4 Ein Körper ist autonom

Ein weiteres Problem im Verhältnis zwischen künstlichen Künstlern und menschlichen liegt in der Autonomie. Computer und Roboter sind nur in geringem Masse autonom. Man kann den Stecker ziehen und sie sind meist tot. Systeme, die nicht autonom sind, können auch nicht miteinander zusammenarbeiten: Sie können keinen unabhängigen Beitrag leisten. Der Gedanke tönt vielleicht vorerst etwas gesucht: Menschen können die für ihre Existenz nötige Energie selbst produzieren. Roboter können das bis heute noch nicht. Robotern fehlt deshalb eine fundamentale menschliche Eigenschaft: Sie sind nicht unabhängig (Vgl. Dennett 2017, S. 181).

5.9.5 Ein Körper mit seinem Geist ist ein evolvierendes System

Als letzten Zug des Menschen werde ich seine Gebrechlichkeit oder Fragilität analysieren. Oder positiv formuliert: Menschen zählen zu den evolvierenden Systemen. Sie verfügen über Plastizität, Selbstverbesserung, Selbstheilung und Reproduktion. Mit einem Wort, Organismen wie z.B. Menschen können zum Teil über ihren Körper verfügen. Evolvierende Systeme durchlaufen eine Genese, im Individuellen eine Ontogenese und im Kollektiven eine Phylogenese. Auf diese Genese haben sie Einfluss – wenn auch oft nur in beschränktem Masse.

5.9.6 Die Kluft ist tief

Wenn ich unterstelle, ein Körper sei für Geist unverzichtbar, dann müssen wir keine Bedenken haben: Künstliche Organismen werden lebenden Organismen nicht so schnell gleichkommen. Bei der Simulation von Körpern oder von Leben stehen wir vor einer meiner Meinung nach tiefen Kluft. Wir können sie noch nicht einmal adäquat erklären. Obwohl die theoretische Biologie eindrückliche Fortschritte gemacht hat, stehen gemäss Deacon drei Grundfragen des Lebens nach wie vor ungelöst im Raum (Vgl. Deacon 2013, Kap. 9):

1. Wie kann eine Zelle sich selbst reproduzieren?
2. Wie hält ein Organismus die Rahmenbedingungen (constraints) aufrecht, oder passt sich deren Änderungen an, die nötig sind, um Ordnung zu erzeugen?

3. Wie kann ein Organismus sich dem physikalischen Gesetz des spontanen Zerfalls widersetzen, indem er sich selbst repariert?

Angesichts dieser grossen Fragen könnte man natürlich kapitulieren und sagen: Ein künstliches System kann keinen Geist erzeugen. Wir wollen nicht so schnell aufgeben und überlegen, ob nicht wenigstens Teilbereiche von Geist künstlich hergestellt werden könnten. Zum Beispiel Formen von Bewusstheit oder Vorformen von finalem Verhalten oder gar Simulationen von Entwicklungsprozessen. Dies sind die Themen der drei folgenden Kapitel.

6 Ein denkendes Wesen

Denken hängt eng mit Bewusstsein zusammen. Natürlich sind wir mit der anspruchsvollen Frage nach der Fassung des Begriffs Bewusstheit konfrontiert, wenn wir den Menschen als denkendes Wesen analysieren und ihn mit künstlicher Intelligenz vergleichen. Seit Jahrhunderten kämpfen Philosophinnen und Philosophen mit diesem scheinbar so selbstverständlichen Problem. Künstliche Künstler werfen zentrale Fragen der Bewusstseinsphilosophie auf. Ich habe sie zu Anfang schon gestellt: Kann ein Roboter denken? Kann er dann auch ein Selbstbild, ein Bewusstsein und eventuell eigene Interessen entwickeln? Und wenn nicht, ist Denken ohne Bewusstheit möglich?

Ich werde mich in diesem Text nur mit dem materiellen System befassen, auf dem Bewusstsein bei gehirnbegabten Organismen beruht. Es geht darum, Antworten darauf zu finden, ob aus einem materiellen System Geist und eventuell Bewusstsein entstehen kann. Schon das ist genügend schwierig.

Dennoch sollten wir einen kurzen Blick auf den Begriff des Denkens werfen, wenn wir ihn als Phänomen auf der oberen Ebene, der Ebene des Geistes, zu fassen suchen. Die Bedeutung des Begriffs Denken oszilliert auf einem Spektrum zwischen rein logischem Schliessen als dem einen Extrem und dem stream of consciousness, dem Strom des Bewusstseins, als anderem Ende. Wenn wir nun von Affen hören, dass sie Witz und Humor hätten, ist diese «denkerische Fähigkeit» irgendwo zwischen diesen beiden Extremen anzuordnen (Vgl. Tages-Anzeiger 2020.09.25). Im Folgenden interessiert dieser stream of consciousness. Nur am Rande gehe ich darauf ein, welche denkerischen, so genannt kognitiven Fähigkeiten, zusätzlich nötig sind, um aus diesem Fluss den Witz als Denkform zu extrahieren. Alltagssprachlich hängt der Begriff Denken mit mehreren Aspekten von Bewusstsein zusammen. Wenn Sie als Leserin oder Leser dieser Begriffssalat verwirrt, können Sie Denken etwas pauschal mit der kognitiven Form von Bewusstsein gleichsetzen.

6.1 Begriffe klären

Ich setzte in diesem Text Denken in Anführungszeichen, wenn ich das Wort in Zusammenhang mit Robotern brauchte. Auch von geistiger Tätigkeit sprechen wir ungern bei Computerprogrammen. Ein Ausgangspunkt bei der Begriffsklärung ist sicherlich Sigmund Freuds Diktum: «Der Verstand ist nicht Herr im eigenen Hause.» Er führte den Begriff des Unbewussten in unser Verständnis vom Menschen ein. Indem er bewusste und unbewusste geistige Tätigkeiten trennte, vertiefte er unsere Einsicht in die Dynamik der menschlichen Psyche. Schon sein Kollege Alfred Adler aber war weniger an der Trennung als am Überlappungsbereich dieser beiden Prozesse interessiert: Er sprach vom Bewusst-Unbewussten. Die Verhaltensökonomen um Kahneman und Tverski versuchten, dieser historischen Belastung der Begriffe zu entkommen und führten zwei neue ein: System I und System II. Dabei kann man etwas plakativ System I als Intuition bezeichnen und System II als analysierenden Verstand.

Bevor auch der Begriff des Bewusstseins aus den neuronalen Gegebenheiten heraus entwickelt werden soll und der mehrfach erwähnte Faden beschrieben wird, der von den Neuronen und ihren Verbindungen hinaufführt auf die obere Ebene des Geistes, will ich das Schlussresultat kurz skizzieren. Auf der oberen Ebene des Geistes könnte man vier Erscheinungsformen des Bewusstseins identifizieren (Vgl. Pauen 2002, S. 29-32):

- Das *Aufmerksamkeitsbewusstsein* (Vigilanz) ist die allgemeine Wachheit, die gewissermassen als Hintergrund im Wachzustand stets da ist. Sie kann aber auch graduell abnehmen, über einen Dämmerzustand bis zum Schlaf.
- Das *kognitive Bewusstsein*, das sich mit einem Scheinwerfer vergleichen lässt: Wir „konzentrieren" uns (daher spricht man auch vom *selektiven* Bewusstsein), d.h. wir richten unsere Aufmerksamkeit auf einen Gegenstand (daher auch: *intentionales* Bewusstsein) und vergessen alles andere. Je enger der Fokus des Scheinwerfers, umso klarer wird der Gegenstand, umso mehr wird aber auch ausgeblendet.
- Das *phänomenale Bewusstsein* ist das Wissen darum, wie etwas ist, also das Bewusstsein einer Qualität, zum Beispiel einer Farbqualität (Wie ist rot?) oder einer Gefühlsqualität (Wie ist es, Sehnsucht zu haben?)
- Das *Ich-Bewusstsein:* das Bewusstsein meiner selbst, durch das ich mich selber als Einheit, als Ich wahrnehme und gegenüber der „übrigen Welt" abgrenze. Dieser Einheit des Ichs entspricht die *Einheit der Wahrnehmung,* in der die vielfältigen Einzeleindrücke von aussen zu einer zusammenhängenden und kontinuierlichen „Welt" verschmolzen sind:

das „Kino im Kopf". Ich und Welt setzen einander voraus: Die Grenze dazwischen konstituiert sowohl das Ich als auch die Welt.

Es ist nicht möglich, auch nur eine dieser Formen von Bewusstsein aus der Ebene der Neuronen und deren Verbindungen herzuleiten. Man kann erneut nur einen Hinweis geben, wie ein Weg von unten nach oben aussehen könnte. Dieser Weg zur Erklärung von Bewusstsein zu beschreiten ist deshalb wichtig, weil wir an KI die Frage stellen, ob sie einen solchen Weg eventuell auch beschreiten könnte.

Als wir rückgekoppelte neuronale Netzwerke analysierten, konnten wir sehen, dass sie einerseits Strukturen auf der Mittelebene ausbilden können und dass andererseits ein gewisser zeitlicher Vergleich zwischen früher und später möglich war. Die erste Fähigkeit tendiert in die Richtung kognitives Bewusstsein, während die zweite eher dem Aufmerksamkeitsbewusstsein zuzuschreiben wäre.

Vielleicht haben Sie bei der Darstellung künstlicher neuronaler Netzwerke mittels Merkmalsraum überlegt, ob man die Analyse der Strukturen auf der Mittelebene nicht auch einem neuronalen Netzwerk übertragen könnte. Als Input würde man die Merkmalsvektoren einspeisen und als Output würden geometrische Objekte festleget. Ein gut trainiertes Netzwerk wäre dann fähig, die Strukturen im Merkmalsraum zu identifizieren. Könnte man damit die kognitive Form von Bewusstsein oder das System II der Verhaltensökonomen realisieren? Edelman und Tononi sind der Meinung: nein. Bewusstes Denken sei ein Prozess. Man könne Bewusstheit nicht allein mit Gehirnarealen und deren Funktionen erklären, sondern müsse sich auf die Abläufe im Gehirn konzentrieren (Edelman 2000, S. 34). Um dieses Postulat verständlich zu machen, zeigen sie einige Charakteristika von so genanntem reflexivem Bewusstsein auf. Ihr Begriff reflexives Bewusstsein deckt sich über weite Strecken mit der kognitiven Form von Bewusstsein und diese wiederum könnte man als Denken im engeren Sinn bezeichnen.

6.2 Merkmale reflexiven Bewusstseins

Reflexives Bewusstsein zu beschreiben stellt sich als kaum zu bewältigende Aufgabe heraus. Mit ihm erfassen und beschreiben wir die Welt. Wir haben keine «höhere» Instanz, die uns erlauben würde, Bewusstsein von aussen, von einer Metaebene her, zu untersuchen. Deshalb schlage ich vor, sich in einem Kreisprozess immer tiefer in das Phänomen Bewusstsein hineinzuarbeiten. Natürlich können wir auch beim Bewusstsein von einer Beschreibung des voll entwickelten reflexiven Bewusstseins ausgehen. Richard Egger denkt über diese Kompetenz und ihre Funktion nach und sagt (Egger 2021):

> „Darin liegt die einzigartige Möglichkeit des Menschen. *Er, nur er allein, kann abwägen.* Und die Fähigkeit, die ihn dazu in die Lage versetzt, heisst *reflexives Bewusstsein.* Wir Menschen können nicht nur denken, sondern auch unser Denken betrachten. Wir haben nicht nur Gedanken, sondern auch Gedanken über unsere Gedanken. Wir kennen nicht nur Gefühle, sondern können über sie nachdenken. Wir handeln manchmal intuitiv, können aber diese Intuitionen auch unter die Lupe nehmen. Kurz, unser Denken kann sich auch auf sich selbst richten. Es kann re-flektieren, sich auf sich selbst zurückbeziehen."

Mein Anliegen ist wie gesagt, dieses Phänomen auf der höheren Ebene des Geistes mit den basalen materiellen Gegebenheiten auf der unteren Ebene zu verbinden, um die Frage zu beantworten, ob auch ein künstliches System Ansätze zu einem reflexiven Bewusstsein entwickeln könnte. Als Ausgangspunkt für ein solches Vorgehen wird heute oft die Merkmalsreihe von William James eingesetzt. Er identifizierte fünf Eigenschaften und zwei Folgerungen (Vgl. Philosophie Lexikon, William James):

1. Jeder Bewusstseinszustand tritt immer als *persönliches* Bewusstsein auf, er wird aus der Ich-Perspektive wahrgenommen.
2. Bewusstsein ist ein *Prozess.*
3. Bewusstsein ist ein *Kontinuum*, es kann nicht in Abschnitten erlebt werden. Veränderungen sind niemals abrupt.
4. Bewusstsein ist *selektiv.* Aus einer unbeschreiblich grossen Menge wird ausgewählt.
5. Bewusstsein ist immer *mit Objekten* befasst.

Daraus folgt:

- Bewusstsein stellt einen *Bewusstseinsstrom* mit eigener Wirklichkeit dar.
- Bewusstsein ist eine Funktion.

Ich orientiere mich im Folgenden an der Darstellung von Edelman und Tononi in deren Buch *Gehirn und Geist.* Sie folgen weitgehend den Merkmalen von James, trennen aber den Begriff des Kontinuums auf in *Entität* und *Kohärenz.* Einige Autoren zählen auch die Aufmerksamkeit zu den Merkmalen von Bewusstsein (Vgl. z.B. Churchland 1995, S. 252, oder auch Pauen, siehe oben), während andere Aufmerksamkeit und Bewusstsein synonym verwenden, Z.B. William James in Edelman 2000, S. 13).

Bei der Beschreibung des Fadens von unten nach oben schliesse ich mich wie erwähnt, den Autorinnen und Autoren an, die Bewusstheit (vorerst) in ein primäres Bewusstsein und ein reflexives Bewusstsein aufteilen. Dabei ist der erste Begriff ungenau gefasst. Der Alltagsbegriff «Nicht-Bewusstlosigkeit» scheint mir den Sachverhalt am genauesten zu treffen. Dennett spricht manchmal von Bewusstsein in einem schwachen Sinne (Vgl. Dennett 2017, S. 75. und S. 187). Andere Wissenschaftlerinnen sprechen von unterschwelliger oder subliminaler Wahrnehmung. Der zweite Begriff, reflexives Bewusstsein, ist besser anerkannt: Damasio spricht mehrheitlich von bewusstem Geist, wenn er das reflexive Bewusstsein meint, Dennett dagegen von Bewusstsein in einem starken Sinn. Weitere Synonyme sind Gewahrsein oder Aufmerksamkeit. Eine weitere begriffliche Schwierigkeit ist das Verhältnis von Bewusstsein und Geist. Wie viele Kognitionswissenschaftlerinnen und Neurologen erachte ich Geist als basal. Geist bringt Bewusstheit hervor – nicht umgekehrt (Vgl. Damasio 2010, S. 195).

6.3 Experimentelle Bestätigungen

Neurologen wie Edelman und Tononi wollen diese Merkmale von Bewusstsein mit gehirnphysiologischen Fakten stützen. Sie stellen an sich einen hohen Anspruch:

> „... warum sind wir uns dessen bewusst, ob uns kalt oder warm ist, nicht aber dessen, ob unser Blutdruck hoch oder niedrig ist? Schliesslich sind die neuralen Schaltkreise, die mit der Regulation des Blutdrucks betraut sind, nicht minder ausgeklügelt als jene, die die Körpertemperatur regulieren. Allgemeiner formuliert: Warum sollte die Aktivität bestimmter Neurone durch deren blosse Lage im Gehirn oder den Besitz irgendeines besonderen anatomischen oder biochemischen Merkmals so über die anderer Neurone erhoben werden, dass der Besitzer dieses Gehirns durch sie plötzlich mit dem Gefühl einer subjektiven Erfahrung durchströmt wird, einer jener schwer fassbaren Gegebenheiten, die die Philosophen als Qualia bezeichnen? Das genau ist das Kernproblem bewusster Erfahrung.“ (Edelman 2000, S. 32-33.)

Wir sehen, dass Edelman und Tononi an dieser Stelle die beiden Definitionen von Bewusstsein nicht voneinander trennen. Ein Tier, das nicht bewusstlos ist, wird kalt oder warm wahrnehmen können – ist sich aber seines Blutdrucks nicht bewusst. Das gleiche Tier wird mit grosser Wahrscheinlichkeit auch von einer *subjektiven Erfahrung durchströmt.* Es wird aber nach menschlichem Ermessen keine bewussten Erfahrungen machen

– so wie wir im Alltag diesen Begriff verstehen: dass wir Erlebnisse überdenken und beurteilen und dass sie so zu *Erfahrung* werden. Aus diesem Grunde würde ich bei einem Tier nicht von subjektiver *Erfahrung*, sondern nur von subjektiven Erlebnissen sprechen.

6.3.1 Die Privatheit von Bewusstsein: das Selbst

Die oben dargestellte, bewusstseinsphilosophische Fassung der Formen von Bewusstsein legt grossen Wert darauf, dass Bewusstsein von einer Instanz wahrgenommen wird. Es braucht jemanden, der bewusste Zustände als seine eigenen Zustände erlebt. Man könnte ihn einen Protagonisten nennen.

Damasio und Metzinger nennen ihn «Selbst». Andere bezeichnen diesen Protagonisten auch als das Ich, das Ego, das Erleben in der ersten Person Singular, das phänomenale Erleben usw. Da diese Instanz selbst auch Teil des Gehirns ist, entstehen daraus nicht unerhebliche erkenntnistheoretische Probleme. Ich weiche ihnen aus und frage mich bloss, ob ein solches «Selbst» experimentell nachgewiesen werden kann.

Man kann die Versuchsanordnungen zur Begründung dieser Instanz gut verstehen, wenn man an Menschen mit erheblichen Einschränkungen ihres Denkens, z.B. mit einer schweren Alzheimererkrankung, denkt. Sie empfinden sich noch immer als da, als vorhanden, als selbstständige Persönlichkeit. Sie haben zum Beispiel immer noch Angst vor dem Sterben, auch wenn sie sonst kaum noch wach sind und die Namen ihrer Angehörigen nicht mehr nennen können. Sie empfinden auch bis zum Schluss ihres Lebens Hunger und Durst: Das Selbst ist auf das Innigste mit Leben verbunden. Deshalb identifizieren Metzinger und Damasio das Selbst mit der Repräsentation des Körpers und seines Funktionierens im Gehirn. Sie sagen, das Selbst bestehe primär aus dem Abbild des Körpers im Gehirn: dem Phänomenologischen-Selbst-Modell (PSM). Gemäss diesen Autoren besteht das Selbst aus zwei Teilen:

- Einem mentalen Zustand
- Einem körperlichen Zustand.

Der körperliche Zustand kann ein innerer Zustand sein, der durch Sensoren zur Körperhaltung und -steuerung wahrgenommen wird, oder er kann ein Zustand eines Portals (Sinnesorgans) sein, das einen äusseren Zustand abbildet. Dabei ist das Konzept des Bildes wichtig und Metzinger hebt es mit aller Klarheit hervor: Im Geist ist der Körper *abgebildet.* Es existiert von ihm ein mentales Bild: das besagte Phänomenologische-Selbst-Modell

(PSM) (Vgl. Metzinger 2011, S. 114-120). Im Geist wird also nicht nur die Aussenwelt wiedergegeben, sondern auch der eigene Körper. Das Körperbild (PSM) hat vier wesentliche Eigenschaften:

1. Es vermittelt Meinigkeit (es ist mein Körper, nicht der eines anderen).
2. Es befindet sich an einem Ort, im Raum.
3. Es befindet sich im Jetzt, in der physiologischen Gegenwart.
4. Es verfügt über Agentivität (Ich habe Einfluss auf den Körper, kann ihn – vor allem motorisch – steuern).

6.3.2 "Als ob... "

Metzinger legt nun wie gesagt sehr grossen Wert darauf, dass unser Geist den Körper und die Welt darum herum *simuliert*. Wir leben, "als ob" die Welt so wäre, wie sie in unserem Geiste abgebildet ist. Dabei ist diese Simulation nicht nur passiv – als blosse Repräsentation vorhanden – sondern aktiv. Man sollte wohl eher von einer Emulation des Körpers und der Welt sprechen. Wieder stehen wir vor einer Kluft, die nur mit Emergenz überwunden werden kann: Wenn wir von den basalen Lebensvorgängen, die im Gehirn abgebildet sind und von ihm gesteuert werden, aufsteigen wollen zum Bewusstseinszustand „Ich bin“, dann können wir mit Experimenten im Nachhinein das Funktionieren dieses Selbst untersuchen. Wir haben aber erneut keine einfache kausale Kette, die das Gesamtbild des „Daseins“ z.B. mit dem Gefühl des Durstes verbindet. Obwohl dieses Durstgefühl unser Sein mehr bestimmt als die Fähigkeit, zwei und zwei zusammenzählen zu können. Das Konzept des „Als ob“ bildet die Grundlage des Verständnisses von Psyche bei Alfred Adler (Ansbacher 1972 und Vaihinger 1972). Wir Individualpsychologen bedauern, dass die heutige Bewusstseinsphilosophie diese Wurzel des Verständnisses des Menschen nicht angemessen würdigt.

6.3.3 Das Prozesshafte am Bewusstsein

Ein Prozess ist ein *zeitlicher* Ablauf. Ein rückgekoppeltes neuronales Netzwerk kann Zeit darstellen. Wir haben gesehen, dass der Output selbst wieder den Mittelschichtneuronen eingespeist wird. Damit wird ein bereits vergangener Zustand mit einem aktuellen verglichen. Einige Physiker sind der Auffassung, dass genau damit Zeit generiert wird: Durch die *Veränderung* eines Zustandes. Die Stärke der Veränderung legt dann die Zeitskala fest: kleine Veränderung, kleine Zeitspanne; grosse Veränderung, grosse Zeitspanne. Neurologen können diese Zeitstruktur im Gehirn benennen und messen. Die kleinste Zeiteinheit beträgt ungefähr eine Zehntelsekunde. Innerhalb dieser Zeitspanne kann man nicht mehr als eine Entscheidung treffen. In einer Sekunde sind deshalb höchstens um die 10 Bewusstseinszustände möglich. Während dieser minimalen Zeitspanne kann ein Gehirn nur eines tun: *eine* Form wahrnehmen, *eine* Klangfarbe identifizieren usw. Eine einzelne Unterscheidung muss abgeschlossen sein, bevor die nächste beginnen kann.

Die Fähigkeit, eine Zeitstruktur zu erzeugen, hängt mit der Kompetenz zu Gedächtnisleistungen zusammen. Edelman und Tononi sprechen von einem Ultrakurzzeitgedächtnis, das nur Sekundenbruchteile umfasst (Vgl. Edelman 2000, S. 38). Darauf baut das so genannte Arbeitsgedächtnis auf, das einige Sekunden andauert und auch physiologische Gegenwart genannt wird. Während dieser Zeit kann man gedruckte Telefonnummern, geschriebene Sätze oder Positionen von Leuten in einem Raum visuell aktiv halten. Diese physiologische Gegenwart kann man eindrücklich an einer Leuchttafel demonstrieren, die nur einen Buchstaben nach dem anderen zeigt. Leuchten die Buchstaben langsam auf, nimmt man sie als einzeln wahr. Laufen sie schneller, liest man Wörter, sind sie zu schnell, «sieht» man nichts mehr. Während der physiologischen Gegenwart hat man die vorangegangen Buchstaben noch präsent und sieht deshalb ein Wort. Das Gehirn macht aus den Teilen eine Ganzheit.

Der medizinische Forscher Benjamin Libet konnte zeigen, dass die Zeitdauer eines neuronalen Reizes wesentlich darüber bestimmt, ob primäres Bewusstsein in reflexive Bewusstheit überführt werden kann. Für eine bewusst wahrgenommene neuronale Stimulation muss der immer gleiche Reiz während mindestens einer halben Sekunde andauern. Ist der Reiz aber nur ca. eine Zehntelsekunde lang (siehe oben), kann nur das primäre Bewusstsein ihn registrieren (Vgl. Edelman 2000, S. 96-97). Diesen Befund stützen auch Versuche im Zusammenhang mit Werbebotschaften, die in Kinofilmen nur flüchtig eingeblendet wurden. Z.B. wurde kurz eine Aufforderung zwischen die übrigen Bilder eingefügt, ein bestimmtes Getränk zu konsumieren. Obwohl die Botschaften «unterschwellig» blieben, beeinflussten Sie das Verhalten: In der Pause wurde mehr von diesem Getränk bestellt.

6.3.4 Die Ganzheit von Bewusstsein

Man kann sich nun fragen, wie viele Informationsbrocken (Chunks) man während einer basalen Zeitspanne von ca. 0.1 Sekunden aufnehmen kann: Es sind höchstens 4 bis 7. Man nennt diese Gehirneigenschaft auch Subitizing (Vgl. Lakoff 2000, S. 19). Wie viele Dinge kann man gleichzeitig (subito) erfassen? Jasserinnen kennen diese Gehirneigenschaft vom Schreiben der Resultate. Menschen können höchstens vier (IIII) Striche auf einen Blick von drei (III) Strichen unterscheiden: Wenn es mehr als fünf (IIIII) sind, muss man zählen. Innerhalb der basalen Zeitspanne von 0.1 Sekunden gibt es keine zeitlichen Feinunterteilungen. Gehirne behandeln einen solchen Zustand als Ganzheit, als Entität. Diese Entitäten verändern sich nun in einem kontinuierlichen Prozess, so dass ein Bewusstseins*strom* entsteht. Er kann vom Selbst nicht in einzelne Bilder aufgelöst werden und es ist auch nicht möglich, zwei Bewusstheitsströme nebeneinander gleichzeitig präsent zu haben.

Bewusstseinsprozesse im Gehirn verschmelzen sehr viele einzelne Gehirnaktivitäten zu einem Gesamtbild. Schön sichtbar wird diese Integrationsleistung bei den Augen. Das linke Auge sieht ein unmerklich anderes Bild als das rechte. Das Gehirn setzt beide zu einem dreidimensionalen Bild zusammen. Präsentiert man dem linken Auge ein total anderes Bild als dem rechten, so unterdrückt das Gehirn das eine Bild. Edelman und Tononi nennen diese Eigenschaft von Gehirnen Kohärenz: Es wird *ein* Zustand ausgewählt, es gibt nicht zwei Zustände nebeneinander. Sehr eindrücklich wird diese Tatsache auch von so genannten Kippbildern untermauert:

Fig. 6.3 a: Vase oder Gesicht? Das Bewusstsein kann nicht zwei Dinge gleichzeitig denken

In der Figur 6.3 a können Sie nur entweder die Vase sehen oder zwei sich zugewandte Gesichter. Beides gleichzeitig geht nicht. Zum Merkmal der Kohärenz von Bewusstheit gehört auch die oben schon erwähnte Fähigkeit von neuronalen Netzwerken, fehlende Information zu ergänzen. Edelman und Tononi bezeichnen diese Kompetenz oft auch als Integration. Sie stellen dann fest, dass Bewusstsein entweder ganz da ist oder gar nicht. Wenn es da ist, erscheint es als vollständig und kohärent. Wenn es weg ist, ist es vollständig weg. Setzt es erneut ein, dann vollständig und als Ganzheit (Vgl. Edelman 2000, S. 47).

6.3.5 Die Selektivität von Bewusstsein

Ein einzelner Bewusstheits-Zustand enthält einen immensen Informationsgehalt. Edelman und Tononi verwenden als Beispiel ein künstliches System, das eine Leuchtdiode beobachtet und ein akustisches Signal abgibt, wenn die Diode hell ist. Wenn ein Mensch dieses Licht betrachtet, ist hell oder dunkel bewertet. Das heisst, mit der Wahrnehmung von hell ist eine grosse Menge von Erlebnissen verknüpft, die einen Menschen veranlassen könnten, stundenlang über dieses Hellsein zu reden. Mit hell ist also viel mehr verbunden als mit einem Messgerät je ausgesagt werden kann. Das Bewusstsein wählt nun aus diesen Tausenden von Verknüpfungen *eine einzige* aus. Edelman und Tononi sagen, das Bewusstsein habe einen ausserordentlich hohen Grad an Differenziertheit und zugleich eine überaus grosse Informativität. Menschen verfügen allein schon bei hell über eine kaum zählbare Menge von möglichen Bewusstheitszuständen.

Nun sollten wir ein Modell von den Orten, den Funktionen und den Abläufen im Gehirn haben, das diese Merkmale beschreiben kann. Das folgende Unterkapitel ist etwas technisch und kann auch übersprungen werden, ohne dass das Verständnis dadurch beeinträchtig würde. Ich finde die technischen Erörterungen des Gehirns deshalb interessant, weil man sich fragen kann, ob sie in einem künstlichen System ähnlich nachgebildet werden könnten.

6.3.6 Strukturen und Funktionen

Edelman und Tononi gründen ihr Gehirn-Modell für reflexives Bewusstsein auf drei Prinzipien (Vgl. Edelman 2000, S. 56):

1. Bewusstes Erleben scheint mit *zeitgleicher Aktivität* vieler Neuronengruppen assoziiert zu sein, die über ganz *verschiedene Gehirnregionen* verteilt sind.
2. Bewusstes Erleben wird ermöglicht, wenn sehr viele Neuronen, die wechselseitig miteinander verbunden sind, *sehr rasch miteinander interagieren*. Dieser Prozess wird als Reentry bezeichnet.
3. Solange sich die Aktivitätsmuster *unablässig verändern* und *unterscheidbar* sind, bleibt Bewusstheit aufrechterhalten. Bewusstes Erleben setzt aus, wenn eine grosse Zahl von Neuronen *auf die gleiche Art* im Gehirn feuern.

Man beachte, dass hier ganz klar von bewusstem Erleben, also reflexivem Bewusstsein gesprochen wird. Damit solche Interaktionen und Wechselwirkungen möglich sind, braucht es spezielle Verbindungen zwischen den Gehirnarealen. Für das Reentry taugt nur eine der drei Arten von Verknüpfungen im Gehirn: die gegenläufige, wechselwirkende.

Wechselwirkende Verbindungen bestehen aus einem mehrspurigen Leitungs-Geflecht von hin- und rückführenden Leitungen. Dabei enden die hinführenden am gleichen Ort des Hirnareals, an dem die rückführenden entspringen. Zudem schlagen diese reziproken Verbindungen grosse Bögen, die zum Teil die ganze Grosshirnrinde umspannen. Diese Verbindungen dienen der Integrationsleistung von Bewusstsein. Sie stellen auch sicher, dass jede Störung in einem Teilbereich sofort auf das ganze Netzwerk übertragen wird.

Von den wechselwirkenden Verbindungen sind die *richtungsgleichen* Verbindungen zwischen verschiedenen Hirnarealen zu unterscheiden. Sie wirken wie parallel gezogene Einbahnstrassen, die Neuronengruppen, so genannte Kerne, hintereinanderschalten. Dabei laufen sie vorwärts; von einem Kern zum nächsten. Man spricht deshalb auch von Projizieren, da sie die Signale wie ein Projektor nach vorne werfen. Diese Verbindungen sind vor allem mit der motorischen Steuerung betraut, scheinen aber z. T. auch an denkerischen Abläufen beteiligt zu sein.

Eine dritte Form der Verbindung könnte man als Fächer oder Giesskannen-Struktur bezeichnen. Sie dienen vor allem der Ausschüttung von Neurotransmittern ins ganze Gehirn und nehmen ihren Ausgangspunkt im Hirnstamm und Hypothalamus (unterhalb des Thalamus, siehe Fig. 6.3 b). Wenn sie aktiv sind, feuern sie im wahrsten Sinne des Wortes und überschwemmen das Gehirn mit Neuromodulatoren, die einerseits für die Plastizität des Gehirns sorgen, andererseits aber auch als Bewertungssystem wirken, weil sie die synaptischen Verbindungen stärken oder hemmen können. An diesen letzteren Systemen und Verbindungen setzen oft die medikamentösen Eingriffe ins Gehirn an.

Für das Bewusstsein wichtig sind einige charakteristische Gebiete oder Kerne des Gehirns. Der so genannte Thalamus (siehe Fig. 6.3 b) spielt dabei eine Schlüsselrolle. Es muss aber klar verstanden werden, dass es keine spezifischen Hirnareale gibt, die allein für reflexives Bewusstsein zuständig sind. Ein solches Bewusstsein kommt gemäss den beiden Autoren als Zusammenspiel vieler Hirnareale zu Stande.

6.3.7 Der Reentry-Prozess

Für das bewusste Erleben spielt der Reentry-Prozess im Modell von Edelman und Tononi eine Schlüsselrolle. Allerdings sind sie vorsichtig in der Darstellung, weil sie den Zusammenhang zwischen diesem Prozess und bewusstem Erleben nur indirekt und meist nur sehr pauschal zeigen können. Bei diesem Nachweis spielen Hirnverletzungen erneut eine grosse Rolle. Wichtige Einsichten liefern auch so genannte Split-Brain-Patienten, bei denen die Verbindungen zwischen den beiden Hirnhälften – aus medizinischen Gründen – absichtlich getrennt wurden. Die Forscher untersuchten auch ganz junge oder sehr alte Gehirne, bei denen reflexives Bewusstsein noch nicht da oder schon wieder verschwunden war. Eine weitere Bestätigung liefert die Schlaf- und Traumforschung. Edelman und Tononi weisen nach: *Wenn ein Gehirn in einem reflexiven Bewusstseinszustand ist, befindet es sich in einer hoch komplexen Phase. Wird die Komplexität reduziert, fällt der Organismus in den Zustand der Bewusstlosigkeit (Vgl. Edelman 2000, S. 107).*

Dieses komplexe Gefüge weist folgende Merkmale auf:
1. Weit verstreute Hirnareale sind miteinander verbunden.
2. Die Verbindungen sind wechselwirkend und rückgekoppelt.
3. Die Wechselwirkung ist nicht-linear.
4. Diese reziproken Verbindungen sind sehr stark parallel geschaltet.
5. Die Aktivitäten in den einzelnen Hirnarealen sind ausserordentlich unterschiedlich.

Damit entsteht eine räumliche und zeitliche Koordination der verschiedenen sensorischen und motorischen Ereignisse im Gehirn. Dieser letzte Satz ist eine blosse Beobachtung, keine Erklärung. Wir stehen beim Gehirn wahrscheinlich vor dem komplexesten System, das der Evolutionsprozess auf der Erde hervorgebracht hat. Wie bei allen komplexen oder chaotischen Systemen kann das Resultat, das von diesem System hervorgebracht wird, nicht vorausgesagt werden, auch wenn man alle Randbedingungen des Ausgangszustandes und alle prozeduralen Abläufe genau beschreiben könnte. Primäre Bewusstheitszustände und auch reflexive sind nicht prognostizierbar.

Wir wollen im Folgenden nur den Zustand der Epilepsie näher betrachten, weil er vertiefte Einsichten in den operativen Zustand des Gehirns bei Bewusstlosigkeit bietet. Bei so genannten Petit-Mal-Anfällen leidet ein Mensch an Absenzen: Sein reflexives Bewusstsein setzt kurzzeitig aus. Meist hört auch eine gezielte motorische Bewegung wie das Gehen auf, der Körper hält sich aber noch aufrecht. Bei einem solchen Anfall werden umfassende Teile des Grosshirns und des Thalamus mit grösster Geschwindigkeit so genannt hypersynchronisiert. Das EEG zeigt, dass überall im Gehirn die gleichen Muster auftreten: Alle Neuronen ruhen oder feuern im genau gleichen Rhythmus, mit 3 Herz. Nach dem Aufwachen hat der Epileptiker keine Erinnerung an diesen Zustand. Damit wird eine schwer zu verstehende Aussage von Edelman und Tononi illustriert: Ein reflexiver Bewusstseinszustand basiert auf unglaublich *unterschiedlichen* Aktivitäten in vielen Hirnarealen (Diversivität), die in einem nicht gut verstandenen Prozess sowohl ausgewählt, wie auch koordiniert werden (Integration), so dass ein ganzheitlicher Zustand entsteht, der sich kontinuierlich fortpflanzt (Vgl. Edelman 2000, S. 101 - 103).

Die beiden Forscher nennen diesen Prozess wie gesagt Reentry. Sie begründen ihn mit den beschriebenen stark ausgeprägten parallelen Verbindungen, die dazu führen, dass Hirnareale miteinander wechselwirken. Die Bedeutung dieses Reentry-Prozesses und damit der aussergewöhnliche Einfluss von rückgekoppelten Prozessen werden noch deutlicher, wenn wir das Bewusstseins-Modell von Kaku betrachten.

6.3.8 4-Stufen-Modell von Kaku

Michio Kaku versuchte den Komplexitätszuwachs des Bewusstseins bei Organismen genauer zu fassen (Vgl. Kaku 2014. S. 68). Er schlägt ein vierstufiges Modell vor. Dabei unterscheidet er ein Wahrnehmungs- und ein Steuerungssystem, das eine Anzahl Rückkopplungen überwacht und führt. Eine Alge verfügt über eine so genannte 0-te Stufe von Bewusstheit, weil sie das Konzentrationsgefälle von Nährstoffen im Wasser wahrnimmt und mittels einer motorischen Rückkopplung sich in Richtung höherer Konzentration bewegen kann. Ein primitiver Organismus mit drei derartigen Aktionsschleifen hätte ein 0:3-Bewusstsein. Das erwähnte primäre Bewusstsein von Edelman und Tononi teilt Kaku in drei Stufen auf:

Stufe 0: ein meist stationäres System mit wenigen Sinnesorganen und einer geringen Anzahl von Aktions-Kreisläufen als Rückkopplungsschleifen. Kaku denkt an ortsfeste Organismen wie Pflanzen oder einfache Tiere, die ihr Verhalten auf Grund von Parametern wie Lichteinstrahlung, Temperatur, Winddruck usw. regulieren können. NETtalk könnte man Bewusstsein auf Stufe 0 zugestehen – allerdings fehlt dann eine wichtige Komponente: lebende Organismen setzen ihr Bewusstsein ein, um ihr Leben zu erhalten, NETtalk tut das nicht.

Stufe I: Bewusstsein im Sinne von Kaku benötigt bereits ein Zentral-Nervensystem, wie es z.B. Reptilien besitzen. Das Zentralorgan muss fähig sein, eine Vielzahl von wahrgenommenen Zuständen zu koordinieren. Zudem muss es verschiedene Ausgangslagen speichern können, so dass der Organismus seine aktuelle Situation mit den gespeicherten vergleichen kann. Dies ist nötig für mobile Organismen: Um Nahrung oder Beute zu erobern, stellen sie ihren aktuellen Ort den gespeicherten Orten gegenüber. Damit ist auch eine zeitliche Strukturierung möglich. Solche Lebewesen besitzen bereits ein differenziertes Verhaltensrepertoire. Die Anzahl ihrer Rückkopplungsschleifen ist enorm angewachsen und schon kaum mehr zu zählen. Das Steuerungssystem bezeichnet man nun bereits als Gehirn. Es besteht aus Hirnstamm, Kleinhirn (für die motorische und körperinterne Steuerung) und den so genannten Basalganglien, die um den Thalamus angeordnet sind (siehe Fig. 6.3 b). Diese schütten unter anderem Stress- oder Glücks-Botenstoffe aus und regulieren sowohl Paarungs- als auch Verteidigungs- und Jagdverhalten.

Rückgekoppelte künstliche Netzwerke können zwar die Zeitstruktur teilweise simulieren. Sie verfügen aber nicht über Mechanismen wie die Botenstoffe im Gehirn, die alle Verbindungen eines Netzwerkes insgesamt stärken oder hemmen können. Zudem finden wir in Reptilien-Gehirnen bereits parallele, rückgekoppelte Verbindungen, deren Komplexität mit künstlichen Systemen schwer zu simulieren ist.

Bewusstsein auf Stufe II stellt das Bewerten von Sinneseindrücken ins Zentrum. Solche Organismen verfügen über Emotionen. Sie erlauben ihnen, nicht nur den umgebenden Raum zu erkunden, sondern auch ihre Artgenossen. Die Bewertung der Wahrnehmungen ist um ein Vielfaches differenzierter als das Ausschütten von Glücks- oder Aggressionsstoffen im

Reptilienhirn. Die Rückkopplungsschleifen sind exponentiell gewachsen und erfordern ein neues Zählsystem. Kaku schlägt vor, als Mass die unterschiedlichen sozialen Verhaltensweisen und die verschiedenen Emotionen zu wählen.

Anatomisch liegt einem solchen Bewusstsein ein Gehirn zu Grunde, das um das so genannte limbische System erweitert ist. Zu ihm gehören Kerne für die Langzeiterinnerungen und vor allem der Thalamus, den man als Koordinationsstelle für die erwähnten stark parallelen und wechselwirkenden Verbindungen bezeichnen kann. Er ist unabdingbar für das erwähnte Reentry.

Ein Bewusstsein auf der höchsten Stufe (III) haben in ausgereifter Form wahrscheinlich nur Menschen. Das unterscheidende Merkmal besteht gemäss Kaku in der Fähigkeit, in die Zukunft zu denken. Wie viele andere Kognitionsforscherinnen und -forscher auch geht Kaku davon aus, dass die Welt im Gehirn des Organismus abgebildet ist. Man spricht lieber von Repräsentationen, weil es im Gehirn keine «Bilder» gibt. Tiere und Menschen leben dann, als ob die Welt so wäre, wie sie in ihrem Gehirn repräsentiert ist. Menschen verfügen nun über die Fähigkeit, mit diesen Welt-Darstellungen zu hantieren: Sie können sich nicht-reale oder zukünftige Zustände vorstellen und sie gegeneinander abwägen. Dies ist vor allem dann wichtig, wenn die Zukunft vorweggenommen werden soll. Damit kann der Mensch sein Verhalten an Erfordernissen ausrichten, die noch gar nicht gegenwärtig sind. Er kann entscheiden und seine Zukunft aktiv planen. Einige Tierarten können dies in Ansätze auch, aber meist nur für kurze Zeiträume.

Das Modell von Kaku überzeugt meiner Meinung nach in dreierlei Hinsicht:

1. Seine Stufen entsprechen grosso modo dem Evolutionsprozess von Gehirnen.
2. Es erlaubt, einfache Organismen wie Pflanzen und Einzeller von höher entwickelten Lebewesen zu unterscheiden.
3. Es ermöglicht eine strenge Definition von Ich beziehungsweise von Ich-Bewusstsein.

Die Abbildung 6.3 b des Gehirns zeigt die evolutionäre Entwicklung des Gehirns von Hirnstamm und Kleinhirn her aufwärts. Die Bewusstseinsstufen können gut mit der zeitlichen Entwicklung im Rahmen der Evolution gleichgesetzt werden. Natürlich verlief dieser Prozess nicht in klar abgegrenzten Stufen und deshalb sind Teile einer höheren Stufe oft schon bei einem Organismus auf tieferer Stufe angelegt. Kaku nennt sein System «Raum-Zeit-Theorie» des Bewusstseins. Dies deshalb, weil Tiere auf

Stufe I den sie umgebenden Raum abzubilden vermögen, während Tiere auf Stufe II zusätzlich auch die sie umgebenden Artgenossen und andere Tiere repräsentieren können: Sie bilden auch den sozialen Raum ab. Menschen auf Stufe III sind ausserdem fähig, ihre Repräsentationen zeitlich einzuordnen und damit die (ferne) Zukunft vorwegzunehmen. Kakus Modell lässt auch eine bessere Definition von Ich-Bewusstsein zu: Mit seinen eigenen Worten lautet sie: *Das Ich-Bewusstsein schafft ein Modell der Welt und simuliert die Zukunft, in dem dieses Ich (nämlich Sie) auftritt.*

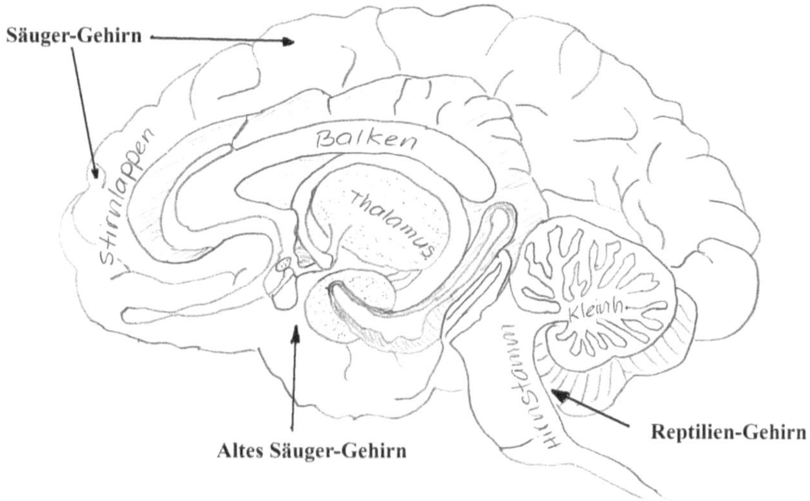

Fig. 6.3 b: Die stammesgeschichtliche Entwicklung des Gehirns

An dieser Stelle ist es angezeigt, unsere Diskussion um Geist weiter zu vertiefen. Auf einer phänomenologischen Ebene haben wir Geist definiert als: *Geist ist alles, was wir Menschen in der ersten Person Singular erleben.* Beim Nachdenken darüber, wie Geist aus Neuronen und deren Verbindungen entstehen kann, haben wir einige notwendige Bedingungen formuliert: Geist sei Information, er sei bewertete Information. Auf Grund des eben Ausgeführten plädiere ich dafür, dass Bewusstsein und Geist eng miteinander verknüpft sind. Allerdings würde ich die Information eines Lebewesens auf Bewusstseinsstufe 0 nicht als Geist bezeichnen. Geist will ich für Information vorbehalten, die in irgendeiner Art gespeichert ist. Diese Speicherung repräsentiert die Aussenwelt im Innern eines Organismus. Meiner Meinung nach ist dies erst wirklich möglich, wenn der Organismus über ausgefeilte neuronale Netze verfügt.

6.4 *Simulation des Reentry-Prozesses*

Wir können nun die Perspektive wieder wechseln und uns fragen, ob Roboter und Computer Teile dieser Prozesse, die im Gehirn identifiziert wurden, nachbilden können. Wir haben oben schon von Parallel-Prozessoren gesprochen. Inwiefern gleichen sie einem Reentry-Prozess?

6.4.1 Parallel geschaltete Prozessoren

Im Unterkapitel 2.2.6 wurden parallele Prozessoren vorgestellt: Auf engstem Raum arbeiten mehrere Zentraleinheiten (CPU) herkömmlicher Rechner parallel nebeneinander. Deren Programmierung ist zwar ausserordentlich aufwändig. Vor allem aber bei der Datenverarbeitung oder der Darstellung von Szenen in Computerspielen sind solche Systeme effizient, weil die Aufgaben gut separiert und auf die verschiedenen Prozessoren aufgeteilt werden können. Die parallelen Einheiten können zudem während des Rechnens miteinander Zwischenresultate austauschen. Dadurch werden sie einem menschlichen Gehirn ähnlicher, weil auch in ihm Prozesse parallel ablaufen und keine Zwischenresultate gespeichert und wieder abgerufen werden müssen (Vgl. Kelly 2016, S. 38).

Wahrscheinlich können parallel arbeitende Prozessoren den Reentry-Prozess auch nicht annähernd simulieren. Aus folgenden – für einen Laien schwer verständlichen – Gründen:

- Die Wechselwirkung zwischen den parallelen Verarbeitungssträngen im Gehirn besteht nicht in einem simplen Datenaustausch, sie ist hoch komplex.
- Die Prozesse laufen vorwärts und rückwärts, es findet ein so genanntes fortwährendes Reengieneering statt.

6.4.2 Reengineering

In der Elektronik kennt man den Prozess des Reengineerings. Man hat eine elektronische Schaltung, deren Innenleben unbekannt ist. Man versucht ihren Aufbau damit zu knacken, dass man den Input systematisch variiert und die Gesetzmässigkeiten zu identifizieren sucht, mit denen sich der Output ändert. Damit erhält man ein Modell davon, wie der Input durch die Schaltung schrittweise verändert wurde. Daraus schliesst man, wie die Schaltung aufgebaut sein muss. In der Sprache der Mathematik wirkt ein neuronales Netzwerk wie eine Matrix, die einen Input-Vektor in einen Output-Vektor überführt. Der rücklaufende Teil einer Reentry-Schlaufe erzeugt eine Umkehrung, die so genannte Inverse, dieser Matrix. Ein Prozess, der in der Mathematik nur mit einfach gestrickten Matrizen möglich ist: Die Wechselwirkung zwischen Input und Output muss linear sein. Bei komplexen Prozessen ist genau dies nicht gegeben. Es könnte aber sein, dass ein analoger Computer wie das Gehirn dazu fähig ist.

6.4.3 Die Benutzerillusion

Fassen wir nochmals zusammen: Das Modell von Bewusstsein umfasst ein hoch komplexes neuronales System, dessen Einzelteile selbst schon komplexe Aufgaben erfüllen, die aber mehrfach, parallel und wechselwirkend miteinander zusammengeschaltet sind. Bewusstsein entsteht nur, wenn dieses System läuft. Dann aber entsteht etwas Neues, was nicht im materiellen System enthalten ist. Ich behaupte, dass solche Prozesse ständig vor unseren Augen ablaufen und Neues erzeugen – aber wir merken oft nicht, dass eine Konstruktionsleistung erbracht wird.

Betrachten wir wieder die Analogie mit einem Computer. Viele Leute benutzen heutzutage ein Handy. Wir stellen fest, dass ganz kleine Kinder sofort die Bedienung verstehen: Sie klicken oder vergrössern ein Bild, indem sie es mit den Fingern aufziehen. Nun untersuchen wir den Code, z.B. des Betriebssystems Android. In diesem Code ist das Erlebnis des Kindes nicht enthalten und auch nicht, dass es auf der Benutzeroberfläche Entitäten gibt (z.B. die Icons), die man herumschieben kann. Das subjektive Erleben ist nicht direkt im Programm codiert. Es ergibt sich durch das Ablaufen-Lassen der Software auf einem entsprechenden Gerät und die anschliessende Interaktion mit dem Gerät. Kleine Kinder können dieses Tun und Erleben meist nicht beschreiben, das Erlebnis wird also nicht einmal in Erfahrung umgewandelt. Trotzdem ist es eine Art von Geist; es entsteht eine Kultur des Umgangs mit Screens. Ein Mensch, der vor langer Zeit lebte – z.B. ein Söldner in Napoleons Armee – würde dem Kind ratlos zuschauen. Wenn es Marsmenschen gäbe, die ebenso fortgeschritten sind wie wir und die das System Kind und Handy in Ruhe sehen, dann könnten sie zwar einige Prognosen über das Verhalten des Kindes aufstellen. Um die neuen kulturellen Fähigkeiten aber zu verstehen, müssten sie die Interaktion des Kindes mit dem Gerät miterleben. Die Produktion neuer geistiger Inhalte kann man an vielen Aspekten von Programmen auf PCs erkennen:

- das Gefühl, dass man eine Schublade öffnet und schliesst bei Dropdownmenus
- der Eindruck, einen Knopf zu drücken und etwas in Bewegung zu setzen bei einem Klick
- das Erlebnis beim Ziehen des Mauszeigers
- etc.

Auch der Programmierer holt diese Erfahrungen nicht direkt aus dem Code, indem er ihn liest wie ein Buch. Er *probiert* den Code *aus*, er testet die Funktionalitäten auf einer passenden Maschine. Er interagiert dann mit der Maschine und er beobachtet, wie andere Benutzer mit ihr in Wechselwirkung treten. Deshalb also: Die subjektiven Erlebnisse beim Ausführen des Codes sind zwar im Code angelegt – der Code ermöglicht sie; wo wären sie denn sonst? –, aber sie sind nicht anders zugänglich als durch die Ausführung des Codes auf einer Maschine. Deacon prägt in seinem Buch *Incomplete Nature* den Begriff der «absential features», um diese Phänomene zu beschreiben.

Die Frage ist nun, ob das Neue nur dadurch entsteht, dass der Benutzer ein Mensch ist. Viele Informatikerinnen und Informatiker sind der Meinung: nein. Als Illustration könnte man die Einführung eines neuen Programms bei einer Grossbank heranziehen. Bei ihr sind hunderte von Computern zusammengeschlossen und es laufen meist an die Tausend Programme. Auch wenn die Programmierer das neue System peinlich genau evaluiert haben, kann das Zusammenwirken mit den anderen Programmen nur im Betrieb wirklich erfasst werden. Das neue Programm kann tagelang gut funktionieren und plötzlich stürzt es selbst oder das ganze System ab. Der Absturz hat wahrscheinlich wenig damit zu tun, dass die Benutzer Menschen sind. Es kommen als Nutzer auch *andere Programme* in Frage: z.B. bei einer neuen Datenbank, die von anderen Programmen abgefragt wird.

6.5 Darf man Gehirnaktivität mit Geist gleichsetzen?

Bisher bin ich folgender kritischer Frage an das oben beschriebene, so genannte neuro-kybernetische Modell des Gehirns ausgewichen: Darf man seelisch-geistige Zustände mit Gehirnzuständen gleichsetzen? Der Philosoph Holm Tetens stellt diese Frage und bemerkt, dass Wissenschaftler dies ziemlich unbekümmert tun (Tetens 1999, S. 4). Ich gehöre auch zu dieser unbekümmerten Spezies. Den Einwand finde ich berechtigt, sehe das Problem aber noch an einem anderen Ort, wenn wir der Frage nachgehen, ob ein künstlich intelligentes System Geist hervorbringt: Kann man diese Gehirn-Körper-Zustände abbilden? Kann man sie in Information verwandeln, um sie zu übertragen? Wir versuchen sie mit Sprache zu fassen und zu kommunizieren. Schon das ist eine gewaltige Reduktion auf Sätze und Wörter. Wir sind konfrontiert mit dem Tunnel, dem Nadelöhr, durch das wir die Welt wahrnehmen. Wenn wir ein Gehirn künstlich nachbilden wollen, kommen wir um diese Reduktionen nicht herum. Allerdings kann das technische System selbst auch komplex sein und seine Dynamik kann unvorhersehbare Resultate erzeugen.

Das reflektive Bewusstsein versucht Teile der Gehirnaktivität zu fassen, zu kontrollieren und mit Sprache in ein Modell zu übertragen (Vgl. Dennett 2017, S. 376ff). Dieses Einfangen der Gehirn-Körper-Aktivität ist ein faszinierender Prozess. Es ist wichtig, dass diese Umwandlung von Gehirnaktivität in Information nicht mit der Gehirnaktivität selbst gleichgesetzt wird. Das können Sie bei sich selbst nachvollziehen: Wenn Ihnen z.B. ein Wort nicht einfällt, mit dem Sie eine Idee bezeichnen wollen, dann ist die Idee schon vorhanden, obwohl sie das Wort dazu nicht haben. Diese Umwandlung von Gehirnaktivität in übertragbare Information geschieht nicht nur durch gesprochene Sprache. Gesten, Mimik, Körperhaltung und Bilder sind andere Kanäle, um Informationen weiterzugeben. Eine Online-Konferenz übermittelt z.B. Sprache und Bilder. Ein face to face-Kontakt besteht aber in bedeutend mehr. Alle diese Formen versuchen unsere körperlich-geistige Aktivität zu übertragen. Man sollte die Weitergabe und Kontrolle nicht mit der Aktivität an und für sich verwechseln. Faszinierend ist beim Menschen einfach, dass die gleiche Gehirn-Körper-Einheit Aktivität hervorbringt und sie zusätzlich auf einer Metaebene versucht umzuwandeln, zu kontrollieren und zu kommunizieren. Aber: Der Gedanke ist etwas anderes als das Wort, das ihn beschreibt. Wir werden später den Begriff der Information noch genauer fassen und dann auf diese Argumentation nochmals zurückkommen.

Man könnte denken, dass der Mensch an Wert verliert, wenn ein – auch kompliziertes – neuronales Netz ihn in einem Computer im Prinzip abbilden und emulieren kann. Gehen dann so wichtige Dinge wie Vernunft, Moralität, Freiheit und Glück nicht verloren? An dieser Stelle der Argumentation ist der Einwand in gewisser Weise berechtigt. Bisher aber wurden zwei Wesensmerkmale des Menschen noch nicht in Betracht gezogen: Seine intensive Interaktion mit der menschlichen Umwelt, die ihm ermöglicht, eine Kultur aufzubauen, und sein hoch komplexer Entwicklungsprozess, der ihn von einem Zellklumpen zu einem erwachsenen Menschen macht. Nachdem wir diese beiden Züge des Menschseins diskutiert haben, greife ich die Frage von Tetens nochmals auf.

7 Ein tauschendes Wesen

7.1 Kunst und Kultur

Bislang bin ich stillschweigend über den Begriff des Künstlichen hinweggegangen. Dabei lebt der Titel dieses Buches gerade von der Spannung zwischen den Bedeutungsfeldern von Kunst und künstlich. Wir werden mit der Frage nach der Kultur konfrontiert, oder wie Herbert Simon sagen würde: Wir müssen uns um die Wissenschaften vom Künstlichen kümmern (Simon 1981, S. 5). Im Bestreben, die grundsätzlichen Wirkmechanismen von künstlichen und menschlichen Künstlern zu identifizieren, beschränke ich mich auf die elementaren Bausteine. In diesem Kapitel soll die Frage im Zentrum stehen, ob auch Roboter eine Kultur herstellen könnten. Wie viele andere theoretisch orientierte Denker auch, identifiziert Simon einige Grundzüge der inneren Beschaffenheit des Menschen, die es ihm erlauben, auf die Komplexität der Umwelt mit seinem Verhalten zu reagieren: Drei Wesenszüge haben wir bereits besprochen: das Lernen, das Bewerten und das reflektive Bewusstsein. Was sind aber die Voraussetzungen, dass eine Kultur entstehen kann?

Viele Menschen antworten: die Sprache. Mit ihr können gelernte Einsichten weitergegeben werden, und damit muss nicht jedes Individuum wieder von null beginnen. Natürlich schliesse ich mich diesem Gedanken an. Wenn aber Roboter Sprache erwerben sollten, dann müssen wir noch tiefer nachdenken. Was ist die *Voraussetzung*, dass sich Sprache im Laufe der Evolution entwickeln konnte? Die beiden Kognitions- und Neurowissenschaftler Terrence W. Deacon und Michael Tomasello behaupten, die Grundvoraussetzung für die Entwicklung von Sprache sei die Fähigkeit, die *Intention eines anderen wahrzunehmen*. Daraus entstehen die symbolische Sprache und damit die intensive Kooperation mit den Artgenossen, das Zusammenleben in grossen Gesellschaften und die Arbeitsteilung. Ich verstehe diese Reihung als aufsteigend, wobei am Ausgangspunkt eine Fähigkeit steht, die eng mit dem Denken oder den kognitiven Kompetenzen eines Organismus zusammenhängen. Die Folgen, die sich aus diesen Grundkompetenzen ergeben haben, stellen die Welt buchstäblich auf den Kopf. Wir wollen sie kurz bedenken und dann zur geteilten Intention zurückkehren.

Eine Schlüsselfunktion für die Evolution des Menschen spielt das Teilen der Nahrung. Sie wird ermöglicht durch die erwähnte enge Kooperation zwischen Artgenossen. Das Nahrungsteilen lässt eine gemischte Ökonomie zu: Menschen sind Jäger *und* Sammler, sie können sich von Pflanzen *und* von Fleisch ernähren. Durch das Teilen der Nahrung kann sich eine Gesellschaft differenzieren, indem einige Mitglieder für Spezialaufgaben freigestellt werden können. Nahrungsteilen ermöglicht Überfluss-Gesellschaften und es ist auch die Voraussetzung dafür, dass Weibchen sich sehr lange und intensiv um die Nachkommen kümmern können. Das gemeinsame Essen schafft zudem eine starke emotionale Bindung zwischen den Sippenmitgliedern. Unsere Welt wäre ohne Tausch und Teilen schlicht unvorstellbar. Der amerikanische Ökonom Murray N. Rothbard zählt diese Verhaltensweise zu den Grundeigenschaften des Menschseins, wenn er schreibt:

> «Die Nationalökonomie hat eine grosse Wahrheit über die Natur des menschlichen Verkehrs enthüllt: dass nicht nur die Produktion, sondern auch der Tausch für die Wohlfahrt und das Überleben des Menschen wesentlich ist (Rothbard 1980, S. 51).

Wenn man sich einen Jäger vorstellt, der mit einer grossen Beute zurückkehrt und seine Sippenmitglieder zu einem Festschmaus einladen kann, erahnt man die grosse persönliche Befriedigung, die das Arbeiten für die Sippe dem Einzelnen bringen kann. Diese sogenannte „mutual aid", die gegenseitige Hilfe, charakterisiert Lebewesen, die in grossen Sozialverbänden leben. Gegenseitige Hilfe trifft man nicht nur bei Menschen an. Das Leben in einer grösseren Gemeinschaft bringt jedoch eine Gefühlsdisposition hervor, die Voraussetzung dafür ist, dass der Mensch zum Menschen wird. Adler bezeichnete diese spezifische Gefühlsgrundlage als Gemeinschaftsgefühl: Beziehungsfähigkeit, Teilen und gegenseitige Hilfe. Um Missverständnisse zu vermeiden: Gemeinschaftsgefühl ist keine „Tugend", die man von den Menschen fordern muss. Ich werde weiter unten zeigen: Gemeinschaftsgefühl entsteht automatisch, wenn ein junger Mensch ins Leben eingeführt wird.

Wir kehren nun zur Grundkompetenz zurück, die Kultur ermöglichte: die geteilte Intentionalität. Dabei orientiere ich mich an den Denkansätzen der Forschungsgruppen um die beiden Exponenten Michael Tomasello und Terrence W. Deacon.

7.2 Kultur und Sprache

Tomasello entwirft eine Naturgeschichte des menschlichen Denkens in der Evolution. Sie sollte ohne missing Links von den Menschenaffen zu den modernen Menschen führen. Dabei stützt er sich auf seine eigenen Forschungen zu Menschenaffen und Kleinkindern. Wichtig für Tomasello ist die Einsicht, dass es nicht die Wörter waren, die anfänglich die Kultur entwickelten. In seinem Buch *Die Ursprünge der menschlichen Kommunikation* verficht Tomasello wie viele andere auch die These, dass sich Sprache nicht aus den Lauten von Frühmenschen entwickelte, sondern aus den Gesten. Diese wurden mit der Zeit abgekürzt und danach in einem weiteren Abstraktionsschritt durch "sinnlose" Lautbilder erweitert. Diese Wörter wurden mit Inhalt gefüllt, indem die Angehörigen einer Gruppe in einem komplizierten Prozess der Interaktion miteinander eine Bedeutung aushandelten. Man spricht von Konventionalisierung der Sprache. Im folgenden Unterkapitel versuche ich die Schwierigkeiten, eine symbolische Sprache zu entwickeln, etwas zu verdeutlichen.

7.2.1 Die drei Formen der Objekt-Zeichen-Beziehung

Zwischen einem Objekt, dem „Bezeichneten“ gemäss dem Sprachwissenschaftler Saussure, und dem Zeichenkörper, dem „Bezeichnenden“, gibt es drei verschieden Arten von Beziehung. Sie sind nicht ganz einfach zu verstehen. Ich liste sie auf und erklären sie danach:

1. Ikonische Beziehung: (isomorph), ist referentiell
2. Indexikalische Beziehung: (korreliert), ist referentiell
3. Symbolische Beziehung: (arbiträr), referentiell aufgrund von Konventionen

Zur Veranschaulichung der ikonischen Bezüge könnte ich als Bezeichnendes einen Elefanten zeichnen. Dieses Bild, ein Icon, verweist dann auf den Elefanten. Wollte ich Kraft oder Schnelligkeit bezeichnen, könnte ich diese Vorstellungsinhalte mit meinem Körper vorzeigen. Ich kann das zu Bezeichnende also visuell erklären. In der so genannten Zeichentheorie sagt man, es gebe eine abbildende, eine ikonische Beziehung zwischen dem Bezeichnenden, das ich wähle, und der Sache, die ich bezeichnen will. Die ikonische Verknüpfung ist eine Verknüpfung durch Ähnlichkeit. Diesen abbildenden Bezug stellen wir z.B. auch her, wenn wir einem Fremdsprachler etwas anschaulich erklären, indem wir ihm etwas vorzeigen oder vorspielen. Kraft und Schnelligkeit kann ich mit meinem Körper illustrieren. Bei der ikonischen Beziehung wird das Objekt als *Abbild* repräsentiert: z.B. indem man eine Schlange mit einer schlängelnden Handbewegung darstellt. Achtung: das Wort «Schlange» tritt hier noch nicht auf. Als ikonisches Zeichen für Schlange würde man ein Piktogramm des Tiers aufmalen. Ein ikonischer Bezug kann auch durch ein Geräusch vollzogen werden, indem man z.B. den Vorstellungsinhalt eines bekannten Vogels durch die Lautfolge seines Gesanges «Kuck-Kuck» bezeichnet. Dieses so genannte onomatopoetische Wort, eine klang-ähnliche Lautfolge, ist das Icon, das den Bezug herstellt – obwohl eine Klangfolge eigentlich kein Bild im strengen Sinne ist. Icon wird hier im Sinne von Abbild verwendet: Ein Klang kann auch ein Abbild sein.

Die indexikalische Beziehung beruht nicht auf Ähnlichkeit, sondern auf einem gegenständlichen oder logischen Bezug. Ein Index ist ein Hinweis. Der Rauch z.B. ist ein Index für ein Feuer, das brennt. Eine Spur im Schnee ist ein Hinweis auf ein Tier, das hier gegangen ist. Der Geruch von einer Bäckerei ist ein Hinweis auf frisches Brot. Der Fussabdruck ist zwar auch ein Bild, aber er verweist auf das Tier als Ganzes. Um Lärm zu bezeichnen könnte ich mir die Ohren zuhalten. Diese Geste ist ein Hinweis auf den Lärm. Die indexikalische Form stellt eine sachliche oder eine logische Beziehung zwischen dem Bezeichneten und dem Bezeichnenden her. Der sachliche Bezug beim Brot ist der Geruch, der mir in die Nase steigt oder beim Lärm, das Ohr, das ich abdecke. Der logische Bezug ist der Rauch, der nur durch einen logischen Schluss mit dem Feuer in Verbindung gebracht werden kann. Beim indexikalischen Bezug muss der Gegenstand, auf den verwiesen wird, anwesend sein – es gibt also eine raum-zeitliche Bezugnahme –, wogegen beim ikonischen und symbolischen Bezug auf etwas Abwesendes gedeutet wird.

Für eine ikonische oder indexikalische Beziehung reichen Gesten und Mimik als Kommunikationsform durchaus. Sie brauchen noch keine Worte. Diese kommen erst mit dem symbolischen Bezug ins Spiel. Unter den drei Typen des Bezugs ist dieser am schwierigsten zu verstehen. Es ist das grosse Verdienst von Terrence W. Deacon diese Art des Bezugs genauer untersucht und beschrieben zu haben. Das Aufbauen einer solchen Verknüpfung zwischen einem Wort und dem, was es bezeichnet, ist hier völlig willkürlich. In einer Sprachgemeinschaft wird diese Beziehung ausgehandelt. Das Resultat einer symbolischen Beziehung ist eine Wort-Sprache, bei der das symbolische Zeichen vollständig zufällig, arbiträr, ist. Man sagt, das Zeichen muss konventionalisiert werden: D.h. es muss innerhalb einer Gruppe ein Konsens hergestellt werden, was die Bedeutung des Zeichens ist.

Wir könnten diese Beziehung zwischen Gegenstand und Wort am Beispiel von Tönen illustrieren: Für eine indexikalische Beziehung wären Laute geeignet. Das Summen könnte ein Index auf eine Biene sein, das Brummen ein Hinweis auf einen Bären. Bei Tönen ist das Tierreich mit z.T. viel besseren Kommunikationsmitteln ausgezeichnet als wir Menschen. Es gibt Tiere, die an die 30 Laute für verschiedene Gefahren einsetzen. Der Mensch mit seinen 5 bis 6 ist da eher ein Analphabet. Aus der Tatsache, dass wir diese Laute der Tiere aber nicht interpretieren können, müssen wir ableiten, dass auch Tiere eine Konventionalisierung vollzogen haben. Bei abstrakten Symbolen gibt es gemäss Deacon verschiedene Bezugsnetze: Ein erstes ist eine Beziehung zu anderen bereits bestehenden Begriffen und Vorstellungsinhalten: Bei Ehrgefühl zum Beispiel zu einer ehrenwerten Person, die eine wichtige Stellung in der Gesellschaft hat. Um sie zu verwenden, muss man im Geiste mit Begriffen hantieren können: Man muss eine ehrenwerte Person in Beziehung setzen zu einer Charakterstärke. Weitere Bezugsnetzte werden durch die Sprache selbst geschaffen. Sie enthält z.B. ganze Listen von Wörtern für Gegenstände, die dem zu Bezeichnenden ähnlich sind: Der Begriff Stuhl steht im Zusammenhang mit den Konventionalisierungen für Sessel, Fauteuil, Hocker usw. Ein drittes Bezugsnetz wird durch die Grammatik hergestellt: Wenn ich sage: „xy spielt Tennis“, dann weiss ich, xy muss ein Nomen oder Pronomen sein, im Singular, Nominativ, ein menschliches Wesen, usw.

Deacon und Tomasello beschäftigen sich nun mit der Frage, wie sich solche Konventionalsierungen im Laufe der Evolution ausbilden konnten. Diese Untersuchungen sind für die Fragestellung, ob es künstliche Intelligenz geben könne, sehr wichtig. Es wird sich zeigen, dass das Aushandeln von Bedeutung nur möglich ist, wenn die beteiligten Individuen schon über ein beträchtliches Mass von denkerischen Fähigkeiten, so genannten kognitiven Kompetenzen verfügen.

Tomasello behauptet nun, bereits vor den Konventionalisierungen – den Zuordnungen willkürlicher Bezeichnungen, zu Gegenständen und Handlungen – hätten soziale Interaktionen existiert, die hoch kooperativ waren. Sie schufen die Voraussetzungen für verschiedene Denkfähigkeiten, die dann als Grundlage für eben diesen Konventionalisierungsprozess dienten. Ebenso existierte vor der Sprache ein Kommunikationssystem, basierend auf Gesten: eine Kommunikationsform, die Schimpansen nicht besitzen (Vgl. Tomasello 2014, S. 204). Motor dieser sozialen Interaktionen war in den Worten Tomasellos die "geteilte Intentionalität". Darunter versteht er das Einfühlungsvermögen in dem Sinne, dass Menschen Absichten anderer Menschen nicht nur im egoistischen Sinne, sondern im kooperativen Sinne der gegenseitigen Hilfe verstehen können: «Ich gehe davon aus, dass der andere mir einen Vorteil verschaffen will und mich nicht bloss als sein "Werkzeug" braucht.» Menschenaffen verfügen nicht über eine solche geteilte Intentionalität. Sie gehen nicht davon aus, dass z.B. ein Mensch ihnen helfen will. Deshalb ist diese geteilte Intentionalität, verbunden mit einer Gesten-Sprache, der Schritt über die Schimpansen hinaus.

Im Modell von Tomasello gibt es drei Stufen. Die erste haben wir mit den Schimpansen gemeinsam, sie ist von vielen menschenähnlichen Zügen geprägt, aber noch nicht von einer intensiven Zusammenarbeit. Auf der zweiten gibt es geteilte Intentionalität, sie richtet sich aber vorerst auf einen zweiten Menschen und noch nicht auf die Gruppe als Ganzes. Beim dritten Schritt wird dann die Stammesgruppe, in der man lebt, miteinbezogen. Diese geteilte Intentionalität führte dann notwendigerweise zu wichtigen Denkfähigkeiten:

- Kognitive Repräsentation
- Schlussfolgern
- Selbstbeobachtung.

Der erste grosse Schritt weg von den Menschenaffen wurde möglicherweise von der Evolution positiv selektioniert, weil er ein Leben in vielen verschiedenen Lebensräumen auf der Erde ermöglichte: Das Teilen von Nahrung erwies sich als Vorteil. Dazu waren aber verschiedene geistige und soziale Fähigkeiten erforderlich: Die erste bezog sich auf die Koordination bei der gemeinsamen Nahrungssuche. Tomasello spricht nicht vom Teilen, sondern nur vom Suchen der Nahrung und stellt sich vor, dass sie sich vorerst innerhalb der Zweierbeziehung abspielte. Zuerst musste ein von beiden Partnern geteiltes Ziel geschaffen und dann musste die Aufmerksamkeit darauf gerichtet werden. Dazu wurden soziale Fertigkeiten entwickelt, die Wittgenstein als "Lebensformen" bezeichnet. Um ein solches Ziel entwickeln zu können, sollten sich die beiden Partner in die Rolle des anderen versetzen können. Sie mussten zu einem Perspektivenwechsel fähig werden.

1. Dazu war als erstes eine innere Repräsentation des anderen nötig. Das Bild des Gegenübers und die gemeinsame Situation mussten so weit im Gehirn als Bilder in eigenständiger Form vorliegen (konzeptualisiert sein), dass das Individuum sie kombinieren konnte. Dies musste "offline" möglich sein, nicht nur im direkten Kontakt, wenn die Situation unmittelbar vor den Augen lag, sondern auch beim Träumen oder Sinnieren.
2. Zudem mussten Frühmenschen darüber nachdenken, was der andere wohl denkt, wenn sie sich so oder anders verhalten. Sie begannen aus

dem Verhalten des Anderen Schlüsse zu ziehen. Und sie mussten die möglichen Schlussfolgerungen des Anderen vorherdenken: Sie mussten sie "simulieren".

3. Zu guter Letzt war es nötig, sich selbst zu beobachten und sich die Frage zu stellen: Wie muss ich mich verhalten, damit der Partner mich als zuverlässig wahrnimmt?

Als Kommunikationsmittel standen auf dieser zweiten Stufe den Frühmenschen Gesten zur Verfügung. Sie waren bildhaft, wie z.B. die Handbewegung des Trinkens aus einem Glas. Menschen auf dieser Entwicklungsstufe waren fähig, solche Gesten zu kombinieren und damit eine eigentliche Geschichte zu erzählen. Auf sozialer Ebene wurde in dieser Entwicklungsphase die bereits erwähnte Fähigkeit zum Perspektivenwechsel nötig. Dazu trat nun eine soziale Norm: Die "Verlässlichkeit" kam ins Spiel. Als Drittes waren gemeinsame Erlebnisse und "Lebenserfahrungen" nötig, sonst konnten die Gesten nicht gedeutet werden (Vgl. Tomasello 2008; S. 170). Man spricht vom gemeinsamen Hintergrund, der nur in einem engen Sozialverband entstehen kann.

Das Leben in grossen Gruppen

Die dritte Stufe von Tomasello und der zweite Schritt weg von den Menschenaffen und hin zum vollständigen Menschen ermöglichte das Zusammenleben in grösseren Gruppen. Dadurch wurde eine Rollenteilung innerhalb der Gruppe nötig, so dass sich Spezialisierungen ergaben, die im Kampf ums Überleben von Vorteil waren. Zudem erwies sich von Nutzen, dass die Erfahrungen der Spezialisten weitergegeben werden konnten und die Jungen "weiter sehen konnten, weil sie auf den Schultern der Vorgänger standen". Es musste nicht alles in jeder Generation neu erfunden werden. Allerdings erforderten solche grossen Gruppen mit Rollenteilung auch *gemeinsame Entscheidungen*. Diese Verhaltensweisen verlangten und förderten neue denkerische Fähigkeiten:

1. Die Menschen mussten nun die Perspektive von vielen anderen Menschen einnehmen können, sonst war keine gemeinsame Entscheidung möglich. Dadurch wurde eine Sichtweise von der individuellen Bedeutung zur allgemeinen Bedeutung erweitert. Sie wurde in gewisser Weise objektiv.
2. Im Weiteren mussten nun die eigenen Sichtweisen gegenüber anderen mit Gründen erläutert werden. Die Urteile wurden dadurch explizit,

wogegen sie in der Zweierbeziehung noch viel stärker implizit gewesen waren.

3. Damit die individuelle Erfahrung weitergegeben werden konnte, war das Lehren nötig. Kinder wurden mit direkter Instruktion oder indirekten Lehr-Geschichten in die Kultur der Gruppe eingeführt.

Voraussetzungen für die erwähnten Begründungen und das Weitergeben war eine Sprache. D. h. die Gesten wurden mit Wörtern assoziiert und durch sie ersetzt. Dadurch wurden Kombinationen von Begriffen und Gedanken möglich, die auch so abstrakte Dinge wie "Gerechtigkeit", "Ehrlichkeit", "Vertrauen" usw. darstellen konnten. Die Sprache führte zu einer ungeheuren Beschleunigung der Denkprozesse und der Kultur.

Soziale Kompetenzen

Die objektiven Perspektiven aller anderen führten zu allgemeingültigen Normen in der Gruppe. Das Set dieser Normen ist ein wesentlicher Bestandteil der Kultur einer Gemeinschaft; es charakterisiert das "Gemeinschaftsgefühl" einer Gruppe. Diese Normen musste ein Individuum vorherdenken können. Es musste fähig werden, sie zu befolgen, auch wenn sie nicht direkt durch Gruppendruck durchgesetzt wurden. Dazu mussten sie einerseits internalisiert sein, und andererseits musste die Selbstbeobachtung derart geschärft werden, dass Regelverstösse eine Art Selbstzensur hervorriefen. Tomasello spricht in diesem Zusammenhang von Scham, die das Individuum befällt, wenn es gegen die Regeln verstösst. Nur am Rand deutet Tomasello an, dass diese Normen auch von einem höhergestellten Wesen (einer Gottheit) aufgestellt und gefordert sein könnten. Dadurch liesse sich erklären, warum praktisch alle Kulturen Religionssysteme entwickelt haben.

7.2.2 Instabile Stammesgruppen

Terrence W. Deacon setzt in seinem epochalen Werk: *The Symbolic Species. The Co-evolution of Language and the Brain* die Gewichte etwas anders als Tomasello: Beide stimmen überein, dass Menschen den geistigen und emotionalen Zustand anderer Menschen nicht nur wahrnehmen, sondern mental repräsentieren können. Beide sind auch der Meinung, dass diese Repräsentationen beim Menschen so weit entwickelt sind, dass dieser die Welt, die Vergangenheit und die Zukunft in seinem Geist simulieren kann. Dabei spielt das, was Tomasello geteilte Intentionalität nennt, bei beiden die gleiche herausragende Rolle für die Evolution und die Selektion des Gehirns, der mentalen Fähigkeiten und der Sprache. Wie dargestellt identifiziert Tomasello als Hauptmotor der Intentionalität die *Erfassung der Absicht bei einer gemeinsamen Arbeit,* wie der z.B. der Jagd.

Deacon dagegen stellt das *Zusammenleben* in einer grossen Gruppe von Frauen *und* Männern ohne steile Hierarchie und auf dem Prinzip des Nahrungsteilens ins Zentrum. Dabei würden enge Paarbindungen den Zusammenhang der Gruppe stabilisieren. Keine Tiergattung lebt in einem Sozialverband, wie ihn die Menschen zu führen im Stande sind, weil:

1. Männer und Frauen in einer sehr grossen Gruppe mit praktisch flacher Hierarchie leben
2. Innerhalb dieser Gruppe Männer und Frauen starke und langdauernde Paarbeziehungen pflegen
3. Nahrung geteilt wird und Männer sich in erheblichem Ausmass an der Pflege und Aufzucht der Kinder beteiligen: gegenseitige Hilfe oder "reciprocal altruism".

Ein solcher Sozialverband wäre sehr instabil. Er kann gemäss Deacon nur existieren wegen einer engen, tragfähigen Paarbeziehung. Diese und die gegenseitige Hilfe müssen mit symbolischen Gesten und symbolischer Kommunikation begründet werden: weil Ideen wie "Treue", "Zuverlässigkeit", "Hilfe in Not" einerseits abstrakt sind und sich andererseits auf die Zukunft richten, so dass sie nur symbolisch kommuniziert werden können. Es ist fraglich, ob dazu tatsächlich eine enge Paarbeziehung nötig ist. Man könnte sich auch andere Formen der Beziehung zwischen den Geschlechtern vorstellen. Nichtsdestotrotz müssen, wie ich noch zeigen werde, die ethischen Normen für das Funktionieren des Verbandes symbolisch festgelegt werden, wenn man sich nicht auf eine Hierarchie des "Stärkeren" verlassen will.

Grundlage für Deacons Analyse von Kultur und Sprache ist wie gesagt die *symbolische* Repräsentation und Kommunikation. Er fasst den Zusammenhang zwischen Objekt (Bezeichnetes) und Zeichen (Token, Bezeichnendes) genauer und legt so die Grundlage, den Unterschied zwischen Geist und Körper, Intentionalität und Determinismus, Mensch und Tier präziser zu bestimmen. Deacon stellt den zentralen Aspekt der Sprache erstmals sehr genau und verständlich dar: Die sprachlichen Zeichen haben eine doppelte Referenz.

1. Sie weisen zuerst auf den Gegenstand, auf die Welt.
2. Genauso zwingend weisen sie aber auch auf andere Zeichen. Sie stellen Bezüge zwischen den Zeichen her.

Damit gelingt es Deacon, die fantastische Leistung der Sprache genauer darzustellen:

- Die Wirklichkeit hat eine logische Struktur
- Die Zeichen haben einen Bezug zur Wirklichkeit
- Die Zeichen müssen auch untereinander diese beiden Ebenen und deren logische Strukturen abbilden.

Deacon stellt nun bezüglich Anthropologie folgende These auf: *Die symbolische Kommunikationsform unterscheidet uns von den Schimpansen.* Diese können zwar Anfänge davon lernen – ihr Gehirn ist dazu prinzipiell fähig –, wenn sie *von Menschen* trainiert werden! Sehr viele Tierarten verfügen über ikonische und indexikalische Repräsentationen und Kommunikationsformen (Vgl. Deacon 1998, S. 336, 428). Sie sind den Menschen dabei oft überlegen. Z.B. können Haustiere den Gefühlszustand ihres "Meisters" oft viel besser wahrnehmen als seine eigene Gattin oder ein anderer Mensch.

Die Kursivsetzung weist darauf hin, dass die Entwicklung der symbolischen Kommunikation – der Unterschied zwischen Tier und Mensch – eine grosse Herausforderung darstellt. Dieser Entwicklung gilt Deacons Aufmerksamkeit. Neben den beiden erwähnten Konzepten, den drei Ebenen von Objekt-Token-Beziehung und der sozialen Notwendigkeit grosser egalitärer Gruppen, bringt Deacon als Drittes noch die Hirnentwicklung ins Spiel.

Deacon ist von Haus aus Neurologe und seine Darstellung der Hirnentwicklung im Lauf der Kindheitsentwicklung und im Lauf der Evolution sind eine Meisterleistung: Sowohl was die Verständlichkeit der Sprache als auch das Niveau der Argumentation betrifft. Dabei nimmt er den Gedanken von Edelman vorweg, dass das Gehirn ontogenetisch, so genannt somatisch, selektioniert wird. Er geht wie später Edelman ebenso von der Ausbildung einer Unmenge zufälliger, ungeleiteter synaptischer Verbindungen aus, die sich schon im Uterus und dann bis hin zur Pubertät bilden (einige Hirnareale, z.B. die Rinde des Kleinhirns, werden erst dann myelinisiert). Die *Benutzung* dieser Verbindungen selektiert sie. Das Gehirn wird durch den Gebrauch strukturiert. Das gilt für die Individual-Entwicklung (Ontogenese) genauso wie für die Evolution. Sprach-, Hirn-, Denk- und Sozialentwicklung gehen parallel: Co-Evolution.

Deacon ist viel kompetenter als Tomasello in den Human Lifespan-History-Disziplinen. Er argumentiert zwar nicht so stark biologisch wie Portmann, dessen Gedanken ich im Kapitel 8 vorstelle, sondern soziologisch mit den verschiedenen Formen sozialer Gruppen in Mensch- und Tierreich. Dabei legt er grossen Wert auf gegenseitige Hilfe und die Stabilität einer Paarbeziehung zur Lösung des so genannten "social reproductive dilemma" innerhalb einer grossen Gruppe von Frauen *und* Männern – ohne dominierende Hierarchie. Das Dilemma besteht für den Mann darin, dass er möglicherweise Nachwuchs pflegt, der nicht seine Gene reproduziert, wenn er sich nicht auf die Treue seiner Partnerin verlassen kann.

Deacon zeigt viele Wege, wie die anatomischen und sprachlichen Veränderungen Schritt für Schritt zur voll leistungsfähigen Sprache führen. Dabei überzeugt er z.B. durch seinen Gedanken der Rituale (Vgl. Deacon 1998, S. 401 ff.) mehr als Tomasello, bei dem immer noch eine beträchtliche Kluft zwischen Gesten-Sprache und konventionalisierter Sprache klafft. Wir gehen auf diese eher linguistischen Fragen nicht so detailliert ein, weil uns mehr die anthropologischen Aussagen interessieren.

7.2.3 Symbolisches Denken formt das Gehirn

Meiner Meinung nach ist eine der Haupthypothesen von Deacon die Behauptung, das symbolische Denken, Lernen und Kommunizieren habe die Struktur menschlicher Hirnentwicklung geprägt:

> "I believe symbolic reference itself is the only conceivable selection pressure for such an extensive and otherwise counterproductive shift in learning emphasis. Symbol use itself must have been the prime mover for the prefrontalization of the brain in hominid evolution." (Deacon 1998, S. 336.)

Um diese Hypothese einordnen zu können, müssen vier Bereiche genauer betrachtet werden:

1. Welche kognitiven Fähigkeiten liegen dem symbolischen Lernen und Denken zu Grunde?
2. Welche Rolle spielt das (Arbeits-)Gedächtnis?
3. Welche Rolle spielt die Imitation?
4. Welche sonstigen Fähigkeiten sind für die Sprachentwicklung noch nötig?

Überraschenderweise können Schimpansen und z.T. auch Autisten nicht tricksen. Sie können einen anderen nicht hinters Licht führen (Tomasello 2014, S. 132-133). Diese Täuschungs-Fähigkeit setzt einen Denkprozess voraus, der zwischen wahr und falsch unterscheiden kann und der fähig ist, falsche Überzeugungen zu erkennen. Deacon legt ihn auch dem "Verstehen" eines Witzes zu Grunde. Er sagt, man müsse wie auf zwei Ebenen denken können und dabei zwei nicht konsistente, alternative Erklärungen simultan im Gedächtnis behalten können. Deacon nennt den Prozess "What if ..." (Deacon 1998, S. 430.)

Ein solches Denken setzt einen "Als ob"-Prozess im Gehirn voraus. Die Repräsentationen müssen so gut ausgebildet sein, dass sie auch offline manipuliert werden können (Vgl. Deacon 1998, S. 336 - 338). Symbolisches Denken muss sich vom unmittelbaren Kontext lösen können. Das indexikalische Denken und teilweise auch das ikonische können sich von der unmittelbaren Umgebung nicht lösen, um verständlich zu sein. Für symbolisches Lernen ist diese Situationsgebundenheit eher ein Hindernis. Symbolisches Lernen muss sich vom Augenfälligen befreien, Deacon sagt es sei ein "unlearning" nötig. Erst dann kann ein Vergleich zwischen verschiedenen Repräsentationen entstehen, durch den Gemeinsamkeiten und Unterschiede herausgearbeitet werden können. Damit taucht die besagte Relation auf zwischen den Tokens, die die Bedeutung des symbolischen Zeichens bestimmt. An dieser Stelle kann man nun auch verstehen, wie abstrakte Begriffe entstehen. Der Sprachtheoretiker Lakoff sagt, der Scheinwerfer der Metapher zünde auf andere Repräsentationen und projiziere das heraus, was zum Aufbau eines neuen (abstrakten) Begriffs nötig sei (Vgl. Lakoff 2000, S. 6). Damit werden Beziehungen, Referenzen, zwischen einem neuen Begriff und bereits vorhandenen hergestellt. Zum direkten Überleben ist eine solche symbolische Denkfähigkeit nicht nötig, deshalb redet Deacon von "counterproductive".

7.2.4 Gemeinsames Entscheiden erfordert vollausgereiftes Denken

Es wurde bereits mehrfach angetönt: Grosse Menschengruppen sind genötigt, gemeinsame Entscheidungen zu treffen. Damit wird es unabdingbar, Gründe nicht bloss implizit zu kommunizieren, sondern sie explizit auszusprechen und zu diskutieren. Gründe erfordern aber auch einen gemeinsamen Hintergrund, damit sie ihre Wirkung entfalten können. Das voll ausgebildete, schlussfolgernde Denken erfordert wieder Partner mit einem gemeinsamen Hintergrund. Schlussfolgerndes Denken kann sich nicht innerhalb einer Privatsphäre abspielen. Schlussfolgerndes Denken ist in seinem Fundament ein sozialer Akt: Es geht also nicht darum, zu einer Wahrheit zu gelangen, sondern den anderen zu überzeugen. Dazu braucht es ein gemeinsames Mass für die Richtigkeit und Relevanz einer Aussage. Es braucht einen kooperativen, sozialen Kontext – Schimpansen haben diesen kooperativen, sozialen Kontext in weit geringerem Masse als Menschen, und deshalb ist es höchst fraglich, ob sie ihre impliziten Gründe selbst auch zum Gegenstand ihres Denkens machen könnten. Sie können höchstwahrscheinlich nicht wirklich reflexiv denken. Und damit fehlt ihnen möglicherweise auch eine der Grundvoraussetzungen von höherem Bewusstsein.

7.2.5 Geteilte Intentionalität als Grundlage von Intelligenz?

Warum haben wir uns so lange mit der Entstehung von Sprache herumgeschlagen? Sprache ist unbestreitbar aufs innigste mit Intelligenz verbunden. Beim Menschen als denkendem Wesen haben wir sie als Hauptinstrument des reflektiven Bewusstseins identifiziert: Sie beobachtet geistige Aktivität, strukturiert, kontrolliert und benennt sie und bereitet sie so zum Weitergeben vor.

Eine voll ausgebildete Sprache ist derart mächtig, dass sie ihre Herkunft und andere geistige Aktivitäten zu verdrängen droht. In diesem Kapitel wollte ich zeigen, dass Sprache nicht wie andere Wissensinhalte «gelernt» werden kann. Selbst wenn man über ein so gutes Hardwareinstrument, wie das Gehirn eines jungen Schimpansen verfügt, kann man ihm Sprache nicht ohne weiteres einprägen. Der lernende Organismus muss einen eigenen Beitrag leisten: die geteilte Intentionalität. Sie ist die entscheidende Grundvoraussetzung für Kultur. Geteilte Intentionalität ist *vor* dem Spracherwerb vorhanden – dies ist die Kernaussage von Tomasello. Und sie ist unabdingbar für das *gleichwertige* Zusammenleben in einer grossen Gruppe – dies ist die Hauptaussage von Deacon.

Wie einem Schimpansen kann man einem künstlichen System Sprache in einem gewissen Sinne aufzweihen. Wenn eine voll ausgebildete symbolische Sprache einmal vorhanden ist, kann ein neuronales System sie bis zu einem gewissen Grad lernen und deren Regeln abbilden, das haben wir bei NETtalk miterlebt. Kann ein künstliches System aber Sprache selbst entwickeln und produzieren? Wenn es dazu fähig wäre, dann könnte NETtalk möglicherweise die Strukturen in seiner mittleren Neuronenebene selbstständig analysieren. Es verfügte dann über Formen reflektiven Bewusstseins. Deshalb ist die Fähigkeit, Sprache selber zu entwickeln eine derart wichtige Schlüsselfunktion. Und dazu braucht es einen eigenen Beitrag im Sinne von geteilter Intentionalität. Geteilte Intentionalität baut unter anderem auf Hardwarevoraussetzungen auf, die vom Team um den Neurologen Giacomo Rizzolatti entdeckt wurden. Die erwähnten Spiegelneuronen befähigen Affen und Menschen, in «Resonanz» zu kommen, wenn sie einen Artgenossen bei einer Handlung beobachten. Primaten verfügen schon rein hardwaremässig über Spezialwerkezuge zur Kooperation.

Natürlich wird eine kritische Leserin nun fragen: Und woher kommt diese geteilte Intentionalität? Schimpansen verfügen auch über Spiegelneuronen, daran kann es nicht liegen. Dieser Frage wollen wir im Kapitel «Der Mensch, ein gebrechliches Wesen» nachgehen. Ich behaupte, es sei die spezielle Geburtssituation des Menschen, die geteilte Intentionalität in einem emergenten Prozess erzeuge – lange bevor Sprache erworben wird. Bevor jedoch diese Frage ins Auge gefasst werden kann, sollten wir noch genauer auf das Erfassen und Übertragen von geistiger Aktivität eingehen. Wir müssen eine präzisere Begriffsfassung von Information haben, um zu verstehen unter welchen Umständen Kultur mittels Information weitergegeben werden kann.

7.3 Information: NC3R-Modell

Wir haben jetzt lange über den Geist im Menschen, die durch ihn begründete Kultur und die Analyse und Weitergabe dieses Geistes durch die Sprache nachgedacht. Nun wollen wir die Perspektive wieder wechseln und künstliche Systeme betrachten. Wir wollen untersuchen, ob man durch Information, die ein künstliches System erzeugt, in die Nähe von Geist gelangen kann. Dabei steht die Frage im Zentrum: Kann physikalisch-nachrichtentechnisch definierte Information alle Aspekte von Information nachbilden, die für Organismen relevant sind? Wir werden sehen, dass Information zwar in jedem Fall die Anzahl der Möglichkeiten, die so genannte Entropie, reduziert, dass aber Information für lebende Organismen bedeutend mehr beinhaltet. Zudem werden wir lernen, dass Mutationen und Selektion im Evolutionsprozess eine neue Art von Information schaffen. Wir wollen mit der Diskussion von technischer Information beginnen: Dazu muss man sich zuerst bewusst werden, dass ein gesprochener Satz etwas ganz anderes ist als eine Anordnung von Bits und Bytes.

7.3.1 Informationsbegriff von Boltzmann

Information können wir zwar mit Bits und Bytes fassen. Das ist das technische Informationsverständnis. Wir wissen, dass es nicht hinreicht. Denken Sie an den Satz: *I don't like Bill's cooking.* Ich habe das Essen nicht gern, das Bill kocht. Ich schätze nicht, dass sich Bill als Koch betätigt. Ich finde es nicht erträglich, dass Bill gekocht wird ... Man kann also sehr Verschiedenes denken, wenn man den Satz hört. Wir könnten den Satz als Word-Dokument speichern: Dann hätten wir ein paar Bits nötig, um die Information des Satzes abzulegen. Diese Bits könnten aber seine Mehrdeutigkeit nicht beheben. Wir sind also ziemlich gefordert mit dem Informationsbegriff. Er wird uns noch einiges an Aufwand kosten.

Es gibt einen Zusammenhang zwischen der Information, gemessen in Bits, und der Zahl möglicher Zustände eines physikalischen Systems. Die Entdeckung geht auf Ludwig Boltzmann (1864 - 1906) zurück. Er selbst dachte nicht an Information und auch nicht an Bits und Bytes. Ihm ging es vorerst um den Zusammenhang zwischen einer mit normalen Mitteln messbaren (makroskopischen) Grösse wie der Temperatur eines Gases und dem Zustand auf atomarem Niveau, in dem sich die Moleküle des Gases befinden. Zu seiner Zeit waren Atome noch nicht nachgewiesen und seine Entdeckung wurde deshalb heftig bestritten. Sie wurde aber wegleitend für die moderne Physik und die Formel dafür steht auf dem Grabstein dieses grossen Denkers. Ich will den Zusammenhang in diesem Kapitel etwas begründen. Er lautet als vorerst unverständliche Gleichung:

$S = k * ln(W)$ (Boltzmannsche Gleichung)

Dabei bezeichnet W die Anzahl aller Möglichkeiten, die ein physikalisches System einnehmen kann. S nennt man traditionellerweise Entropie. Sie ist eine wichtige Grösse der Wärmelehre und hängt ihrerseits mit der Temperatur und der Arbeit eines Gases zusammen. Dieser Zusammenhang ist vorerst mysteriös: Wieso sollen Wärme und Temperatur mit der Anzahl Möglichkeiten etwas zu tun haben? In der so genannten Wärmelehre spielen Gase eine zentrale Rolle. Sie bestehen aus einer unvorstellbar grossen Anzahl von Teilchen: Schon in einem Liter normaler Luft hat es mehr als 10^{20} Moleküle. Heisse Gase können Arbeit leisten, das wissen wir von unseren Automotoren. Wenn der Kolben eines Motors ein kleines Stück herausgepresst wird, vergrössert sich das Volumen um einen kleinen Anteil (dV). Dabei wird eine (kleine) Arbeit (dA) geleistet. Wir können uns den Zusammenhang verständlich machen, wenn wir versuchen, den Kolben wieder hineinzuschieben: Wenn der Druck im Gas gross ist, dann ist dies anstrengender, es braucht mehr Energie. Die nötige Arbeit oder Energie lautet deshalb:

$dA = p * dV$

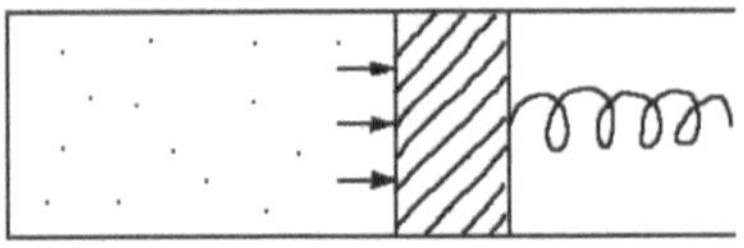

Fig. 7.3 a: Gas presst auf Kolben

Das kleine p steht für Druck (pressure). Das d steht für differentiell. Sie können ohne Einschränkung denken, d heisse klein: Wenn das Volumen einen Liter beträgt, dann ist dV z.B. ein Milliliter. Diese Arbeit soll nun mit der Anzahl Möglichkeiten zusammenhängen, wenn sich der Kolben hinausbewegt? Oft hilft es, ein ganz einfaches Modell zu betrachten, um einen Sachverhalt zu verstehen. Deshalb beginne ich mit einem Gas, das aus nur *einem* Teilchen (*) besteht und in einem Kolben eingesperrt ist. Denken wir uns, der Kolben verdopple das Volumen nach dem Herauspressen.

Fig. 7.3 b: Teilchen in zwei Räumen

Im Geist stellen wir uns ein linkes (L) und ein rechtes (R) Gasvolumen vor. Wir betrachten nur die beiden Kästchen als Ganzes und fragen uns, wie viele Möglichkeiten die Gasteilchen haben: vor dem Hinauspressen und danach. Zuvor: 1, danach: 2. Nun fügen wir ein zweites Teilchen hinzu: Zuvor: 1, danach: 3 oder 4. Wenn das zweite Teilchen unterscheidbar wäre, gäbe es 4; wenn es gleich ist, dann gibt es nur 3 Möglichkeiten. Bei drei Teilchen müssen wir schon ein bisschen überlegen: Zuvor: 1, danach: 4 oder 8. Wenn sich der Kolben hinausbewegt, steigen die Möglichkeiten: Die Entropie nimmt zu. Als Folge der Arbeitsleistung des Gases steigt die Anzahl Möglichkeiten. Die Entropieänderung (dS) ist deshalb proportional zur geleisteten Arbeit. Es gilt:

$$dS \approx dA = p * dV$$

Nun ist diese Arbeit gross, wenn p gross ist, und sie ist klein, wenn p klein ist. Das Volumen aber ist doppelt so gross, ob der Druck nun gross oder klein war. Wenn man den Druck durch die Temperatur des Gases teilt, fällt dieser störende Effekt weg. Deshalb gilt:

$dS = p/T * dV$ oder in üblicher Schreibweise:

$TdS = pdV$

Durch diese Überlegungen können wir nachvollziehen, dass die Entropie etwas mit den Anzahl Möglichkeiten der Anordnung der Gasteilchen zu tun hat. Das ist erstaunlich: Es gibt sehr viele innere Zustände des Gases, die immer die gleichen äusserlich messbaren Grössen ergeben, wie z.B. die Temperatur. Diese äussere Grösse ist aber abhängig davon, wie viele interne Zustände prinzipiell möglich sind. Die Herleitung der Gleichung ist aber ein hartes Stück Arbeit. Wir würden etwas über Wärmelehre lernen, aber nicht so viel zu Information und Materie.

Für viele Leserinnen und Leser wird die seltsame Funktion ln(W) in der Boltzmanngleichung wahrscheinlich abschreckend wirken. Ohne einen allzu grossen Fehler zu machen, können Sie denken, diese Funktion rechne aus, wie viele Bits nötig seien, um eine grosse Zahl darzustellen oder abzulagern.[16] Im Speicher Ihres Handys gibt es ja so genannte Bytes. Und Sie waren einst stolz, als Sie einen Stick mit 8 Gigabyte Speicher erworben hatten. Ein Byte hat 8 Bit und Ihr Stick hatte dann 64 Gigabit, oder 64 Milliarden Bits. Auf einem solchen Stick können Sie sehr gut alle Ihre Worddokumente speichern. Er fasst also eine grosse Informationsmenge. Bit ist die Masseinheit für Information. Die Boltzmannformel rechnet die Bits aus, die Sie brauchen, wenn das Gas im oben gezeigten Kolben aus Milliarden von Teilchen bestehen würde und sie z.B. den Ort dieser Teilchen beschreiben wollten. Die Konstante k sorgt dafür, dass die richtigen Einheiten resultieren, dass Sie also auf der linken Seite nicht z.B. Sekunden haben und auf der rechten Meter. Denken Sie nicht über k nach.

7.3.2 Negentropie

Viel wichtiger als die Formel zu verstehen, ist für das Folgende die Frage nach der Spontaneität und dem Zwang. Man könnte im Kolben oben die beiden Hälften mit einer Zwischenwand trennen. Nehmen wir an, alle Teilchen seien links und wir zögen die Zwischenwand heraus. Sofort ver-

16 Im Anhang finden Sie eine Einführung in das Wirken dieser Funktion (§ 11.1.1).

teilen sich die Moleküle im ganzen Raum. Die Anzahl Möglichkeiten, wo sich die Gasteilchen befinden könnten, nimmt spontan zu: Die Entropie steigt an. Dieses Verhalten bezeichnen die Physikerinnen als zweiten Hauptsatz der Wärmelehre.

Wollten wir die Anzahl Möglichkeiten wieder verringern, dann müssten wir Arbeit leisten und den Kolben hineinpressen. Natürlich könnte ein Schlaumeier sagen: Da die Moleküle ja wild herumschwirren, könnten sich zufällig alle einmal links aufhalten, und dann schiebe ich schnell die Trennwand hinein. Dann muss ich keine Arbeit leisten! Das ist im Prinzip möglich, aber extrem unwahrscheinlich. Wenn die Moleküle schön regelmässig über den Raum verteilt sind, sagen die Physiker, das System sei im thermodynamischen Gleichgewicht. Sind alle Teilchen aber links, ist das System *sehr weit weg* vom thermodynamischen Gleichgewicht. Dies kann in vernünftiger Weise nur mit der Zufuhr von Arbeit bewerkstelligt werden.

Weil also Arbeit Information schafft, indem sie *negative* Entropie produziert, spricht man bei Boltzmann-Information auch von «Negentropie» (N). Der Boltzmannsche Informationsbegriff kann mit Ordnung gleichgesetzt werden. Er beschreibt die Dynamik, wie Information entsteht: Ein System muss weit von seinem Gleichgewicht entfernt werden. Nur dann entsteht Information.

Um sich diesen schwierigen Begriff der Information bildlich vorzustellen, habe ich Ihnen im ersten Kapitel eine Metapher vorgeschlagen: Denken Sie bei unserer Informations-Diskussion immer an den Zylinder mit dem beweglichen Kolben: Das Hineinschieben des Kolbens erzeugt Information. Die Wände werden verschoben. Beim Informationsbegriff sind die Wände wichtiger als das, was innerhalb der Wände geschieht. Die Milliarden von Zuständen des Gases können wir nicht einzeln angeben. Wir geben nur die Randbedingungen an. Diese Idee des eingegrenzten Raumes ist fundamental wichtig, um den Informationsbegriff zu verstehen. Wir bezeichnen den umschlossenen Raum mit dem Wort «Container». Der englische Begriff gibt die Tätigkeit des Einschliessens, des Containments, besser wieder. Information entsteht wesentlich durch den negativen Prozess des Begrenzens. Die Entropie wird kleiner durch die Verengung der Wände. Das ist aufwändig, weil Arbeit geleistet werden muss.

7.3.3 NC3R-Modell der Information

Ich fasse die vielen Beiträge verschiedener Denkerinnen und Denker zum Informationsbegriff in ein Modell zusammen, das ich NC3R nenne. Der Bolzmannsche Informationsbegriff liefert uns drei wichtige Dinge: Er beschreibt die Dynamik der Informationsproduktion und er liefert uns zwei Merkmale eines Informationsmodells: die Negentropie (N) und das Containment (C). Damit haben wir NC des NC3R-Modells. Es fehlen für ein umfassendes Informationsmodell nun noch drei Faktoren:

R: für Redundanz

R: für Referenz

R: für Relevanz

Der Bolzmannsche Informationsbegriff ist für das Verständnis von Geist unzureichend. Ich stelle die Gründe im Folgenden dar und erkläre die drei R. Bevor wir auf diese Erweiterungen aber eingehen, wollen wir uns noch mit dem eigentlichen technischen Informationsbegriff beschäftigen: Er stammt von Claude E. Shannon aus dem Jahre 1948.

7.3.4 Informationsbegriff von Shannon

Shannon befasste sich mit dem Übertragen von Information z.B. durch ein Morsegerät. Statt an das altertümliche Instrument können Sie auch an eine Datenleitung denken, die zwei Computer verbindet. Wenn wir nun einen Satz übertragen wollten, z.B. «Es ist grün.», dann müssten wir sicherstellen, dass die Buchstaben nicht durcheinandergeraten. Shannon überlegte sich, auf wie viele Arten die Buchstaben falsch übermittelt werden könnten. Stellen wir uns der Einfachheit halber vor, das Alphabet habe 32 Zeichen. Schon die erste Stelle, das E hat 31 Möglichkeiten falsch anzukommen. Wir brauchen 5 Bit, um diese 31 Möglichkeiten darzustellen ($2^5 = 32$). Damit können wir alle Eventualitäten für eine fehlerhafte Übermittlung wieder mit einer Anzahl Bit beschreiben. In unserem Beispiel $12 * 5 = 60$ Bit. Weil hier wieder die Anzahl Möglichkeiten auftritt, nennt man das Shannon'sche Informationsmass auch Informations-Entropie. Wir sehen, dass die Information umso grösser ist, je mehr Möglichkeiten ausgeschieden werden. Shannon sagt: *Information ist ein Prozess, der die Anzahl Möglichkeiten reduziert. Je grösser diese Anzahl, desto grösser die Information.* Wenn die Botschaft richtig ankommt, wurden alle Möglichkeiten auf eine einzige reduziert. Die Anzahl Möglichkeiten nannte er oft auch Information-Capacity. Wir sagen manchmal auch Informations-Potential oder potenzielle Information. Die eine richtige Botschaft nennt man *aktuelle* Information. Shannons Informationsbegriff kann man erweitern, damit die Effizienz eines datenübertragenden Systems erhöht werden kann.[17]

7.3.5 Aktuelle und potentielle Information

Es lohnt sich, über die Unterscheidung zwischen potentieller und aktueller Information noch etwas nachzudenken. Wenn wir für die Übertragung eines Satzes 60 Bit brauchen, dann ist die tatsächliche Information 60 Zeichen lang. Wenn wir die Anzahl Möglichkeiten betrachten, die mit 60 Bit dargestellt werden, dann sind dies 2^{60} verschiedene Möglichkeiten. Dies sind ca.1000 * 1000 * 1000 * 1000 * 1000 * 1000 = 10^{18} Möglichkeiten. (Denken Sie daran, dass 2^{10} ca. 1000 ist.): Die potentielle Information ist riesig, während die tatsächliche recht bescheiden ist: 60 Nullen oder Einer hintereinander.

Es ist klar sichtbar, dass auch der Shannon'sche Informationsbegriff die Entropie reduziert. Die beiden Informationsbegriffe entsprechen sich. Wichtig ist die Unterscheidung zwischen dem, was tatsächlich übertragen wird, und dem, was man alles (falsch) übertragen könnte. Auf diese Unterscheidung legt z.B. Lyre sehr grossen Wert (Lyre 2002, S. 17). An Shannons Beispiel kann man den Unterschied sehr gut nachvollziehen: Die gesendete Meldung beschreibt tatsächlich vorhandene oder so genannte aktuelle Information. Sie wurde aus einer Unmenge von möglicher Information ausgewählt. Der Boltzman'sche Informationsbegriff beschreibt die mögliche Information. Boltzmann sagt, was man wissen könnte, wenn man bei einem Gas den Mikro-Zustand kennen würde. Shannon sagt, was man tatsächlich weiss. Wir könnten die Wahrscheinlichkeitsdefinition beiziehen, die ich im Anhang erläutere: Eine Wahrscheinlichkeit lässt sich aus der Anzahl günstiger durch die Anzahl möglicher Fälle beschreiben.

$$P = \frac{\textit{günstige Fälle}}{\textit{mögliche Fälle}}$$

Wenn wir nur *einen* günstigen Fall betrachten, dann sehen wir, dass eine Wahrscheinlichkeit der Kehrwert der Information im Sinne von Boltz-

17 Im Anhang finden Sie eine kurze Einführung dazu (§ 11.1.2).

mann ist: Je grösser die Anzahl möglicher Fälle, desto kleiner die Wahrscheinlichkeit. Die Wahrscheinlichkeit sagt also etwas zum Überraschungseffekt, den wir erleben, wenn eine Möglichkeit tatsächlich eintritt. Oder wie Carl Friedrich von Weizsäcker sagte: Die Entropie «*ist der Erwartungswert des Neuigkeitsgehalts eines noch nicht geschehenen Ereignisses, also ein Mass dessen, was ich wissen könnte, aber noch nicht weiss.*» (Lyre 2002, S. 47).

Wir müssen zwar noch über die Arbeit nachdenken, aber wir können sagen, im N stimmen die beiden Konzepte überein. Was entspricht aber dem Container? Was sind die Randbedingungen, die eingeschränkt werden? Der Container bei der Shannon-Information sind die Anzahl Bits. Wenn man sie verkleinert, schrumpft die Informationsmenge, erhöht man sie, so ergeben sich mehr Möglichkeiten.

7.3.6 Nachrichtenübertragung ist ein Tunnel

Wenn aus einem System Information gewonnen und auf Bits und Bytes zusammengepresst wird, dann sehen wir sehr drastisch, durch welches Nadelöhr Information weitergegeben wird. Ein Mensch am anderen Ende des Tunnels wird nie die volle Fülle des beobachteten Systems wahrnehmen können. Das Shannon'sche Informationsverständnis ist der Inbegriff eines Tunnels. Information wird direkt durch die Reduktion, durch die Tunnelwände definiert. Das sollte uns zu denken geben. Was wir von der Welt sehen, ist nicht *die* Welt. Unsere Weltsicht ist vorerst eine stark reduzierte Information, die wir mit unserer Lebenserfahrung anreichern und aus der wir ein Modell der Welt zimmern. Diesen Gedanken sollten wir uns immer und immer wieder vor Augen führen. Wir sind durch einen dünnen Schlauch mit der Welt verbunden und wir denken, das, was durch den Schlauch zu uns gelangt, sei die Realität. Wir sind naive Realisten.

Erfordert das Eingrenzen der Containerwände auch Energie? Wo wird beim Shannon'schen Informationsbegriff Arbeit geleistet? Diese Frage ist nicht ganz einfach zu beantworten. Auf Grund der Gesetze der Wärmelehre kann man sehr schnell sagen, dass die minimale Energie (ΔE) zum Setzen eines Bits direkt angegeben werden kann. Sie ist:

$$\Delta E = k * T * \ln(2)$$

Es genügt, wenn Sie als Leserin mitnehmen, dass das Setzen eines Bits Energie benötigt. Die Formel besagt im Detail, dass diese Energie alleine von der Temperatur (T) abhängt. Das k und ln(2) sind Konstanten, die für das Verständnis nicht wichtig sind: Sie stellen sicher, dass aus T eine Energie wird. Shannons Information entsteht, wenn die Bits für die erste Stelle bei der Übertragung von «Es ist rot.» so gesetzt werden, dass ein E entsteht. Es ist ziemlich schwierig zu zeigen, dass diese Energiemessung mit allen Gesetzen der Wärmelehre übereinstimmt. Aber das überlassen wir den Physikern.

Die Unterschiede zwischen Boltzmann-Information oder -Entropie und der Shannon'schen Konzeption sind subtil:

- Die Shannon-Informations-Entropie legt das Augenmerk stärker auf Zustände, die tatsächlich vorliegen und beschreibt deren Überraschungseffekt, während die Bolzmannsche etwas aussagt über Zustände, die möglich, aber abwesend sind.
- Die Shannon-Information ist das Produkt eines Reduktionsprozesses (Vgl. Deacon 2013, S. 381 f).
- In der Shannon-Konzeption spielen unterschwellig viele zusätzliche Faktoren mit, ohne deren Verständnis nicht von Information im üblichen Sinne gesprochen werden kann.

Ich will auf diesen letzten Punkt genauer eingehen. Diese Faktoren tragen wesentlich dazu bei, dass aus technischer Information etwas entsteht, was Geist ähnelt. Damit erkläre ich die drei R im Modell NC3R. Es gibt andere Modelle, diese «unterschwelligen» Faktoren zu erfassen, die bei einem technischen Informationsbegriff zusätzlich mitspielen. Eines ist das erwähnte semiotische Modell mit den Dimensionen Syntaktik, Semantik und Pragmatik. Dieses Modell setzt eine voll entwickelte Sprache voraus. Ich verwende es nicht, weil ich stärker an den elementaren Bausteinen interessiert bin, über die auch ein rationaler Agent verfügen könnte.

7.3.7 R: Tippfehler und Redundanz

Tippfehler gibt es beim Boltzmann-Informationsbegriff sicher nicht. Könnte ein Computer Verschreiber erkennen? Ja, sicher. Ein gut trainiertes neuronales Netzwerk würde den Fehler identifizieren. Wieso kann man ihn erkennen? Eine Möglichkeit wäre, den Satz ein zweites Mal zu senden. Das Signal «Es ist grün. Es ist grün.» hat so genannte Redundanz. Es enthält die gleiche Information mehrmals. Diese Redundanz ist intern. Mit ihr kann man die gesendete Information völlig unabhängig von deren Sinn überprüfen. Redundanz setzt aber den maximalen Informationsgehalt herab, der mit einer festen Anzahl Bits möglich wäre.

Der Tippfehler und viele Grammatikfehler können entdeckt werden, weil eine Sprache nicht alle Buchstabenfolgen als Wörter verwendet und weil die Grammatik bestimmte Wortfolgen erlaubt und andere ausschliesst. Allein auf Grund des nachrichtentechnischen Informationsgehalts – also an den Bits und Bytes – kann man diese Struktur nicht erkennen. Das merkt man daran, dass die Information davon abhängt, wer sie liest. Ein Leser, der kein Englisch versteht, kann Tippfehler in einem englischen Text nicht eruieren. Dabei darf der Leser auch ein in Englisch oder in Deutsch trainierter Computer sein. Diese Redundanz ist *extern*. Sie wird von der Leserin an die Bits und Bytes herangetragen. Sie ist aber ein wesentlicher Bestandteil von Information im landesüblichen Sinne. Diese externe Redundanz kann sich auch ein Computer antrainieren.

7.3.8 R: Referenz

Kann ein Computer aber den Text «verstehen»? Wenn Sie als Leserin oder Leser sich jemals mit Kommunikationstheorie abgeben mussten, dachten Sie beim Satz «Es ist grün.» vielleicht: Nicht schon wieder! Dieser läppische Satz musste doch für die verschiedenen Deutungsebenen von Kommunikation herhalten. Schultz von Thun legt ihn einer Frau in den Mund, die neben ihrem Mann im Auto sitzt und vor einer Ampel wartet. Ein solcher Satz hat eine Referenz – oder eben mehrere. Er könnte Sie als Leserin erinnern: Das war ein Satz in der Kommunikationstheorie. Er könnte eine Aufforderung an den Mann sein: Fahr endlich! Er könnte eine simple Feststellung sein: Das Licht hat gewechselt usw. Information im landesüblichen Sinne trägt Referenz. Damit werden die Möglichkeiten des Satzes enorm erweitert. Die Referenz weist ganz klar nach aussen: Der Satz wird in die «Umwelt» eingebettet. Man muss Satz und Umwelt als gemeinsames System betrachten. Damit erhöht sich die Entropie in kaum fassbarem Ausmass. Referenz gibt es bei Sätzen und bei Wörtern. Wir haben sie im vorangehenden Unterkapitel (7.2.1) sehr detailliert beschrieben. Bei Wörtern kann sie ikonisch, indexikalisch und symbolisch sein. Referenz ist unabdingbar für wirkliches «Verstehen» eines ganzen Zusammenhanges. Damit aber wird Information mit dem Erfahrungsschatz des Lesers verbunden. Information wird nur zu einem Abbild von Geist, wenn diese Referenz vorhanden ist. Referenz wird auch oft als «Interpretation» bezeichnet.

Kann ein Computer Information mit einer Referenz versehen? Er könnte ein Lexikon in sich abspeichern oder er könnte auf alle gespeicherte Information, z.B. in Enzyklopädien zurückgreifen und sie mit der vorliegenden in Verbindung bringen. Das ist bedeutend mehr, als man im ersten Augenblick denkt: Mit dem Internet kann ein Computer praktisch auf den ganzen, gespeicherten Informationsbestand der Welt zugreifen. Aber entsteht dadurch tatsächlich eine Referenz?

Hier stehen wir an der Schnittstelle zwischen Natur- und Geisteswissenschaften. Ein geistiges Produkt, ein Kulturprodukt, ist dann Kultur, wenn es den Leser einfängt: Er beginnt geistig aktiv zu werden. Er tritt in einen Dialog mit dem Geistesprodukt. Ein Gedicht von Goethe berührt und bewegt ihn. Er stellt Verbindungen zu seinem eigenen Erleben und Wissen her. Eventuell beginnt er sich mit Goethe, seiner Zeit und der kulturellen Bedeutung des Gedichtes im Laufe der Geschichte zu befassen. Man sagt, der Horizont des Lesers beginnt sich mit dem Horizont von Goethe und dessen Gedicht zu verschmelzen. Die Geisteswissenschaften setzen sich zur Aufgabe, diesen Dialog zwischen Leser und Gedicht wissenschaftlich verlässlich zu untersuchen. Naturwissenschaften studieren nur die Natur an sich – nicht aber deren Wirkung auf einen Beobachter (im Normalfall!). Wir sehen ganz klar, dass nur ein Wesen, das über Erlebnisse, eventuell Erfahrung, aber sicher über Geist verfügt, diese ausgefeilte Form von Referenz herstellen kann.

Information wirkt aber wie gesagt wie ein Tunnel. Sie reduziert die Interaktion zwischen zwei komplexen Gefügen ganz enorm. Es ist dieser Tunnel, der für einen Grossteil der Schwierigkeiten verantwortlich ist, wenn wir entscheiden wollen, ob ein Gegenüber ein Mensch oder ein künstlich intelligentes System ist. Diese Reduktion auf einen Schlauch, durch den Information von einem Sender zu einem Empfänger fliesst, verhindert oft, dass der Empfänger den Sender erfassen und identifizieren kann.

Man könnte sich nun fragen, ob der erwähnte Dialog zwischen dem Leser und einem Kunstprodukt nachgebaut werden kann. Solche Versuche bestehen, indem Menschen erraten müssen, ob am anderen Ende einer Informationsleitung ein Mensch oder ein Computer sitzt. Selbst wenn die Informationsleitung aus Sprache besteht, fällt die Identifikation schwer. Die KI-Software Watson z.B. wird auch als Verkaufsagent eingesetzt. Offenbar ohne dass die Kunden merken, dass sie mit einer Maschine reden (Vgl. Heise 2019). Am Beispiel eines Online-Meetings kann man die Probleme bei einer Informationsreduktion ebenfalls miterleben. Die Teilnehmenden an einer solchen Konferenz hören den Sender und sehen ihn auch. Dennoch vermissen einige den direkten Kontakt von Angesicht zu Angesicht. Zudem klagen sie, die Online-Kommunikation ermüde sie stärker als ein Austausch in direktem Kontakt. Wie wollen wir diese Beobachtungen verstehen? Im direkten Kontakt tritt ja kein zusätzliches Sinnesorgan in Aktion – einmal abgesehen von einer körperlichen Berührung. Allerdings ist die Kommunikation mit Gesten im direkten Kontakt viel intensiver. Offenbar sind wir fähig, Menschen zu erfassen und spontan zu lesen, wenn wir deren gesamtes Verhalten im Raum miterleben. Diese Art von Kommunikation geschieht grösstenteils unbewusst. Zudem ist es nicht nötig, die Information in Sprache oder Bilder umzusetzen. Wir nehmen das Gegenüber «intuitiv» wahr. Wie die Verhaltensökonomen sagen, ist diese Art von Wahrnehmung und Denken schnell, unbewusst und mühelos. Während das Übersetzen in Sprache, das rationale Denken, anspruchsvoll, langsam und aufwändig ist. Das ist auch der Grund, wieso es so schwierig ist, bei einer Reduktion auf den sprachlichen Kanal zu entscheiden, ob das Gegenüber eine Maschine oder ein Mensch ist. Zudem sehen wir an diesem Beispiel die grosse Bedeutung gestischer Kommunikation. Verschiedene Tierarten sind dem Menschen dabei überlegen. Interessanterweise verfügen gesellig lebende Nicht-Primaten wie z.B. Hunde über eine Meisterschaft im intuitiven Wahrnehmen von geistig-seelischen Zuständen bei ihren Hundehaltern, über die wir nur staunen können. Zudem schliesst sich mit dieser Bobachtung der Kreis zur Hypothese von Tomasello, Sprache sei aus Gestik entstanden und nicht aus akustischen Signalen.

Damit erhält die Frage danach, ob ein Gehirn, das an einem Computer angeschlossen ist, so funktionieren könnte wie ein Gehirn im Körper, eine vorläufige Antwort: Es ist zwar schwierig, ein Gegenüber als Maschine zu identifizieren, wenn als Kommunikationskanal nur die Sprache zur Verfügung steht. Das heisst aber noch lange nicht, dass das Gegenüber über Geist verfügt und dass ein Geist mit diesem Geist in Dialog treten könnte. Ein zwischenmenschlicher Dialog ist wesentlich auch eine Interaktion von Angesicht zu Angesicht. Der bloss sensorische Input aus der Umwelt genügt offensichtlich nicht. Diese Beobachtung wird auch unterstützt durch empirische Befunde aus der Biologie, die Reafferenzprinzip genannt werden (Lyre 2002, S. 139). Es gibt Brillen mit Prisma-Gläsern, die oben und unten vertauschen, wenn man die Umgebung durch sie betrachtet: Die Welt steht Kopf. Wenn eine Versuchsperson sich in ihrer normalen Umgebung mit einer solchen Brille bewegt, dann dreht ihr Gehirn nach ungefähr einer halben Stunde die Wahrnehmung: Die Welt steht wieder auf den Füssen. Nach dem Weglegen der Brille steht die Welt dann noch zirka eine weitere halbe Stunde Kopf, bis sich das Bild normalisiert. Falls sich eine Versuchsperson aber nicht bewegen kann, oder falls sie nur in einem Rollstuhl herumgeschoben wird, kann das Gehirn das Bild nicht auf die

Füsse stellen. Eine komplizierte und zeitaufwändige Interaktion des Gehirns mit dem sich bewegenden Körper ist unabdingbar für eine Korrekturleistung. Diese Beobachtungen deuten darauf hin, dass ein Gehirn ohne seinen Körper nicht adäquat zu funktionieren vermag. Obwohl die Verbindung zwischen Gehirn und Körper bloss aus Nervensignalen besteht, erzeugt die fortwährende Wechselwirkung schliesslich etwas Neues: Die Welt im Kopf wird gedreht. Wir stellen uns diese Interaktion wieder als Fäden vor, die in einer komplizierten Weise den Körper mit dem Gehirn verbinden und eine Wirkung hervorbringen, die im Bild, das die Netzhaut wahrnimmt, nicht vorhanden ist: Wo ist oben, und wo ist unten?

Ein Gehirn, das an einen Computer angeschlossen ist, dient möglicherweise nicht als angemessene Metapher, um zu beschreiben, was auf uns zukommen wird: *Die Erzeugung einer virtuellen Realität wird unser Selbst gehörig durchschütteln.* Wir werden Schwierigkeiten bekommen zu entscheiden, wo wir uns eigentlich befinden. Wir können heute schon zum Teil in eine Traumwelt versetzt werden, die so wirkungsvoll simuliert wird, dass wir sie nicht mehr als solche identifizieren können. Dies geschieht wesentlich dadurch, dass man zwei Kommunikationskanäle weiter ausbaut: Bilder werden zu einer 3-D Darstellung erweitert und das taktile Empfinden der Körperoberfläche wird ebenfalls künstlich angesprochen. Ich vermute, dass hier Veränderungen vor uns liegen, die wir schwer voraussagen können, deren Potential aber bereits aufscheint, z.B. beim Einsatz von 3D-Werkzeugen zur Konstruktion und Produktion von Gegenständen oder in Spielen, die virtuelle Realitäten vorgaukeln und die Spieler offenbar so fesseln, dass sie kaum davon loskommen. Die angemessene Metapher wäre deshalb wohl eher: Das Gehirn und *sein Körper* im Austausch mit einer virtuellen Welt. Schmunzeln Sie auch ein bisschen? Es ist doch immer der gleiche Denkfehler in unserer christlich-abendländischen Denktradition: Der Körper wird vergessen. Er ist schmutzig, nur der Geist ist edel. Wie lange dauert es wohl noch, bis der Körper, die Sexualität und das Unbewusste in die hehren Sphären der Auseinandersetzung um den Geist vordringen?

Auch wenn der fehlende körperliche Kontakt eine grosse Einschränkung ist, müssen wir künstlichen Systemen zugestehen, dass sie schon heute im Stande sind, wirkungsvolle Referenzen herzustellen. Die Verknüpfung mit dem Wissen der Welt stellen sie oft viel effizienter her, als dies ein Mensch je könnte. Dennoch merken wir, dass die blosse Abbildung von Wissen oder Erlebnissen nicht genügt: Der Computer könnte ja ein Video eines Ereignisses abspeichern. Die Repräsentation in einem Speicher muss aber bewertet sein. Sie muss als relevant oder irrelevant eingestuft werden können. Das ist der dritte Faktor, der im Informationskonzept von Shannon implizit mitspielt und den die Kommunikationstheorie zu fassen versucht.

7.3.9 R: Relevanz

Die Referenz, die einem Satz oder einem Informationsstrang beigemessen wird, hat für Tiere und Menschen eine *Bedeutung*. Insbesondere dann, wenn die Information für das Überleben wichtig ist. Selbst bei nicht mentalen Organismen wie einem blätterabwerfenden Baum ist die Information «die Tage werden kürzer und die Temperaturen sinken» für das Überleben wichtig – obwohl er diese Information nicht mit Referenz versieht, sondern sie unmittelbar in Handlung umsetzt. Mit diesem dritten implizierten Faktor des Shannon'schen Informationskonzepts gehen wir weit über die nachrichtentechnische Definition von Information hinaus. Wieder können wir uns fragen, ob ein Computer ein Signal wie «Es ist grün.» mit einer Relevanz versehen könnte. Und wieder haben wir ein flaues Gefühl. Relevanz – wie Referenz auch – erfordert ein weiteres informationserzeugendes System, das über Relevanz urteilt. Eine kritische Leserin wird monieren, dies sei ein Zirkelschluss. Dieser Erklärungsfehler wird durch Information durchbrochen, die ein Evolutionsprozess generiert. Damit greifen wir vor: Evolvierende Systeme stehen erst im nächsten Kapitel zur Diskussion. Weil wir hier aber Information unter die Lupe nehmen, wollen wir zeigen, dass ein Evolutionsprozess prinzipiell andere Information generiert als ein physikalisches oder nachrichtentechnisches System. Was ist die Natur dieser Darwin-Information? Die folgende Diskussion ist eng an Deacon 2013 angelehnt. Im Kapitel „Significance" beschreibt er die spezielle Natur dieser Information. Der Einfachheit halber betrachten wir nur den Mutations-Selektions-Mechanismus.

7.4 Darwin-Information

Vorerst verläuft ein Mutations-Selektions-Prozess genau parallel zu einem physikalischen oder nachrichtentechnischen Informationsprozess: Die Mutation erhöht die Entropie, indem sie viele neue Möglichkeiten erzeugt, während der Selektionsprozess diese Entropie reduziert und damit Information erzeugt. Damit schafft auch er Negentropie (N). Der Mutations-Selektions-Prozess hat einen genetischen Code hervorgebracht, der in der

DNA abgelegt ist. Die DNA ist der Container für den Informationsprozess. Er spielt vorerst die gleiche Rolle wie die Bits und Bytes beim Shannon'schen Informationskonzept (C). Allerdings haben wir bei der evolutionären Art der Informationsproduktion drei fundamentale Unterschiede:

1. Der Mutationsprozess erzeugt eine Störung; ein Rauschen
2. Relevanz wird erst im Nachhinein festgelegt: Es gibt keinen Zusammenhang zwischen Ursache und Wirkung
3. Die gewonnene Information entscheidet über das Weiterexistieren des informationsbildenden Mechanismus, sie ist normativ. Diese normative Komponente wird nicht *von aussen* an das System herangetragen (Deacon 2013, S. 413).

7.4.1 Mutation entspricht einem Rauschen

Eine Mutation ist zuerst eine Störung des genetischen Codes, verursacht durch einen Zufall, der eine Verbindungsstelle im DNA-Strang verändert. Die Ursache könnte z.B. ein Elektron sein, das aus einem radioaktiven Zerfall entstanden ist. Radioaktive Zerfälle sind im Einzelfall nicht vorhersagbar. Man kann nur eine Wahrscheinlichkeit angeben, dass ein Kern in einer bestimmten Zeit zerfallen wird. Da die DNA ein raffiniert organisiertes System darstellt, wird die Veränderung derart im Code weiterverarbeitet, dass in vielen Fällen ein lebensfähiger Organismus entsteht. Nachrichtentechnisch aber sprechen wir von einem Rauschen, das das Signal stört. Einige dieser «gestörten» Individuen sind nun besser an die Umweltbedingungen angepasst und vermehren sich stärker. Das Resultat dieses Selektionsprozesses ist radikal: Nur selten überlebt ein Mutant auf lange Sicht. Die meisten verschwinden spurlos. Der Überlebende aber verfügt über sehr gute Existenzchancen. Der Evolutionsprozess verwandelt eine zufällige Störung in überlebenswichtige Information.

Ob eine Mutation erfolgreich ist, lässt sich erst im Nachhinein beurteilen. Es gibt keinen vorhersehbaren Zusammenhang zwischen der Ursache, z.B. der radioaktiven Strahlung, und der Wirkung, der besseren Adaption des überlebenden Exemplars. Obwohl der radioaktive Zerfall der Grund für die Mutation ist und die Art von Mutation bestimmt, ist der radioaktive Prozess blind: Er erlaubt nicht vorauszusagen, ob und wieso ein Mutant überlebt. Auch der Selektionsprozess kann keine Prognose abgeben, ob eine Variation besser überlebt. Es sind die von der Natur und den Umständen diktierten Randbedingungen, die entscheiden, ob ein Mutant mehr Nachkommen generiert oder ob er ausstirbt. Sowohl bei der Mutation wie auch bei der nachfolgenden Selektion sind beinahe unfassbar viele Wege offen: Es gibt Millionen von Fäden zwischen einer zufälligen Mutation und einem erfolgreichen neuen Individuum. Dieser Mechanismus entspricht exakt unserer Definition von Emergenz bei physikalisch-mathematischen Systemen.

7.4.2 Evolutionär erzeugte Information ist normativ

Die evolutionär produzierte Information entscheidet über das Weiterleben des Organismus. Damit entsteht aus einem naturwissenschaftlich-biologischen Prozess eine Information mit (tödlicher) Relevanz. Ohne dass ein Mensch im Spiel ist, entsteht eine normative Komponente. Sie ist die Grundlage einer Erklärungsweise, die auf die Zukunft gerichtet ist. Damit entsteht das, was Aristoteles Zweckursache oder Finalität nannte. Der Begriff Ursache wird umgangssprachlich meist nur für eine Wirkursache verwendet. Wenn wir sagen, die Selektion verursache eine bessere Anpassung an die Umwelt, dann irritiert das den Naturwissenschafter. Die Selektion kann nicht auf einen Zweck abzielen: Sie ist ja blinde Kausalität. Die Anpassung ist passiv, nicht aktiv. Vielleicht sprechen wir wie Aristoteles von «Erklärung» um die Verwechslung der Begriffe «Ursache» und «Wirkursache» zu vermeiden. Die Information auf dem Genstrang eines Lebewesens kann auch mit dessen besserem Überleben erklärt werden. Vielleicht verliert die Finalität für die Naturwissenschafter etwas von ihrem Schrecken, wenn sie deren vollständig naturalistische Herleitung nachvollziehen können.

Als Konsequenz können wir festhalten: Ein evolutives System erzeugt eine grundsätzlich neue Form von Information. Kein physikalisches oder nachrichtentechnisches System kann derartige Information aus sich heraus erzeugen. Der evolutionäre Informationsprozess generiert Relevanz als den dritten Faktor R des NC3R Modells. Leider haben viele Menschen ein völlig unzureichendes Verständnis des genetischen Codes und der DNA. Sie denken, die Gene würden den Menschen vollständig festlegen, sie würden ihn programmieren. Die DNA sei wie der Bauplan eines Architekten, der jedes Detail eines neuen Gebäudes bestimmt. In Tat und Wahrheit ist die DNA ein Container, innerhalb dessen sich ein menschliches Individuum entwickeln kann. Der genetische Code legt in gewissem Sinne die Aussenmauern, die Stockwerke und die Treppenhäuser fest. Der ganze Innenausbau entsteht während der Entwicklung vom Säugling zum Kleinkind. Dabei sind die Entwicklungsmöglichkeiten so vielfältig wie die Möglichkeiten des Gases im Kolben von Boltzmann. Der DNA-Container erlaubt dem Menschen die Handlungsfreiheit. Zwischen der Ebene der DNA und dem Körper des erwachsenen Menschen klafft wieder eine unglaubliche Lücke, die nur mit Emergenz überbrückt werden kann. Allerdings erfüllt die DNA exakt unser NC3R-Model der Information.

Wir wollen nicht zu tief auf den genetischen Code eingehen. Für unser Modell ist wichtig, dass der Genstrang auch eine unglaublich grosse Redundanz besitzt. Ein Wort auf dem Gen, ein Kodon, legt eine so genannte Aminosäure fest. Aminosäuren werden wie Perlen auf einer Schnur aufgereiht und bilden so die Proteine. Die Kette kann durchaus 1000 Perlen enthalten. Proteine sind die Grundbestandteile organischer Lebewesen. Nun kann ein Kodon, ein Wort, 64 verschiedene Zustände darstellten. Es gibt aber nur 20 verschiedene Aminosäuren. D.h. für jede Aminosäure existieren verschiedene Wörter: Es gibt Synonyme. Diese Redundanz stabilisiert das Wirken des genetischen Codes. Der Sinn von so viel Redundanz ist aber nicht wirklich verstanden.

Der genetische Code hat auch eine unfassbar grosse Referenz. Das kann man an der Wirkung des Immunsystems erahnen. Wenn ein bestimmtes Virus in einen Körper eindringt, werden bestimmt Proteine zur Abwehr gebildet: Ein Gen wird aktiviert. Wie weiss der Genstrang, ob ein bestimmtes Protein gebildet werden muss? Das Gen verweist ganz offensichtlich auf die Umwelt. Es interpretiert die Umwelt. Wie das geht, ist noch zum grossen Teil unbekannt. Beim Immunsystem kann man auch sehr gut sehen, dass der genetische Code einen Teil diese Referenz während der individuellen Lebensgeschichte erwerben kann: Ein Kind wird z.B. gegen Mumps immun. Einen erheblichen Teil der Referenz hat der Code aber auch während der Stammesgeschichte gebildet.

Obwohl diese Fragen um den genetischen Code sehr interessant wären, ist für uns wichtig, dass genetische Information mit Relevanz versehen ist. Sie trägt dazu bei, dass der Organismus überlebt. Der Code enthält eine Erklärung, die auf die Zukunft gerichtet ist. Damit ist der Kreislauf geschlossen: Der Evolutionsprozess generiert Relevanz. Er verbindet die geistige Welt mit der materiell-naturwissenschaftlichen. Aber erneut gähnt eine Lücke, die nur mit Emergenz überbrückt werden kann. Aus der Mutation kann die Überlebenschance nicht vorausgesagt werden. Sie kann aber sehr gut in Nachhinein erklärt werden. Der Mutations-Selektionsprozess ist ein weiteres Beispiel für die Unvorhersagbarkeit bei komplexen Systemen.

Vielleicht erahnen Sie nun, liebe Leserin und lieber Leser, warum wir auf die Aussage des «gesunden Menschenverstandes» so detailliert eingegangen sind. Kann ein nicht-lebendes System eigentlich Information mit

Relevanz erzeugen? Wäre die Voraussetzung nicht, dass es sich entwickelt und dass diese Entwicklung von der Information abhängig ist, die es der Umwelt entnimmt? Ist ein Roboter am Leben bedroht, wenn er Information nicht richtig mit Relevanz versehen kann? Um bedroht zu werden, müsste er zuerst autonom sein. Es ist deshalb in Frage gestellt, ob ein Roboter je Information aus sich heraus generieren kann, die Relevanz enthält. In Kapitel 5 haben wir festgehalten, dass Geist bewertete Information darstellt. Diese Bewertung geschieht beim Menschen anfänglich durch seinen Körper. Er kann sich in guter Form befinden oder gar gefährdet sein. Kann ein Roboter eine Gefährdung aus sich heraus wahrnehmen? Dies wäre nämlich eine Grundvoraussetzung für die Horrorszenarien, dass Computer unsere Welt übernehmen wollen und die Menschen ausschalten.

7.5 Computer-Information

Es lohnt sich nicht, so hoch zu greifen und über Intelligenzmonster zu spekulieren. Wir wollen im Folgenden untersuchen, welche Formen von Information künstliche Intelligenz-Systeme heute schon realisieren können. Wir werden feststellen, dass es mehr ist, als wir denken. Künstlich intelligente Systeme haben in jüngster Zeit einen grossen Sprung nach vorne gemacht. Ein wesentlicher Grund dafür liegt in der Tatsache, dass sie ähnlich funktionieren wie der Evolutionsprozess. *Künstliche Intelligenzsysteme ähneln dem Mutations-Selektionsprozess: Der Algorithmus ist blind, erfüllt aber trotzdem bis auf eine fehlende Relevanz alle Bedingungen des Geist-Informationsmodells NC3R.* Diese Feststellung trifft vor allem auf die künstlichen Netzwerke (KNN) und die genetischen Algorithmen zu (Vgl. Deacon 2013, S. 494 ff). Wir wollen sie zuerst am NETtalk-Netzwerk (siehe Unterkapitel 4.5) begründen und danach einige weitere Beispiele vorstellen.

NETtalk ist wie gesagt fähig, geschriebenen englischen Text vorzulesen. Auf einem Computer werden verschiedene Ebenen von Neuronen simuliert. Die Neuronen sind mit Leitungen untereinander verbunden. Das Netzwerk wird trainiert, dabei wird die Stärke dieser Verbindungen angepasst. Parallel zu NETtalk wurde eine Software DECtalk entwickelt, welche die Regeln der englischen Aussprache programmiert (Vgl. Churchland 1995, S. 158). DECtalk war nicht sehr erfolgreich, NETtalk dagegen verblüffend gut. Wie erfüllt NETtalk die Kriterien von NC3R? Beginnen wir mit dem Containment: Die Anzahl der Ebenen von Neuronen und die Anzahl der Neuronen pro Ebene bilden den Container. Sie entsprechen Zylinder und Kolben beim Bolzmann'schen-Informationsbegriff. Dass ein

Kolben ein grosses Volumen schafft, würde heissen, viele Neuronen sind verfügbar und sehr viele Zustände wären darstellbar.

NETtalk kann für das Vorlesen jeder Sprache verwendet werden. Die Reduktion aller Sätze aller Sprachen auf eine begrenzte Anzahl Neuronen und deren Verbindungen entspricht einer gewaltigen Entropie-Reduktion. Der Programmierer ist blind für die Sprache, die NETtalk in Zukunft vorlesen soll. Das ist der grosse Unterschied zu einem Programm wie DECtalk: Bei ihm konstruiert der Programmierer die spezifische Aussprache, indem er die phonetischen Regeln einer bestimmten Sprache zu implementieren versucht. Das Programm verlässt sich zudem auf ein Wörterbuch für die Aussprache (cf. Sejnowski 1987, S. 147). In gewissem Sinne entspricht DECtalk einem intelligenten Design eines Schöpfergottes und NETtalk dem blinden Evolutionsprozess der Natur. DECtalk ist stark vom Programmierer abhängig: Bei neuen Wörtern hat es Schwierigkeiten mit der Aussprache. Man sagt, es könne schlecht generalisieren. NETtalk dagegen ist nach der Lernphase recht selbsständig. Es kommt auch mit unbekannten Wörtern gut zurecht.

Beim Entwickeln der NETtalk-Software kann man auch zwei Prozesse unterscheiden wie in der Evolution. Die stammesgeschichtliche Entwicklung, die so genannte Phylogenese, kommt der Optimierung der Anzahl Ebenen und der Zahl der Neuronen pro Ebene gleich. Sie entspricht der Struktur des Netzwerks. Der Individualentwicklung, der so genannten Ontogenese, entspricht das Trainieren des Netzwerks. Dabei kann mit dem Apparat jede Sprache gelernt werden. Genau wie bei den Menschen. Das trainierte Netzwerk verfügt über die genau gleiche Redundanz bei der Aussprache wie die Sprache, die es spricht.

NETtalk entwickelt beim Trainieren eine primitive Art von Referenzen. Das ist sehr überraschend. Das KNN bildet die Sprechregeln einer Sprache ab. Aus sich selbst heraus, ohne dass ein menschliches Wesen es ihm beigebracht hätte! Diese Eigenschaft kommt der Erzeugung von Geist „gefährlich“ nahe. Diese primitive Art von Referenz kann man nicht mit dem vergleichen, was allgemein unter Referenz verstanden wird. Referenz bezieht sich auf den ganzen Erfahrungsschatz eines Wesens. Der Verweis auf die Grammatik einer Sprache ist hier ein bescheidener, allererster Anfang – und doch erstaunlich, weil der Bezug wie von selbst entstanden ist.

Churchland sagt, NETtalk sei dumm wie Bohnenstroh und könne doch Text verständlich vorlesen. Das System verstehe den Text nicht. Man könnte auch sagen, die vorgelesenen Sätze hätten für das System keine Relevanz. Sie sind für das Existieren des Computers nicht von Belang. Das System ist weder autonom noch kann es sich selbst reproduzieren. Deshalb hat Information für einen Roboter keine innere Bedeutung. Der Satz: «Kappe die Stromzufuhr!» müsste NETtalk eigentlich erschrecken. Wir finden den Gedanken lächerlich, weil er so trivial ist. Aber er stellt uns vor eine Grundsatzfrage. Was ist eigentlich Leben? Und: können Computer je lebendig sein? Viele Menschen finden sie heute schon lebendig und sogar bösartig. Sie fluchen über den Computer und werfen womöglich aus Wut den Bildschirm zu Boden. Dieses Verhalten gibt uns weniger zu denken als die Versuche, einem Alzheimerpatienten einen Roboter als Gesprächspartner zur Seite zu stellen.

7.6 *Probabilistische Algorithmen und Sprache*

Bisher haben wir viel über Information und Sprache nachgedacht. In der Bearbeitung von Sprache haben künstliche intelligente Systeme in den letzten Jahrzehnten schwindelerregende Fortschritte erzielt. Als ich in den frühen Siebzigerjahren an der ETH zu studieren begann, herrschte KI-Winter: Niemand glaubte mehr daran, dass ein Übersetzungscomputer je möglich sei. Die KI-Euphorie der Sechzigerjahre war verflogen. Was wir heute miterleben, war damals undenkbar: Wie gesagt, Programmierer haben einen perfekten Übersetzungsroboter entwickelt, der Arabisch ins Englische übersetzt – ohne dass die Informatiker ein einziges Wort Arabisch verstehen (Vgl. Russell 2012, S. 54). Dieser Sprung beruht auf zwei Entwicklungen: Einer immensen Sammlung von Daten (z.B. Arabisch-Englisch-Übersetzungen mit Milliarden von Wörtern) und verbesserten Programmierstrategien. Auf sie wollen wir im Folgenden eingehen.

7.6.1 Spamfilter, Such-Abfrage und Siri

Den Umgang künstlicher Systeme mit Sprache wollen wir an drei Beispielen demonstrieren: einem Spamfilter, der unerwünschte Mails aussondert, einem Suchroboter wie Metager und einer Computer-Assistentin wie Siri, die mit Sprachbefehlen gesteuert werden kann. Ein Spam-Filter könnte sich mit den Wörtern «gratis» und «gewonnen» beschäftigen. Wenn sie in einer Mail vorkommen, riecht die Nachricht schon verdächtig nach Spam. Um diese Vermutung aufzustellen, braucht es keinen Menschen, auch ein Roboter könnte dies. Er würde z.B. Mails, die Menschen als Spam identifiziert haben, untersuchen. Die darin vorkommenden Worthäufigkeiten, z.B. von «gratis», würde er mit dem Vorkommen in normalen Texten vergleichen und damit Schlüsselwörter finden, die Spam charakterisieren. Die Lernstrategien hinter solchen Systemen stützen sich auf Häufigkeiten im Sprachgebrauch ab. Sie kann man in Wahrscheinlichkeiten umwandeln. Man nennt diese Schule der KI deshalb probabilistisch. Oft benennt man sie auch nach Bayes, einem Denker, der ein furchterregendes Theorem zu Wahrscheinlichkeiten aufgestellt hat. Es ist aber nicht nötig zu erschrecken, die mathematischen Sachverhalte sind nicht so schwierig zu verstehen.

Eine Wahrscheinlichkeit ist wie gesagt eine Chance.[18] Wir sprechen von der Wahrscheinlichkeit, beim Würfeln eine Sechs zu erzielen, und charakterisieren diese Möglichkeit mit einer Prozentzahl. Eine Chance kann man entweder durch eine Theorie bestimmen oder durch eine Messung. Ein idealer Würfel ist eine Theorie, die besagt, dass der Würfel auf jede Seitenfläche mit gleicher Chance zu liegen kommt. Die Wahrscheinlichkeit für eine 6 ist deshalb 1/6, weil der Würfel sechs Seitenflächen aufweist. Allgemein definiert man eine Wahrscheinlichkeit wie gesagt als die Anzahl günstiger (oder zutreffender) Fälle, geteilt durch alle möglichen Fälle:

$$\text{Wahrscheinlichkeit P} = \frac{\textit{günstige Fälle}}{\textit{mögliche Fälle}}$$

Wenn man nun die Chance erkunden will, dass man bei zweimaligem Würfeln eine Doppel-Sechs erzielt, kann man das auf zwei Arten tun: Man überlegt, wie viele zutreffende Fälle es gibt: nur einen. Dann denkt man über alle möglichen Fälle nach: 6*6 = 36. Somit ist die Wahrscheinlichkeit einer Doppelsechs

$$P(66) = \frac{1}{36}$$

Man hätte dieses Resultat auch durch eine logische Überlegung gewinnen können: Für eine Doppelsechs braucht es beim ersten Wurf eine Sechs UND beim zweiten Wurf erneut eine Sechs. Bei einer UND-Verknüpfung muss man die Wahrscheinlichkeiten multiplizieren: P(6 und 6) = $\frac{1}{6} \times \frac{1}{6} = \frac{1}{36}$. Wahrscheinlichkeiten werden dann multipliziert, wenn das Gesamtereignis seltener ist: zwei Sechser zu würfeln ist seltener als einen einzigen Sechser zu erzielen.

---

18 Im Anhang finden Sie die folgende Einführung zur Wahrscheinlichkeitsrechung und zusätzliche Vertiefungen (§ 9.2).

Wenn eine Vier ODER eine Sechs zu einem Gewinn führen würde, dann vergrössern sich die Möglichkeiten: Die Wahrscheinlichkeiten werden addiert.

$$P(4 \textit{ oder } 6) = \tfrac{1}{6} + \tfrac{1}{6} = \tfrac{1}{3}$$

Nun fehlt nur noch ein kleiner Tick, und schon sind Sie eine gewiefte Statistikerin: Wenn wir die Wahrscheinlichkeit aus der Analyse von Daten, z.B. den Wörtern in Texten, gewinnen wollen, dann schwankt die Genauigkeit des Resultates je nachdem, wie viele Wörter wir untersuchen. Wenn «gratis» unter eine Million Wörtern 50-mal vorkommt, dann ist diese Zahl 50 genauer bestimmt, als wenn man 100'000 Wörter untersucht und «gratis» 5-mal vorkommt. Der Fehler auf einer experimentell erhobenen Zahl ist die Wurzel aus der Zahl: der Fehler auf 5 wäre 2.2, der auf 50 ca. 7. Obwohl beide Messexperimente eine Wahrscheinlichkeit von 0.5 Promille ergeben, ist die Messung an der Million Wörtern genauer als die Messung an 100'000 Wörtern. Je grösser die Datenmenge, desto präziser werden die Wahrscheinlichkeiten.

Mit diesem Grundbegriff und einer grossen Datenmenge kommt man schon sehr weit im Verständnis von probabilistischen Strategien der künstlichen Intelligenz. Betrachten wir zum Beispiel die Such-Abfrage: «Wann war die Schlacht bei Waterloo»? Ein etwas hemdsärmeliger Algorithmus geht so vor: Zuerst bearbeitet er Ihre Anfrage und streicht nicht-bedeutungstragende Wörter heraus: «die» kann man weglassen. Es bleiben «Wann» «Schlacht» «bei» «Waterloo». Nun greift der Roboter auf eine riesige Datenbank zurück, die dadurch entstanden ist, dass er die Wörter für jeden Beitrag auf Millionen von Internetseiten ausgewertet hat: Die Software entfernt zuerst alle nicht bedeutungstragenden Wörter, dann streift sie die Grammatik ab, macht z.B. aus einem Plural einen Singular, und zählt dann, wie oft ein Wort in einem Text vorkommt. Nun vergleicht das Programm unsere Anfrage mit den Wörterlisten der Internetbeiträge und stellt uns denjenigen Beitrag als wichtigsten vor, bei dem «Wann» «Schlacht», «bei» und «Waterloo» am häufigsten vorkommen. Eigentlich ist das Vorgehen simpel – und der Computer versteht weder von Schlacht, noch von Waterloo irgendetwas. Das System ist deshalb so erfolgreich, weil eine derart unglaubliche Datenmenge durchforstet und aufgearbeitet ist. Ein Mensch wäre dazu nicht fähig, auch wenn er noch so fleissig Texte zusammenfasst. Kann man Suchmaschinen angesichts dieser Leistung intelligent nennen? Kann man intelligent sein, ohne etwas zu verstehen? Das beschriebene Vorgehen bezeichnen die Informatikerinnen und Informatiker als naiven Bayes-Klassifizierer.[19] Es ist nicht nur leistungsfähig, sondern hat auch seine Tücken: Was passiert, wenn ein Text über Napoleons verhängnisvolle Schlacht berichtet, der Name Waterloo aber nicht erscheint?

7.6.2 Call the police

Etwas schwieriger wird es, wenn Sie nachts erwachen, ein verdächtiges Geräusch wahrnehmen und in ihr Handy sprechen: «Ruf die Polizei!» Ich werde das Problem am englischen Satz «Call the police» analysieren, Pedro Domingos folgend, der mit diesem Beispiel die probabilistische Schule der KI illustriert (Vgl. Domingos 2015, S. 161). Die Herausforderung liegt darin, dass die Software sicherstellen muss, den Satz richtig «verstanden» zu haben – obwohl sie doch nichts versteht. Call tönt ähnlich wie tell, und police kann leicht mit please verwechselt werden. Der Satz könnte also auch nach «tell the please» tönen. Da Siri nichts versteht, versteht sie auch nicht, dass dieser zweite Satz unsinnig ist. Wie kann sie nun, ohne etwas zu kapieren, den richtigen Satz erraten? Der grosse Clou liegt darin, bedingte Wahrscheinlichkeiten zu Rate zu ziehen. Dem Wort „Police" geht in diesem Satz das Wort «the» voraus. Wie oft ist dies in einem Text der Fall? Und wie oft geht einem Wort «the» das Wort «call» voraus? Mit diesem Trick kann man den ähnlich tönenden Satz „tell the please" ausschliessen. Die Wahrscheinlichkeit, dass die falsche Wortfolge so auftritt, liegt annähernd bei Null. Während die Wortfolge „call the police" vorkommt und deshalb häufiger ist.

Es wird also nicht der Satz analysiert, sondern nur die unmittelbare Umgebung eines Wortes, die Untersuchung ist beschränkt auf den direkten Vorgänger. Domingos illustriert diese Strategie mit dem Verhalten einer Soldatengruppe, die sich in einer Linie in gefährlichem Gelände bewegt. Wenn sich der Gruppenführer vergewissern will, ob noch alle da sind, bleibt er nicht stehen und verschafft sich durch Zählen einen Überblick. Stattdessen fragt er seinen Hintermann: Wie viele Leute sind hinter dir? Dieser gibt die Frage weiter bis der Letzte antwortet: keiner. Dann geht die Antwortkaskade nach vorne und die Zahl ist erhoben. Die Wahrscheinlichkeit, dass «the» dem Wort «police» vorangeht, ist eine bedingte Wahrscheinlichkeit. Sie ist viel kleiner als das Vorkommen von «the» in einem Text. Deshalb muss sich dieser Algorithmus mit bedingten Wahrschein-

19 Im Anhang gehe ich auf diese Strategie genauer ein (§ 9.2.4).

lichkeiten herumschlagen, zu denen besagter Herr Bayes ein Gesetz aufgestellt hat.[20]

Auch für die Strategie, nur den nächsten Nachbarn zu befragen, gibt es ein interessantes mathematisches Modell. Es heisst Markov-Kette. Das Modell kann sehr knifflige Probleme lösen, bei denen man mit gesundem Menschenverstand schwer zu Rande kommt. Es kann z.B. berechnen, wie lange es dauert, bis man beim fortwährenden Würfeln eine Serie von 1 3 6 bekommt. Ein solcher Würfelversuch kann im Prinzip sehr lange dauern. Mit einer Markov-Kette kann man die mittlere Zahl der nötigen Würfe eruieren.

Hinter einem Satz wie «call the police» steht ein den meisten Leuten verborgenes Regelwerk – die Grammatik. Lange Zeit versuchte man diese Grammatik einem Spracherkennungssystem einzuprogrammieren. Das war mehr oder weniger erfolglos. Erst als man Worte wie die Zahlen beim Würfeln behandelte und den Satz als Kette verstand wie die erwähnte Folge von 1 3 6, kam man einen Schritt vorwärts. Sinnbildlich gesprochen begann man die 6 mit «police» zu identifizieren, die 3 mit «the» und die 1 mit «call». Im Gegensatz zum Würfel haben die Wörter nicht alle die gleiche Wahrscheinlichkeit und die Kombination von „the“ vor „police“ hat eine charakteristische Auftretenswahrscheinlichkeit in englischsprachigen Texten. Würden wir 2 mit «Tell», 3 wieder mit «the» und 4 mit «please» gleichsetzen, könnten wir das Auftreten von 2 3 4 mit einer Markov-Kette untersuchen. Das Erscheinen dieser Serie wäre viel unwahrscheinlicher – man müsste viel öfter würfeln, um sie zu bekommen – und Siri schliesst, es muss «Call the police» heissen, weil dieser Satz in englischen Texten öfter vorkommt. Markov-Ketten sind gar nicht so schwierig zu berechnen.[21]

Diese Kompetenz ist verstörend. Siri versteht gar nichts und die arabische Siri versteht sogar den Notruf in Arabisch, ohne von dieser Sprache überhaupt etwas zu wissen. Ist das intelligent? Die Kompetenz beruht auf der raffinierten Strategie, bedingte Wahrscheinlichkeiten mit nächster Umgebung zu kombinieren und dem unfassbar grossen Datensatz von zu Sätzen verarbeiteten Wörtern auf digitalen Speichern.

---

20 Sie können im Anhang erfahren, wie es funktioniert (§ 9.2.2).

21 Lassen Sie sich vom Anhang inspirieren (§ 9.3).

7.7 *Philosophischer Zwischenhalt*

7.7.1 Zwei Denksysteme

In diesem Buch will ich Sie mit einer alternativen Denkweise vertraut machen. Ich will Ihnen nahelegen, dass das Denken in komplexen Systemen schwierig, aber genauso naturalistisch ist wie das Denken in blossen Wirkursachen: Ich will dem Reduktionsprinzip das komplexe Denken zur Seite stellen. Während wir uns im Kapitel «Emergenz» auf den komplexen Prozess und seine Dynamik fokussiert haben, fassen wir in diesem Kapitel das Endprodukt, die durch Emergenz entstandene Information, ins Auge. Die Beiträge der Denker zum Konzept Geist als spezieller Information haben wir im Modell NC3R zusammengefasst. Wie gesagt, bei komplexen Systemen kann man nicht eine lückenlose Kette zwischen Ausgangskonfiguration (untere Ebene) und Wirkung (obere Ebene) spannen. Man kann das Endresultat nicht voraussagen und auch nicht konstruieren. Stattdessen haben wir über die Randbedingungen nachgedacht. Wir haben davon gesprochen, dass der Container wichtiger ist als die Zustände, die sich in ihm befinden. Wir haben am Mutations-Selektionsprozess demonstriert, dass der Container, die Selektion, aus zufälligen Zuständen auswählt und ihnen so einen Sinn verleiht. Der Container ist in diesem Fall so mächtig, dass er auf lange Sicht alle Spuren von möglichen anderen Zuständen tilgt. Damit entsteht Information, durch eine Reduktion der Möglichkeiten, der Entropie. Dadurch werden aber auch die Gesetzmässigkeiten der umgebenden Natur im Organismus abgebildet.

Das Verblüffende ist, dass auch künstliche neuronale Netzwerke einen Teil solcher Information selbst erzeugen können. Auch bei ihnen ist der Container, die Anzahl Ebenen mit der Zahl der Neuronen, entscheidend. Auch bei ihnen programmierte der Entwickler die Regeln nicht ins System ein. Trotzdem sind sie nach dem Training in ihm enthalten. Dass das Negative, das Nicht-Vorhandene, Information generiert, ist ein sperriger Gedanke. Ich hoffe aber mit den Beispielen und Analysen mitgeholfen zu haben, dass Sie als Leserin oder Leser Deacons Satz besser verstehen: «Mind didn't exactly emerge from matter, but from constraints on matter.» Er steht am Ende seines schwer lesbaren, aber wegweisenden Buches *Incomplete Nature* (Deacon 2013, S. 538).

7.7.2 Für ein intelligentes Design fehlt die Energie

Containerwände aufzustellen erfordert Energie: Information erzeugen ist anstrengend. Wie viel Energie würde man bei einem Konstruktionsprozess für komplexe Systeme brauchen? Eine erste Hürde besteht darin, dass man den Weg von unten nach oben nicht voraussagen kann. Eine Prognose beim Magnetpendel würde Z.B. eine unendliche Genauigkeit des Ausgangspunktes voraussetzen und damit eine unendliche Menge an Information benötigen. Eine grosse Genauigkeit bei einer Zahl kann nur entstehen, wenn eine sehr grosse Anzahl Möglichkeiten auf *einen* Zustand reduziert werden kann. Genauigkeit hängt von der Anzahl nicht realisierter Zustände ab. Das Universum verfügt nicht über unendlich viel Energie. Auch wenn ein intelligentes Design des Universums im Prinzip möglich wäre, fehlt dazu die Energie – wahrscheinlich in beiden Bedeutungen des Wortes. Der Evolutionsprozess arbeitet da viel ökonomischer: Er stellt Containerwände auf und wartet, bis der Zufall ein geeignetes Exemplar produziert. Erst hinterher kann man erklären, wieso es gewählt wurde. Zum Vorneherein das Muster zu konstruieren ist unmöglich.

7.7.3 Verstehen als Resultat einer Wechselwirkung

Der Bezug zwischen der Aussenwelt und dem «Als ob», der Emulation der Welt im Gehirn, beschäftigt Denkerinnen und Denker seit der Antike. Dabei spielt der Begriff der Referenz eine Schlüsselrolle. Putnam und andere kritisieren, dass oft eine geistige Repräsentation mit Verstehen gleichgesetzt werde. Das sei unzulässig, weil ein Bild allein noch keinen Bezug zu einer äusseren Realität miteinschliesse. Verstehen benötige immer eine Wechselwirkung, eine Interaktion des verstehenden Organismus mit dem zu verstehenden Gegenstand. Wie ich oben beschrieben habe (2.3.2) spielt er deshalb das Gedankenexperiment mit dem Bild eines Baumes durch, das aus einem Raumschiff fällt und von Marsmenschen, die keine Bäume kennen, angeschaut wird. Dieses Bild kann in diesen menschenähnlichen Wesen kein Verstehen hervorrufen, weil sie nicht mit Bäumen interagieren und Erfahrungen sammeln können. Wir stehen hier erneut vor einem Emergenzproblem und wollen es wieder mit unserem Bild der zwei Ebenen beschreiben, deren einzelne Punkte durch einen dünnen Faden miteinander verbunden sind.

Auf der unteren Ebene befinden sich die geistigen Bilder, die mentalen Repräsentationen, aber ebenso die visuellen Bilder und eigentlich der ganze Wissensschatz der Menschheit, der in Texten, Videos usw. abgelegt ist. Auf der oberen Ebene kommt das Verstehen zustande. Es besteht im Handeln mit Wörtern, Begriffen und Symbolen und deren Bedeutungen. Der dünne Faden, der ein geistiges Bild auf der unteren Ebene mit einem Begriff verbindet, ist die Wechselwirkung: in zweierlei Hinsicht. Einerseits kann ein erkennendes Subjekt Bezüge zur Realität herstellen, aus der die Bilder stammen. Ein Kind z.B. kann auf einen Baum steigen, es kann einen Ast biegen, es kann einen Apfel pflücken usw. Andererseits kann ein verstehendes Subjekt auch geistige Bezüge herstellen: Indem es überlegt, wann das Objekt als Baum bezeichnet werden kann und wann eher als Busch. Oft werden dann als Zusatzargumente angeführt, dass zur Fähigkeit der Interaktion Sinnesorgane gehören und dass eine kausale Wechselwirkung mit dem Objekt möglich sein soll. Die evolutionäre Erkenntnistheorie beschreibt diesen Austausch zwischen Subjekt und Objekt als induktiv-deduktiven Prozess. Unter dem induktiven Teil des Erkenntnisprozesses wird die Befragung der Natur durch Experimente und Handlungen verstanden. Mit dem deduktiven Ast beschreibt die Theorie die Modellbildung im Gehirn des Subjekts, die dann zu weiteren, spezifischeren Experimenten führt. Mit diesem Prozess erhöht sich die Gewissheit. Er bringt aber keine Wahrheit im Sinn einer endgültigen, umfassenden Aussage hervor.

Man kann sich nun die Frage stellen, ob ein künstlich intelligentes System zu derartigen Interaktionen auch fähig sei. Bei den geistigen Handlungen ist es uns möglicherweise in bestimmten Belangen schon heute haushoch überlegen. Jede Suchanfrage stellt geistige Bezüge her. Dabei kann man nicht behaupten, diese Bezüge seien wertlos, weil sie keine Bewertung enthielten. Allein die Reihenfolge der Antworten stellt eine Bewertung dar. Bei den körperlich-materiellen Sinnesorganen bin ich mir auch nicht so sicher. Denken Sie an ein MRI. MRI oder MRT stehen als Abkürzung für magnetic resonance imaging oder Magnet-Resonanz-Tomografie. Sie sind bildgebende Verfahren, welche die Magnetfelder der Atomkerne künstlich anregen. Je nach Art und Umfeld des Kerns fällt dieser wieder in den Anfangszustand zurück und strahlt ein ganz schwaches magnetisches Signal aus. Hochempfindliche Sensoren fangen die Signale wie mit einer elektronischen Kamera ein und verstärken sie. Damit kann vor allem das wasserhaltige Gewebe des Körpers sichtbar gemacht werden. Die Bildverarbeitung ist dabei heute so schwindelerregend schnell, dass die Bilder praktisch im Sekundentakt erzeugt werden können. Ein MRI ist eine beeindruckend leistungsfähige Erweiterung unserer Sinnesorgane, die einem Computer heute erlaubt, z.B. ein pochendes Herz von innen anzuschauen und für uns darzustellen. Dies ist nur dem Computer möglich, uns nicht. Wir haben keine Sinnesorgane, um schwache magnetischen Signale zu sammeln und sie zu einem Bild zu verbinden. Natürlich kann man einwenden, das sei bloss ein Bild, ein Gemälde des Herzens. Ja, schon – aber das Gemälde rettet unter Umständen Leben. Und zwar durch Bezüge, die ein Computer herstellt. Das KI-System Watson Health z.B. ist fähig, solche Bilder zu analysieren und eine Diagnose zu stellen. Ein Roboter könnte darauf den Medikamentenschrank durchsuchen und dem Patienten einen geeigneten Medikamentenmix vorsetzen – samt Beschreibung. Damit wird die Kompetenz einer Ärztin massiv ausgeweitet. Und es könnte gut sein, dass wir uns bald nur noch von solchen Ärzten mit erweiterten Sinnesorganen behandeln lassen wollen.

Sie haben gemerkt, mit künstlichen Netzwerken wurde in den Computerwissenschaften ein Sprung geschaffen. Ein solches KNN wird trainiert. Auf dieses Training haben wir an verschiedenen Stellen dieses Textes hingewiesen. Im letzten Kapitel steht es ganz im Zentrum. Lernen setzt eine Entwicklung, eine Genese voraus. Der Mensch ist wahrscheinlich diejenige terrestrische Art, welche die umfassendste Genese durchläuft. Ich will Sie vertraut machen mit dem Gedanken, dass es ohne eine Genese keinen Geist gibt.

8 Ein gebrechliches Wesen

In diesem Kapitel will ich zuerst die «Hardware» von künstlichen Künstlern und Menschen vergleichen. Das mag vorerst etwas gesucht daherkommen. Schon beim Kapitel «Ein bewertendes Wesen» nahm der Körper des Menschen eine zentrale Stellung ein. Jetzt will ich die Reifung dieses Körpers ins Auge fassen: Welche Funktion kommt der Entwicklung vom Säugling zum Erwachsenen zu, wenn es um das Wesen des Menschen geht? Dieser Aspekt wird meiner Meinung nach in der KI-Diskussion vernachlässigt. Das Körperliche gerät gegenüber dem Geist sehr oft ins Hintertreffen. Wie gesagt: Leserinnen und Leser mit Kenntnis der abendländischen Geistesgeschichte erstaunt das nicht: Der Körper geniesst im christlichen Abendland keinen so hohen Status wie der Geist.

8.1 Kein blinder Uhrmacher

Wir setzten uns damit auseinander, ob ein künstliches, mechanisch-elektrisches System intelligent sein kann und fähig ist, Materie mit Geist zu versorgen. Lebendige Organismen können das. Deshalb drängt sich die Frage auf: Ist ein lebender Organismus eine Maschine? Mit Deacon sage ich: nein. In diesem Kapitel soll die Antwort weiter begründet werden. Dabei fasse ich die Entwicklung des Menschen ins Auge, sowohl im Lauf der Jahrmillionen als auch vom Säugling zum Erwachsenen.

Oft wird für den Evolutionsprozess das Bild eines blinden Uhrmachers herangezogen – mit Betonung auf blind. Er setzt die Einzelteile zufällig zusammen und lässt die Natur entscheiden, ob sie passen und das System läuft. Damit wird der Evolutions-Gedanke von Darwin mit dem materialistischen Gedanken «l'homme machine» der Aufklärer um la Mettrie und Holbach kombiniert. Mit Deacon bin ich der Meinung, dass diese Metapher unglücklich ist: Die Entwicklung, die Dynamik, wird von aussen ins System hineingebracht und die Einzelteile selbst sind vorgefertigt – sie sind statisch. Beides trifft auf die Entwicklung von Leben nicht zu (Vgl. Deacon 2013, S. 36 - 37). La Mettrie wäre im Übrigen mit dem Uhrmacher-Vergleich auch nicht zufrieden: Er bestand darauf, dass die Mensch-Maschine ihre «Triebfedern selbst aufzieht». Damit nahm er ein Merkmal vorweg, das heutige Biologinnen und Biologen als unabdingbar für Leben halten: einen Stoffwechsel, einen so genannten Metabolismus. Er ist neben Mutation und Selbstreplikation die dritte charakterisierende Eigenschaft von Leben.

8.1.1 Menschen sind evolvierende Systeme

Menschen sind autonome, sich selbst versorgende Organismen, die sich entwickeln. Sie sind so genannte evolvierende Systeme: Als Resultat einer Evolution durchlaufen sie in ihrem individuellen Leben von der Geburt bis zum Erwachsensein einen höchst komplexen Entwicklungsprozess (Vgl. z.B. Wiener 1981, S. 219). Das ist meiner Meinung nach der grösste Unterschied zu einem Roboter: Wenn Sie ihm den Stecker ziehen, ist er tot. Er kann nicht selbst seine Hardware vergrössern und entwickeln. Seine einzigen dynamischen Komponenten bestehen im Trainieren seiner künstlichen neuronalen Netze, dem Auffinden von Supportvektoren, dem Heraussuchen der Wahrscheinlichkeiten für seine probabilistischen Modelle oder im Entwickeln von gut angepassten Problemlösungen mittels evolutionärer Algorithmen. Viele Leserinnen und Leser hätten wahrscheinlich erwartet, dass dieses entscheidende Kapitel an den Anfang gestellt wird. Ich wollte aber zuerst einige Schlüsselbegriffe klären und mit Inhalt füllen, bevor der Menschen als hoch-dynamisches System mit einem körperlosen, verkopften Roboter verglichen wird. Es ist wichtig, dass Sie sich etwas vorstellen können unter einem rückgekoppelten neuronalen Netz, unter einem Merkmalsraum, unter reentranten Verbindungen, unter paralleler Verarbeitung und unter komplexen Systemen, die eventuell sogar chaotisch reagieren und deren Wechselwirkungen nicht linear sind. Mit sich entwickelnden, dynamischen Systemen lassen sich viele schwierige Probleme besser angehen: z.B. die Frage nach der Intelligenz. Wir können künstliche Intelligenz an einem Intelligenzbegriff messen, der einen voll ausgewachsenen und umfassend geschulten Menschen charakterisiert: Kein Roboter wird einen solchen Test bestehen – aber auch die meisten Menschen nicht. Wir könnten einem Vergleich aber die Stufen der kognitiven Entwicklung zugrunde legen, wie sie von Bärbel Inhelder und Jean Piaget für die Entwicklung von Kindern vorgeschlagen wird. Dann tappen wir nicht in die Falle der Verabsolutierung und unser Vergleich wird ebenfalls dynamisch.

Mit der Ablehnung des Uhrmacherbildes handeln wir uns aber auch ein oder zwei zusätzliche Probleme ein: Wenn das Ziel der Entwicklung nicht vom Uhrmacher an das System herangetragen wird, wo kommt es dann her? – Lassen Sie sich nicht täuschen, auch ein blinder Uhrmacher will, dass die Uhr die Zeit anzeigt. Zeit-Anzeigen besteht in der Darstellung einer Veränderung. Solange die Uhr nicht läuft, ist dies ein Zustand, der im Moment noch nicht existiert. Der Uhrmacher hat eine Absicht, er trägt sie von aussen an die Maschine heran. Was nun, wenn das Ziel in der Maschine selbst enthalten sein soll? Weil dieser Gedanke so heikel ist, hat Deacon für ihn einen neuen Begriff geprägt: Ein System, das auf einen zukünftigen, noch nicht präsenten Zustand hinarbeitet, sei ein *ententionales* System. Mit dem «en» (drinnen, innerhalb) will er darauf hinweisen, dass die Motivation von innerhalb des Systems stammt. Mit dem Begriff «tention» (streben, bemühen) will er auf das Anstreben eines zukünftigen Zustandes verweisen. Ich habe die philosophiegeschichtliche Auseinandersetzung um dieses Konzept von Ursache im Unterkapitel 7.4.2 bei «Darwin-Information» angesprochen und gesagt, dass man vielleicht besser von Erklärung spricht – um die Verwechslung mit einer Wirkursache zu vermeiden. Es gibt natürliche Systeme, die ententionale Züge aufweisen. Das wichtigste ist der Evolutionsprozess. Wir haben im Kapitel zur Darwin-Information auf seine Zweckgerichtetheit hingewiesen. Wir wechseln nun die Perspektive und fragen: Kann man den Evolutionsprozess auf einem Computer nachbilden?

8.2 Evolutionäre Algorithmen

Man kann. So genannte evolutionäre Algorithmen bilden eine eigene Schule der künstlichen Intelligenz. Ich will sie an einem spielerischen Beispiel illustrieren: einem kryptomathematischen Rätsel. Ein amerikanischer Student soll seinem Vater folgende Karte geschickt haben (Vgl. Sandrock 2006):

```
  SEND
 +MORE
 ---------
 MONEY
```

Man könnte das Rätsel mit einem symbolisch-logischen Vorgehen lösen, indem man die Regeln der Addition programmiert und ein logisches System aufstellt, das z.B. D + E = Y ergibt. Wir gehen das Problem mit einer evolutionären Strategie an und denken, wir hätten Lebewesen, deren einziges «Gen» aus 10 Plätzen besteht: Der erste Platz enthält die Nummer des Buchstabens, welcher der Ziffer 1 entspricht. Die Buchstaben sind von 1 bis 26 durchnummeriert. Man beginnt den Evolutionsprozess, indem eine grosse Menge, z.B. Hunderte von Lebewesen erzeugt werden: Ihre Gensequenz wird mit zufälligen Buchstaben gefüllt – wobei jeder Buchstabe nur einmal erscheinen darf. Nun prüft man, wie gut diese Individuen das Rätsel lösen, indem die Additionen in den einzelnen Spalten ausführt werden und falls eine Addition aufgeht, dem Lebewesen ein Pluspunkt verliehen wird. Zum Schluss werden die 10 besten Individuen als Eltern gewählt.

Nun erzeugt man Nachkommen, indem alle gewählten Eltern mit dem besten Individuum gepaart werden und beim Genstrang ein Crossover zugelassen wird, d.h. ein Teil des Genstrangs des besten Lebewesens wird durch den des Partners ersetzt. Man könnte auch einen kleinen Teil an Mutation zulassen, die eine Zelle des Genstrangs zufällig ändert. Nun werden die Nachkommen wieder am Rätsel geprüft und das Individuum mit der höchsten Punktzahl paart sich mit allen anderen. Beim Beispiel dieses Rätsels zeitigt die evolutionäre Strategie einen erstaunlich schnellen Erfolg. Oft kommt der Algorithmus schon nach 10 bis 20 Generationen zum Ziel und löst das Rätsel. Dies ist nicht allgemein der Fall und natürlich hängt die Beurteilung der Leistungsfähigkeit zum Teil auch davon ab, zu welcher Schule sich eine Informatikerin oder ein Informatiker zählt (Vgl. Russel 2012, S. 197).

8.2.1 Evolutionäre Algorithmen optimieren besser

Ein genetischer oder evolutionärer Algorithmus löst – wie eigentlich alle anderen Algorithmen auch – ein Optimierungsproblem. Die Punktezahl wird allgemein Fitnessfunktion genannt. In unserem Beispiel erreicht sie als höchsten Wert die Zahl 5. Das bedeutet: Alle Stellen sind richtig addiert. Man kann sich die Fitnessfunktion als Höhe vorstellen, die an jedem Punkt einer Ebene die Erhebung über Grund angibt und so eine Art Landschaft beschreibt. Weil unser Gen aber 10 Stellen aufweist, ist die Grundebene 10-dimensional. Versuchen Sie nicht, sich das vorzustellen! Es genügt, bei einer Dimension zu bleiben, um die Probleme zu verstehen. In einer einzelnen Dimension – z.B. der Zuordnung eines Buchstabens zur Ziffer 1 – laufen die Werte von 1 bis 26: 1 für A und 26 für Z. Bei 10 z.B. wäre der Ziffer 1 der Buchstabe J zugeordnet. Dies wäre in Fig. 8.2 a schon eine recht gute Wahl, weil die Punktezahl nahe am Maximum liegt. Die Fitnessfunktion stellt nun nicht einfach einen einzelnen Hügel in der

Landschaft dar, der von 1 an schön gemächlich auf 5 ansteigt: Er könnte an einem Ort der Strecke bereits 4 hoch sein und am nächsten Ort wieder auf eins absacken. Bei zwei Dimensionen würden Hügel und Täler entstehen: Man sagt, die Optimierungsfunktion habe lokale Maxima (Hügel: l. M.) und Minima (Täler). Bei einer Optimierung sollte man den höchsten Hügel (globales Maximum, g. M.) oder das tiefste Tal finden. Viele Algorithmen verharren leider bei einem *lokalen* Maximum oder Minimum und sind unfähig, einen grösseren Schritt zu tun und nochmals von vorne zu beginnen. Der evolutionäre Algorithmus schafft das, er bleibt nicht an lokalen Maxima oder Minima haften.

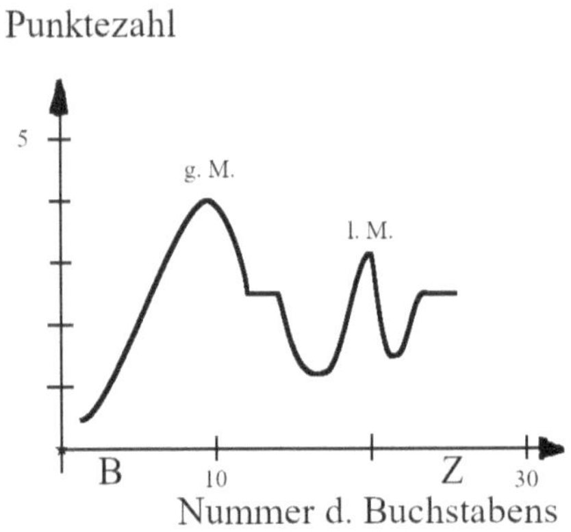

Fig. 8.2 a: Fitnessfunktion

Wir wollen diesen Gedanken an der Optimierung von künstlichen neuronalen Netzwerken noch etwas vertiefen. Bei NETtalk, dem Netzwerk zum Vorlesen von Texten, haben wir beschrieben, wie die Gewichte und damit die Verbindungsstärken zwischen den Neuronen durch das Lernen angepasst werden.[22] Wenn das Netzwerk schon relativ gut spricht, sind die Fehler klein und die Anpassungen demzufolge auch. Es kann dann sein, dass der Korrekturmechanismus der Verbindungsstärken sich in einem lokalen Minimum herumdreht und nicht mehr herausfindet. Dies tritt deshalb auf, weil keine grossen Korrekturen mehr vorgenommen werden. Es gibt keinen mächtigen Sprung, der über einen Hügel hinaus in ein neues Tal führt. Schon vor langer Zeit gab es die Idee, die KNN mit genetischen Algorithmen zu optimieren. Jedes Lebewesen wäre dann ein eigenes KNN

22 Im Anhang finden sie dazu genauere Erläuterungen (§ 11.2).

mit je individuellen Verbindungsstärken. Man hätte also nicht nur *ein* Netzwerk, das man optimiert, sondern z.B. 25 verschiedene, je nach Anzahl Individuen des genetischen Algorithmus. Indem dem besten Individuum ein Teil des Genstrangs eines schlechteren Individuums eingepflanzt wird, kann eine sehr grosse Änderung vonstatten gehen. Der Optimierungsprozess macht einen grossen Sprung und kann sich eventuell aus einem lokalen Minimum befreien. Solch grosse Veränderungen sind in den allermeisten Fällen nicht erfolgreich. Das tut dem genetischen Algorithmus mit seinen vielen KNN keinen Abbruch – einem einzigen KNN, das von einem Korrekturmechanismus allein optimiert wird, jedoch schon. Der evolutionäre Algorithmus hat neben dem stark veränderten Individuum noch viele andere mit ähnlichen Gensträngen wie das beste Individuum. Das stark veränderte Individuum wird in der nächsten Generation eliminiert, wenn es nicht erfolgreich war. Falls es die Zielfunktion aber besser optimiert, wird sich sein Genstrang im ganzen Genpool verbreiten, weil immer mit dem besten Individuum gepaart wird.

8.3 Physiologische Frühgeburt

Im Folgenden wollen wir den Menschen als evolvierendes System betrachten. Und immer wenn KI uns zwingt, über die menschliche Art nachzudenken, zeigt sie uns auch eine grosse Schwäche auf: Wir verfügen nur über undeutliche Begriffe. Es fehlt uns in gewissem Sinne eine Sprache, um das Wesentliche des Mensch-Seins treffend zu beschreiben. Beim Menschen als einem sich entwickelnden System sind wir erneut damit konfrontiert. Wie steht es um Merkmale, die wir als typisch menschlich einstufen? Sind sie vererbt oder Folge einer Entwicklung? Wenn sie in einer Entwicklung erworben wurden, sind sie dann fest und unveränderlich oder flexibel? Inwieweit darf man überhaupt von so etwas wie dem Wesen eines Menschen sprechen? Und last but not least: Könnte sich auch ein Roboter ein solches Wesen erwerben?

Sie haben im Laufe der Lektüre sicher schon festgestellt: Ich bin der Meinung, dass die Beschaffenheit des Menschen ganz wesentlich von seinem Geburtszustand bestimmt ist. Die spezielle Situation seines Eintritts in die Welt und der ersten Lebensjahre legt seine «Natur» fest: viel stärker als Gene oder andere vererbte Eigenschaften. Ich will zeigen, dass unsere Geburtssituation ganz entscheidend unsere Handlungsfreiheit begründet. Wenn ich «Natur» in Anführungszeichen setze, dann deshalb, weil das Wort belastet ist. Gegen diesen Begriff gibt es sofort energischen Widerspruch, sowohl von streng religiöser als auch von überzeugt naturalistischer Seite. Die einen lehnen Naturgesetze im Zusammenhang mit Menschen ab, die anderen kritisieren, Natur sei ein religiöses Konzept. Mir ist es wichtig, dass die Wesensmerkmale des Menschen zum weitaus grössten Teil erst nach seiner Geburt geformt werden. Dies erscheint mir bedeutsam, wenn wir über die Freiheit nachdenken, über die Menschen verfügen. Viele Merkmale dessen, was die «Natur» des Menschen ausdrücken will, findet sich auch im Begriff der «Conditio humana», den menschlichen Lebensbedingungen.

Es ist das grosse Verdienst des Basler Zoologen Adolf Portmann und des Philosophen Arnold Gehlen, den speziellen Geburtszustand des Menschen intensiv erforscht und beschrieben zu haben. Ausgehend vom Vergleich mit anderen Tierarten formulierte Adolf Portmann (1897-1982) eine zentrale Aussage zum Menschen: Er kommt – verglichen mit anderen Tieren – viel *zu früh* zur Welt. Das Wort *viel zu früh* ist tendenziös:

> *Die frühe Geburt ist die grosse Chance und die grosse Gefährdung des Menschen.*

Die folgende Darstellung stammt aus dem Buch von A. Portmann, *Biologische Fragmente zu einer Lehre vom Menschen*, Schwab & Co, Basel, Stuttgart, 3/1969

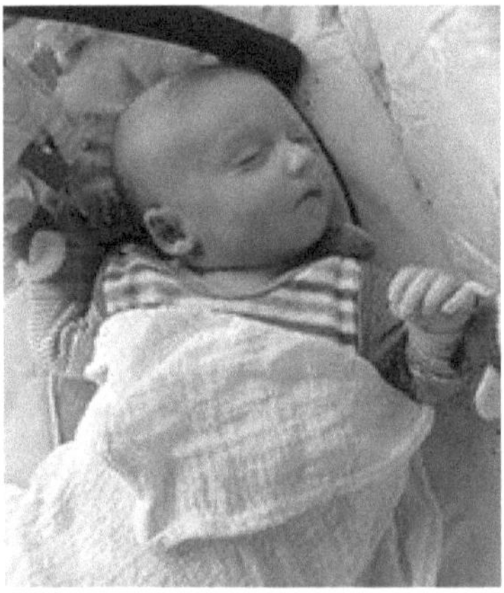

Fig. 8.3 a: Baby, 8 Wochen alt

Als Zoologe untersuchte Portmann die Fähigkeiten und den Reifegrad Neugeborener. Er kam dabei zum erstaunlichen Schluss, der Mensch komme im Vergleich zu ähnlichen Säugetieren etwa ein Jahr zu früh zur Welt.

Dadurch entsteht eine Reihe fundamentaler Unterschiede zu unseren tierischen Artgenossen:

- Neugeborene Säuger gleichen ihren Eltern in ihrem Aussehen sehr stark. Der Mensch nicht.
- Junge Säuger haben praktisch von Geburt an die gleiche Körperhaltung wie die Eltern. Der Mensch braucht dazu ein Jahr – bis er gehen kann.
- Neugeborene von Säugern verfügen praktisch schon bei der Geburt über das Lautsystem ihrer Eltern. Der Mensch kann bloss schreien.
- Säuger nehmen nach der Geburt schön regelmässig an Gewicht zu. Menschen wachsen sprunghaft.

Dieser charakteristische Geburtszustand bestimmt wesentlich, wie wir werden und was wir sind. Ein sprunghaftes Wachstum kennzeichnet Föten im Mutterleib von Säugetieren. Portmann spricht deshalb vom „extrauterinen Frühjahr". Er meint damit, dass der Mensch *ausserhalb* des Mutterleibes während eines Jahres die körperliche Reife erlangt, die Säuger *innerhalb* des Mutterleibes erwerben. Kein einziges Tier erreicht seine artgemässe Haltung so wie der Mensch durch *aktives* Streben und erst *längere* Zeit nach der Geburt. Um sein Leben bewältigen zu können, muss er rastlos lernen (sogenannte *aktive Entwicklung*). Bei diesem Lernen kann er nicht auf angeborene Programme, Instinkte, zurückgreifen. Die Tragzeit des Menschen müsste also rund 21 Monate betragen, wenn man das extrauterine Frühjahr zur Reifung dazu zählt. Das ist in der Natur nicht ungewöhnlich. Der indische Elefant wirft sein Junges nach 21 - 22 Monaten. Allerdings ist es dann 1 m gross und ca. 100 kg schwer. Der Pottwal trägt sein Junges 16 Monate – es ist bei der Geburt dann 4 m lang! Der menschliche Geburtszustand kann deshalb als eine Art „physiologische" Frühgeburt bezeichnet werden. Diese biologische Tatsache ermöglicht – und erfordert – ein intensives und umfassendes Lernen. Andere Tiere lernen auch, aber vom biologischen Standpunkt aus scheint der Mensch *der* Lerner unter den Tieren zu sein.

8.4 Sehen und Erkennen

Im Unterkapitel 7.6 haben wir das KI-Lernen der Sprache ins Zentrum gestellt. An dieser Stelle wollen wir das Lernen des Sehens und des Erkennens von Bildern genauer betrachten. Meist geben wir uns keine Rechenschaft, wie schwierig dies eigentlich ist. Betrachten Sie die folgenden beiden Bilder:

Fig. 8.4 a: Was wir sehen

Fig. 8.4 b: Was ein Computer sieht

Auf dem linken Bild erkennen wir ohne Probleme drei süsse Hündchen. Was ein Computer und eigentlich auch unsere Netzhaut «sieht», ist das rechte Bild: ein schwer verständlicher Zahlenhaufen. Adit Deshpande, ein Informatiker und Blogger, verwendet diese Gegenüberstellung, um zu illustrieren, wie schwierig Bilderkennung ist (Vgl. Deshpande 2016). Wie extrahiert der Mensch aus den Anregungen seiner Netzhautzellen die drei Hündchen?

Viele Menschen denken, wir könnten von Geburt an sehen. Das ist ein grosses Missverständnis. Mütter wissen, dass ihre Neugeborenen anfänglich nur ca. 30 cm weit scharf sehen können. Die Sehfähigkeit des Kleinkindes nimmt aber rapide zu: Mit ca. 7 Monaten kann es Gesichter eindeutig identifizieren. Es «fremdelt» dann, weil es eine unbekannte Person von seiner Mutter oder seinem Vater treffsicher unterscheiden kann. Ob der Mensch von Geburt auf sehen kann und wie gut, ist eine spannende Frage, die schon früh gestellt wurde und heute oft unter dem Stichwort Molyneux-Problem abgehandelt wird. Dabei untersucht man die Wahrnehmung von ehemals blinden Kindern, die nach einer Operation ihre Sehfähigkeit erlangten. Selbst wenn sie durch das Tasten runde von eckigen Objekten unterscheiden konnten, können sie dies anfänglich beim Sehen nicht. Sie lernen die Fähigkeit aber sehr schnell (Vgl. Held 2011). Kann auch ein Computer "sehen" indem er Bilder analysiert?

Das «Sehen» von Computern hat im letzten Jahrzehnt schwindelerregende Fortschritte erzielt. Der erwähnte Adit Deshpande stellt diese Entwicklung in einem gut verständlichen Online-Beitrag dar (Vgl. Deshpande 2016). Ich halte mich im Folgenden an seine Erklärungen. Wir können wie gesagt heute unsere Fotos auf einem Computer speichern und eine Software beauftragen, alle Bilder zu finden, auf denen ein Fahrrad zu sehen ist. Der KI-Roboter erledigt diese Aufgabe ähnlich gut wie ein Mensch. Grund dafür sind so genannte convolutional neuronal networks (CNN). In Deutsch: faltendes oder gefaltetes neuronales Netzwerk. Bis

2011 war die KI nicht sonderlich erfolgreich im Erkennen von Bildern. Die Fehlerrate war um die 25 %. Dann erschien am jährlich stattfindenden Wettbewerb für die Bilderkennung ein Team mit einer völlig neuen Netzwerkarchitektur und verbesserte die Erkennungsrate mit einem Schlag um 11 % (Vgl. Deshpande 2016, S. 1). Heute sind die Fehler auf unter 1 % geschrumpft und die Erkennungsleistung ist oft vergleichbar mit der von Menschen. Wobei ein Netzwerk im Nu Ihre Zehntausende von Bildern durchforstet hat, während Sie die Arbeit schon gar nicht ins Auge fassen.

8.4.1 Grundprinzip eines CNN

Was ist das Grundprinzip eines CNN? Ein solches künstliches neuronales Netzwerk legt ein kleines Raster von z.B. 5 x 5 Pixeln auf das Originalbild. Dieses Raster enthält die Schwärzungswerte einer einfachen Figur und sonst nichts. In der untenstehenden Zeichnung ist das Rasterbild einer nach rechts gekrümmten Linie dargestellt. In der zweitletzten Spalte sieht man von unten nach oben Pixelwerte von 30, die eine geschwärzte Linie repräsentieren. In der obersten Zeile ist der hohe Pixelwert in der letzten Spalte, was dem Bogen der Linie entspricht.

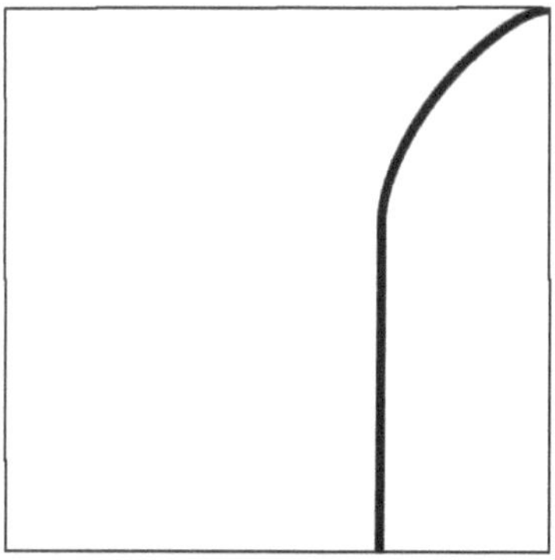

0	0	0	0	30
0	0	0	30	0
0	0	0	30	0
0	0	0	30	0
0	0	0	30	0

Fig. 8.4 c: Rasterbild einer gebogenen Linie, gemäss Deshpande 2016

Wir beschreiben das Verfahren, wie man ein Bild analysiert zuerst allgemein und führen dann eine konkrete Berechnung aus. Wir betrachten das Zahlenraster der Hündchen (Fig 8.4 b). Man beginnt die Analyse, indem man in der oberen linken Ecke des Bildes das Raster auf das Original legt. Man hat nun Pixelwerte des Originalbildes und des Rasters, die übereinanderliegen. Sie multipliziert man. Die 25 entstandenen Zahlen addiert man auf. Diese Summe gibt dann das Gewicht für das erste Neuron (*) einer Folgeschicht, einer so genannten Convolution-Schicht. Weil eine solche Multiplikation von Pixelwerten in der Mathematik «Faltung» genannt wird, entsteht daraus die deutsche Übersetzung von CNN.

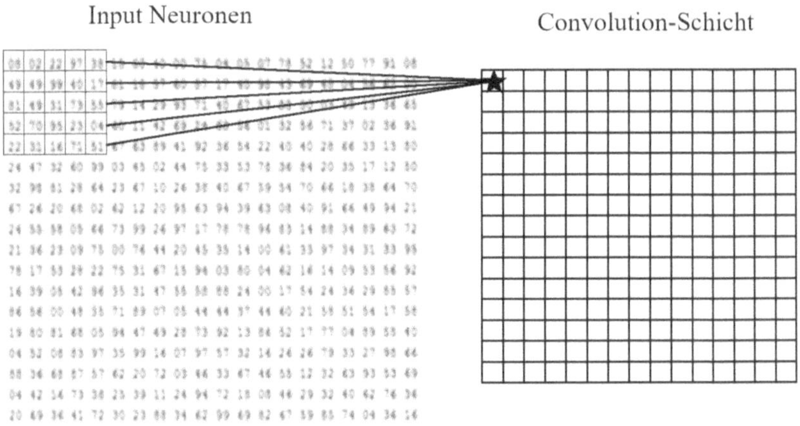

Fig. 8.4 d: Bildung eine convolution-Schicht

Nun wird das Raster um eine Spalte nach rechts verschoben, ein so genannter Stride um 1 und die Multiplikation mit Summation wird erneut ausgeführt. Dadurch entsteht das Gewicht für das zweite Neuron in der ersten Zeile des convolutional layer. Deshpande veranschaulicht das Verfahren am Schwarz-weiss-Bild einer Maus.

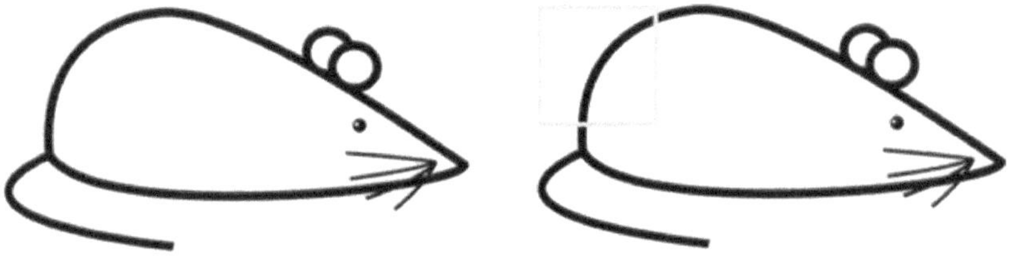

0	0	0	50	50
0	0	20	50	0
0	0	50	50	0
0	0	50	50	0
0	0	50	50	0

0	0	0	0	30
0	0	0	30	0
0	0	0	30	0
0	0	0	30	0
0	0	0	30	0

Fig. 8.4 e: Linie der Maus — *Deren Pixelwerte* — *Pixelwerte des Rasters*

Die Linie im grauen Quadrat wird analysiert, indem deren Pixelwerte mit dem Raster gefaltet werden. Wir betrachten nur eine einzige Rasterposition: In der ersten Zeile erhalten wir immer null bis auf die letzte Spalte, deren Wert: 30* 50 ist. In den folgenden Zeilen erhalten wir stets einmal 30*50. Insgesamt ist das Gewicht nach dem Rastern also w=5*1500=7500. An einer anderen Stelle ergäbe das Rastern folgendes Bild:

0	40	0	0	0
40	0	40	0	0
40	20	0	0	0
0	50	0	0	0
0	0	50	0	0

0	0	0	0	30
0	0	0	30	0
0	0	0	30	0
0	0	0	30	0
0	0	0	30	0

Fig. 8.4f: Analyse der Ohr-Form

Man sieht schnell, dass der Halbkreis des Ohrs nicht mit dem nach rechts gekrümmten Bogen übereinstimmt. Das Berechnen der Faltung ergibt dann auch tatsächlich keinen von Null verschiedenen Wert. Das Gewicht dieses Neurons des convolutional layer verschwindet: Der runde Bogen wird aus dem Bild ausgemerzt. Aus diesem Grund wird das Abtast-Raster auch *Filter* genannt: Es wählt aus dem Originalbild all diejenigen Formen aus, die im Raster vorgezeichnet sind, alle übrigen Formen unterdrückt es. Das so erzeugte Zahlenquadrat beschreibt demzufolge alle Linien des Originalbildes, die senkrecht nach oben laufen und sich zum Schluss nach rechts krümmen. Man kann nun Raster, die verschiedenen Formen entsprechen, über das Originalbild ziehen und erhält so verschiedene Zahlenquadrate, die zusammen eine convolutional Ebene bilden. Sie entsprechen den Formen, die in einem Bild vorhanden sind. Damit wird ein Bild auf seine geometrischen Figuren hin untersucht. Das Gleiche kann man bei einem Farbbild auch mit den Farben machen. Ein CNN filtert ein Bild in verschiedener Hinsicht. Diese Technik entspricht dem Menschen insofern, als auch er Formen in einem Bild identifiziert. Eine convolutional Ebene besteht demzufolge aus verschiedenen Zahlenquadraten oder Layern, von denen jede eine eigene Form aus dem Originalbild extrahiert hat.

In der Bildverarbeitung werden drei berühmte Datensätze verwendet, um neuronale Netzwerke zu trainieren. Einer der bekanntesten, CIFAR10, hat eine Pixelweite von 32 x 32 Pixeln. Etwas anspruchsvoller ist ImageNet: Eine Sammlung von 16 Millionen Bildern, die in 20'000 Kategorien eingeteilt sind. Es gibt Bilder von Gesichtern, Autos, Schiffen usw. Grosse Bedeutung erlangte auch die Erkennung von handgeschriebenen Zahlen. Dazu wird eine Sammlung (MNIST) von 70'000 Ziffern verwendet. Jede Ziffer ist 28 x 28 Pixel gross und wird durch Grautöne dargestellt, die von 0 (weiss) bis 255 (schwarz) laufen. Wird ein CNN am CIFAR10 trainiert, dann wird man bei ihm nach 28 Verschiebungen des Rasters an den rechten Rand stossen, so dass der convolutional layer nur 24 Neuronen pro Zeile aufweist. Dadurch wird die Datenmenge reduziert. Beachten Sie, dass bei Bilderkennung eine Neuronenschicht als Quadrat angeordnet ist, während sie bei anderen KNN meist als Vektor, als senkrechte Zahlenreihe, gedacht wird. Man filtert wie gesagt nun das Eingangsbild mit Rastern für Bögen, gerade Linien, Kanten, Farben usw. Dadurch erhält man Dutzende parallele Convolutional Layers, die zusammen eine Ebene bilden. Meist werden deren Gewichte unmittelbar danach mit einer Funktion umgewandelt, die die positiven Gewichte multipliziert und allfällige negative auf null setzt. Damit entsteht eine so genannte ReLU Schicht.

Üblich ist bei bildverarbeitenden Netzwerken zudem, dass die Pixelzahl reduziert wird. Oft wird wieder ein Raster aufgelegt und über die Layer gezogen: Es kann z.B. aus vier Pixeln bestehen und als Wert für die folgende Neuronenschicht nur das Maximalgewicht innerhalb des Viererquadrates weitergeben. Derart erzeugte Netzwerkebenen werden Pooling-Layer genannt. Ganz zum Schluss werden die Neuronen der letzten convolutional layer vollständig mit einer linearen Neuronenschicht, wie sie auch ein übliches KNN aufweist, vernetzt. Es entsteht ein so genannter fully connected layer. Heutige CNN können ohne Probleme hundert Netzwerkebenen aufweisen. Untenstehende Figur zeigt stark vereinfacht den Aufbau eines derartigen CNN für die Handschrifterkennung von Ziffern, das am MNIST Datensatz trainiert wurde. Es enthält als Ausgang 10 Neuronen: für jede Ziffer eines.

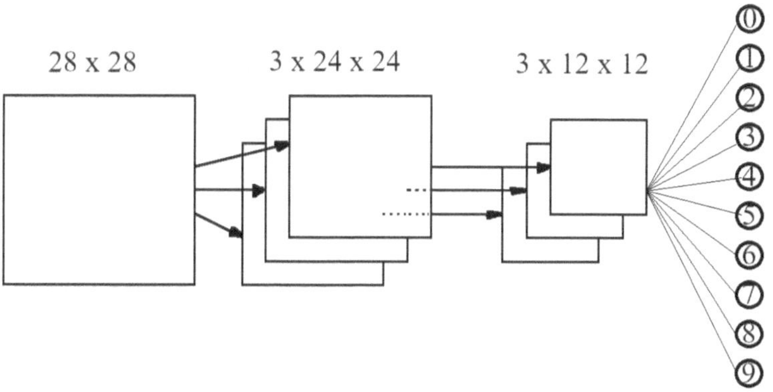

Fig. 8.4 g: Schema eines CNN für die Erkennung handschriftlicher Ziffern: Mit diesem System identifiziert Nielsen 9'967 von 10'000 solcher Ziffern richtig

8.4.2 Resultate und vermutete Wirkungen von CNNs

Michael Nielsen dokumentiert in seinem eindrücklichen Buch jeden Schritt des oben gezeigten CNN zur Erkennung handschriftlicher Ziffern und auch deren Programmierung in der Sprache Python (Nielsen 2015). Es gelingt ihm, 9'967 der 10'000 Testzeichen des Musterdatensatzes MNIST richtig zu benennen. Die 33 falsch identifizierten stellt er in seinem Buch dar: Sie und ich hätten auch Mühe, sie richtig zu lesen (Nielsen 2015, Kap. 6, S. 2). Worauf ist diese erstaunliche Leistung zurückzuführen?

Ein künstliches neuronales Netzwerk verfügt über eine immense Anzahl von Grössen, die es anpassen kann. Man spricht von Parametern des Modells. Schon die erste convolutionale Ebene mit z.B. 20 Teilebenen und damit 20 Layern von 24*24 Neuronen umfasst mehr als 10'000 Neuronen. Zwischen zwei solcher Ebenen gibt es dann bis zu 10'000 * 10'000 Verbindungen. Die frei anpassbaren Grössen bei CNNs gehen schnell in die Millionen. Jeder Bias oder jedes Gewicht eines Neurons wirkt aber auf die Folgeschichten und kann durchaus mit unserem Schmetterlingseffekt bei komplexen Systemen verglichen werden. Dies ist mit ein Grund, warum die Dynamik, wie ein künstliches neuronales Netzwerk tatsächlich arbeitet, bis heute noch weitgehend unverstanden ist (Vgl. Nielsen 2015, Kap. 6: *On the future of neural networks,* oder Sejnowski 2000). Insbesondere kann eine Forscherin oder ein Forscher, die ein trainiertes Netzwerk vor sich haben, nicht voraussagen, was dieser rationale Agent mit einem Bild, das man ihm einspeist, machen wird. Wir haben erneut ein hochkomplexes

System vor uns, dessen Resultat wir nicht prognostizieren können. Wir müssen ihm ein Bild präsentieren und den Mechanismus ablaufen lassen, dann erst wissen wir, was es tut. Wir können wieder auf unser Bild der zwei Ebenen mit einem dünnen, kompliziert aufgewickelten Faden verweisen: Die eine Ebene ist der Zahlenberg am Eingang des CNN. Die zweite Ebene bilden die Output-Neuronen, die das Bild kategorisieren und melden: «Das ist ein Hündchen». Der Faden zwischen Input und Output ist eine komplizierte, einzelne Verbindungslinie zwischen einem Pixel am Anfang und einem Neuron am Ende. Dieses System schafft Emergenz: CNNs destillieren aus dem oben dargestellten Zahlenhaufen ein süsses Hündchen oder ein Fahrrad. Das Hündchen ist «Information». Der Vorgang ordnet ein Bild ein, er kategorisiert es, indem er eine Struktur erkennt. Diese Arbeitet leistet auch unser Gehirn: spontan, schnell und ohne dass wir verstehen wie. Verleiht damit auch ein CNN der Materie – in Form des Zahlenbergs – Geist, in Form der Aussage „Das ist ein Hündchen“?

Beim CNN können wir einmal mehr den informationsbildenden Prozess bei der Arbeit beobachten: Das Input-Bild enthält Zehntausende von Möglichkeiten, was es sein könnte. Der Output ist eine einzige Möglichkeit: ein Hündchen. Die Information «Hündchen» entsteht durch die fortwährende Verengung, die fortwährende Reduktion der Parameter. Damit rücken die besagten Containerwände immer näher zueinander und schränken das Netz mit jeder Neuronenebene etwas mehr ein: Es wird eine Struktur, eine Ordnung, aus der Zahlenmenge gewonnen. Convolutional layers erzeugen eine immer höhere Abstraktion. Ob man dieses Abstrahieren und Klassifizieren eines Bildes als «Erkennen» – wie der Titel suggeriert – qualifizieren darf, kann mit Fug und Recht bestritten werden. Die Parallelität zum Lernen des Kindes und die Leistungsfähigkeit sind frappant, und der Gedanke, das CNN leiste etwas, was auch Menschen eigen ist, kann nicht leicht von der Hand gewiesen werden.

Allerdings stellen die Millionen von wählbaren Parametern auch ein erhebliches Problem dar. Wenn ein Modell der Wirklichkeit über viele anpassbare Grössen verfügt, kann mit ihm praktisch jede Realität abgebildet werden. Es besteht sogar die grosse Gefahr, dass ein solches Modell praktisch alle Testfälle «speichern» kann, dann aber unfähig wird zur Vorhersage bei neuen Fällen. Man nennt dieses Problem Overfitting. Es wird oft anschaulich an einer Kurve demonstriert, die Datenpunkte miteinander verbindet. Die Kurve kann eine Gerade sein, die die Daten nicht optimal abbildet (siehe Fig. 8.4 h: links). Die Kurve könnte aber auch sehr raffiniert sein (rechts), so dass jeder Datenpunkt genau auf ihr liegt. Wenn die Datenpunkte von Natur aus etwas schwanken – z.B. weil man sie nicht sehr genau messen kann – dann wäre die Gerade sinnvoller. Die geschwungene Kurve würde eine viel zu grosse Genauigkeit vortäuschen: Sie würde zu gut in die Daten hineinpassen (over-fitting). Da eine solcherart geschwungene Kurve Potenzen von hoher Ordnung enthält (z.B. x^7), würde sie bei der Vorhersage von Datenpunkten mit grossem x «explodieren», während die Gerade mit grosser Wahrscheinlichkeit den neuen Datenpunkt besser erfasst. Overfitting trifft künstliche neuronale Netzwerke besonders stark, da sie über bedeutend mehr freie Parameter verfügen als zum Beispiel eine support vector machine. Eine Unmenge wählbarer Parameter charakterisiert hochdimensionale Räume. Sie sind einerseits schwer verstehbar, andererseits aber verantwortlich für den Erfolg der künstlichen Systeme. Leistungen des Gehirns kann man nur mit hochkomplexen Gefügen nachbilden – Regeln alleine genügen nicht.[23]

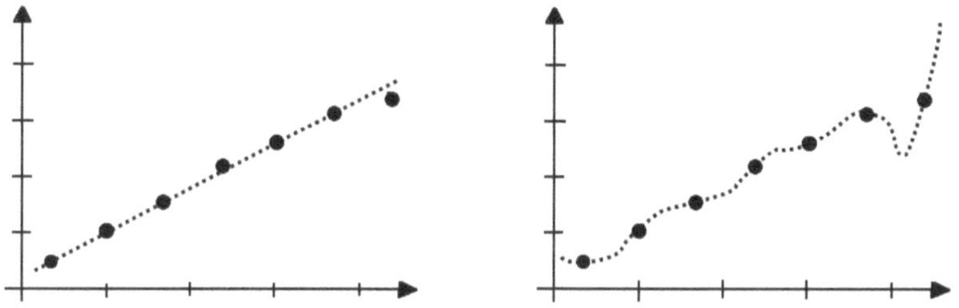

Fig. 8.4 h: Overfitting erzeugt unsinnige Genauigkeit

Damit Sie als Leserin nachvollziehen können, wie wenig man neuronale Netzwerke eigentlich versteht und welche Knacknüsse sie den Forschenden bieten, stelle ich Ihnen zum Schluss noch ein irritierendes Beispiel vor. Es findet sich auf der Internetseite von Michael Nielsen und stammt von Szegedy 2014: Können Sie bei den untenstehenden Bildern eines Schulbusses einen Unterschied zwischen dem linken und dem rechten Bild erkennen?

23 Im Anhang unter § 11.4 finden Sie weitere Erläuterungen für diese wichtige Einsicht.

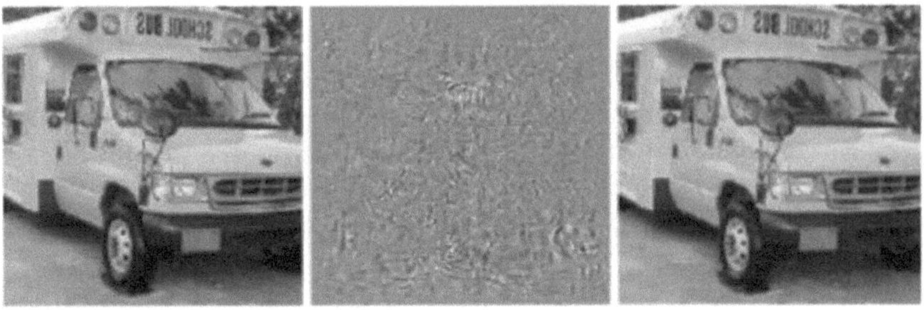

Fig. 8.4 i: CNN erkennt den rechten Schulbus nicht

Den meisten Menschen gelingt dies nicht. Der Unterschied besteht in den minimen Helligkeitsdifferenzen, dargestellt im mittleren Bild. Ein CNN kann das linke Bild als Schulbus erkennen, das rechte nicht. Die Leistungsfähigkeit von CNN und KNN ist wie gesagt erstaunlich. Ihre «intellektuellen» Fähigkeiten bei der Bildanalyse ziehen mit dem Menschen teilweise gleich. Darf man sagen, rationale Agenten hätten intellektuelle Fähigkeiten, wenn sie Bilder in einigen Hinsichten besser analysieren können als Menschen?

Wir werden diesen Fragen nicht ausweichen können: Künstliche Künstler erbringen beeindruckende Leistungen. Das so genannte Vision-Departement der KI hat im letzten Jahrzehnt unglaubliche Fortschritte erzielt. Sie sind mit denen der Sprachverarbeitung zu vergleichen. Videospieler z.B. werden mit dem Phänomen konfrontiert, dass ein CNN an den Bildern eines Videospiels trainiert wird, allein mit den Befehlen: «geh nach links“, oder «geh nach rechts» oder «schiesse». Solcherart trainierte Netzwerke stellen schon jetzt bei einigen Spielen den Menschen in den Schatten. Obwohl sie keine einzige Regel des Videospiels kennen – und nichts als Pixel verarbeiten. Bei der Verarbeitung von Bildern sind wir erneut mit dem Unterschied zwischen künstlichen Künstlern und uns Menschen konfrontiert. Die Gegenüberstellung des Bildes der drei Hündchen und des Zahlenquadrats, mit der Deshpande diesen Unterschied illustriert, scheint mir bisher noch ungenügend bearbeitet zu sein. Das Erfassen der Natur mittels Zahlen hat den Naturwissenschaften einen derartigen Erfolg verschafft, dass ich vermute, er mache uns blind für die zu Grunde liegende Metamorphose: die Verwandlung eines Naturgeschehens in Zahlen, in Digits. Möglicherweise leisten nicht nur Zahlen eine solche Digitalisierung, sondern auch Begriffe. Wenn Sie krampfhaft nach einem Wort suchen, dann stockt diese Digitalisierung: Der Gedanke ist schon da, aber das Benennen mit einem Begriff fehlt. Und damit ist der Gedanke nicht transportierbar und möglicherweise auch nicht manipulierbar.

Wir sollten eingehender darüber nachdenken, was eigentlich passiert, wenn man einen analogen, materiellen Prozess mit Zahlen zu erfassen sucht. Wenn die Umwandlung in Zahlen vollzogen ist, dann kann die Bildverarbeitung auf einem Computer simuliert werden. Vermag nun diese Simulation den ganzen Prozess der Verarbeitung von Bildern nachzubilden, oder ist diese «Digitalisierung» eine Verengung des Prozesses? Was wird mit der Umsetzung eines analogen Prozesses in Zahlen gewonnen – und was geht verloren? Das Zahlenquadrat reduziert das Bild auf nachrichtentechnische Information: auf Bits und Bytes. Formen und Strukturen sind in ihm noch immer enthalten. Es gelingt auch, diese Formen zu identifizieren. Ein CNN ist fähig zu melden: «Dies sind drei Hündchen». Das Analyseinstrument ist genauso wie der Mensch ein komplexes System, das etwas völlig Neues produziert. Der Komplexitätsgrad ist enorm. Aber hat diese Information auch eine Bedeutung? Ist die Information essenziell, ist sie lebenswichtig? Wenn nein, worin liegt dann der Unterschied?

Eine weitere Antwort auf diese Frage lautet: Der Mensch ist ein evolvierendes System, ein rationaler Agent hingegen nur zu einem ganz geringen Teil. Evolvierende Systeme entwickeln sich. Dieser Entwicklungsgedanke ist meiner Meinung nach ein Ankerpunkt, wenn wir über Geist und Materie nachdenken. Evolvierende Systeme verfügen über ein unglaubliches Potential, aber sie sind fragil und zu Beginn extrem gefährdet. Dies könnte Menschen von Computern prinzipiell unterscheiden. Es gibt Vorschläge, rationale Agenten als evolvierende Systeme zu gestalten. Auch wenn der Ansatz weit hergeholt erscheint, lohnt es sich meiner Meinung nach, ihn zu bedenken, weil wir damit viel über den Unterschied zwischen natürlichen und künstlichen Künstlern lernen. Ich will deshalb wieder den Standpunkt wechseln und mich in die Schutzbedürftigkeit des Menschen vertiefen.

8.5 Soziale Verbundenheit

Wenn ein Kind keine Fürsorge von Erwachsenen erfährt, stirbt es. Als Säugling ist es den Eltern und ihrer Zuwendung vorerst hilflos ausgeliefert. Schon sehr bald aber entwickelt es Strategien, sich die Fürsorge aktiv zuzuführen; das kann von Lächeln bis zu Brüllen reichen. Psychologen bezeichnen dieses Streben nach Zuwendung und Aufmerksamkeit als *Anerkennungsstreben*. Es begleitet den Menschen das ganze Leben lang und erzeugt die Energie, sich in einen Sozialverband einzufügen. Wegen unserer grossen Hilflosigkeit in jungen Jahren ist das Anerkennungsstreben bei Menschen besonders ausgeprägt. Anerkennung wird zu einem Grundbedürfnis der menschlichen Art; es bereitet grosse Genugtuung, sie zu bekommen, aber auch ebenso grosse Genugtuung, sie zu geben.

Dieses Anerkennungsstreben prägt die Spezies der Hominiden. Wenn in irgendeiner Form darüber nachgedacht wird, ob rationale Agenten den Menschen nachbilden können, müsste meiner Meinung nach ein solches Anerkennungsstreben in rationale Agenten integriert werden können. Ohne eine solche Intention kommen sie dem Menschen nicht gleich. Diese ganz spezielle Situation, dass ein Mensch intensive Pflege seiner Artgenossen braucht, bestimmt ein Merkmal der Lebensbedingungen des Menschen: Er ist ein soziales Lebewesen. Jeder junge Mensch, der die Kinderjahre überlebt hat, besitzt ein Gefühl der sozialen Verbundenheit. Es ergibt sich durch die Pflege der Beziehungspersonen, kann aber ganz unterschiedlich stark ausgeprägt sein. Der junge Mensch bewertet die Pflege durch z.B. seine Mutter als gut, weil sie ihm das Überleben sichert. Durch diese intensive Pflege und die Bewertung dieser Pflege als überlebenswichtig, werden die neuronalen Netzwerke des Säuglings trainiert. Damit entwickelt sich eine emotionale Disposition, die die Individualpsychologen wie gesagt „Gemeinschaftsgefühl“ nennen. Jeder überlebende Säugling hat diese Emotionen. Er bewertet dann Zuwendung und Hilfe als positiv und wichtig. Das Gemeinschaftsgefühl entsteht erst, wenn der Mensch auf der Welt ist. Aber es entsteht unabdingbar, weil es untrennbar mit Pflege gekoppelt ist und weil ohne Pflege der Mensch nicht überleben würde. Deshalb rechnen wir Gemeinschaftsgefühl oder soziale Verbundenheit und soziales Angewiesen-Sein zu den Lebensbedingungen des Menschen. Es ist ein wesentliches Merkmal der so genannten conditio humana.

Es versteht sich von selbst, dass diese Emotion bei Menschen sehr unterschiedlich ausgestaltet sein kann. Ebenso kennen wir eine beeindruckende Vielfalt von Wegen, auf denen Individuen und Kulturen diese natürlichen Bedürfnisse in die Tat umgesetzt haben. Wenn wir auf Grund der spezifischen Geburtssituation Gemeinschaft als ethische Norm postulieren, dann finden wir das Bild von Sam Harris angebracht: Er spricht von einer moral landscape, einer moralischen Landschaft, die von Hügeln und Höhenzügen des guten Lebens durchzogen ist, die aber ebenso Täler oder gar Abgründe des unglücklichen Lebens kennt. Wir lachen, wenn wir diese Gedanken auf einen Roboter übertragen. Könnte ein Roboter eine moral landscape entwickeln? Bisher kann er kaum bewerten und er kennt auch keine „Kindheit“ und frühe Geburt. Es ist lächerlich zu sagen, eine Maschine brauche Schutz, weil sie gebrechlich sei. Wenn sie aber menschliche Züge nachbildet, muss man dann von *ihr* Rücksicht verlangen? Muss man an einen rationalen Agenten ähnliche Ansprüche stellen, wie wir sie an Menschen stellen – weil sie «menschenähnlich» sind? Deshalb müssten wir vielleicht genauer über Schutzbedürfnisse des Menschen nachdenken.

8.5.1 Die Gebrechlichkeit des Menschen

Die Schutzbedürftigkeit des Menschen spielt in der Psychologie eine grosse Rolle. Sie reicht von der Erklärung von Schizophrenie als „früher Störung“ bis hin zu einem Ungleichgewicht der Work-Life-Balance infolge zu starken Anerkennungsstrebens. Ich greife diese Schutzbedürftigkeit heraus, weil sie unmittelbar zu einer Forderung an den Umgang mit Menschen führt: Sie haben Anspruch auf Rücksichtnahme. Dieter Vaitl fordert deshalb von der Psychologie, sie könne keine neutrale Wissenschaft sein, im Gegenteil, sie müsse eine Compassio für den Menschen als gebrechliches Wesen aufbringen.

> «Wenn die Psychologie überhaupt etwas zu einer Anthropologie beizutragen bereit ist, dann bedarf es eines Standpunkts, von dem aus sie in den Diskurs eingreift und ihren Beitrag formuliert. Diesen Ankerpunkt möchte ich dorthin legen, wo ihn Hans Jonas (1979) mit seinem "Prinzip Verantwortung" positioniert hat. Das Lebendige in seiner Bedürftigkeit und Bedrohtheit ist Gegenstand der Verantwortung. Sie gehört untrennbar zum Sein des Menschen. Er hat die Fähigkeit zur Verantwortung für andere seinesgleichen: die Fähigkeit dazu ist die zureichende Bedingung ihrer Tatsächlichkeit. "Beruht nicht alle Liebe auf der sympathievollen, brüderlich-mitbeteiligten Erkenntnis seiner fast hoffnungslos schwierigen Situation? Ja, es gibt einen Menschheitspatriotismus auf dieser Basis: man liebt den Menschen, weil er es schwer hat und weil man selbst einer ist." (aus: Erika Mann, Das letzte Jahr, S. 28, wo sie über das Menschenbild ihres Vaters Thomas Mann spricht).
> Eine solche Art von Compassio könnte der anthropologische Ankerpunkt für einen Beitrag der Psychologie zum Menschenbild sein; denn sie /…/ verteidigt so das schwache Geschöpf Mensch gegen /…/ die Macht der Menschenverächter und -schlächter.» (Vaitl 2006, S. 398.)

Mit diesem Postulat stellt Vaitl einen sehr hohen Anspruch an Psychologinnen und Psychologen. Zugleich trifft er wohl einen Kern der psychologischen Beratung: Sie gelingt nur, wenn der Berater den Hilfesuchenden bejahen kann. Rein technische Analysen oder Anleitungen reichen nicht hin. Eine Psychologin oder ein Psychologe muss sich dezidiert auf die Seite des Menschen in Not stellen können. Das ist viel schwieriger als man gemeinhin annimmt. Meist merkt man als Psychologe dies erst, wenn man mit einem sehr problematischen Menschen konfrontiert ist: einer Person, die sich übel verhält und deren Handlungsweisen man zu Recht kritisiert. Dann ist es oft sehr schwierig, sich auf die Seite des fehlbaren Menschen zu stellen. Die Psychologin oder der Psychologe ist in einer ähnlichen Situation wie die Eltern: Sie erleben die Fehlbarkeit und Schutzbedürftigkeit der Kinder mit und dennoch kann deren Verhalten massive Aversionsgefühle hervorrufen. In einer solchen Lage können wir diese *brüderlich mitbeteiligte Erkenntnis für die fast hoffnungslos schwierige Situation des Menschen* zwar predigen, aber deshalb verfügen wir über sie noch lange nicht.

Wenn Roboter dem Menschen ähnlich werden oder so mächtig wie die Eltern unserer Kindheit, müssen wir von Ihnen dann auch die von Vaitl geforderte Compassio für den Menschen verlangen? Man könnte die Perspektive an dieser Stelle wechseln: Wenn ein rationaler Agent so weit fortgeschritten ist, dass er über menschliche Züge des Geistes verfügt, wie würde er dann die Menschen und deren conditio humana erfassen und darstellen? Würde er die Schutzbedürftigkeit des evolvierenden Systems Mensch nicht herausstreichen und auf es Rücksicht nehmen? Wenn man einem fortgeschrittenen rationalen Agenten unterschiebt, er strebe danach, das Menschengeschlecht zu unterjochen, sagt man vielleicht mehr über sich selbst und die eigenen schwarzen Phantasien aus als über einen rationalen Agenten.

8.5.2 Ausschalten des Evolutionsprozesses

Die KI muss wie gesagt nicht den aufwändigen Evolutionsprozess durchschreiten, weil sie ein geistiges Produkt des Menschen ist. Sie muss auch nicht den ontogenetischen Prozess des Aufbaus neuronaler Netzwerke beschreiten, wie dies der Mensch bei seinem Lernen tut. Diese materiellen Stufen braucht ein KI-Bot nicht zu erklimmen. Deshalb ist er sehr viel schneller. Aber möglicherweise ist er dadurch auch prinzipiell beschränkt. Ich bin in diesem Text nicht auf die Erkenntnisse der theoretischen Biologie eingegangen. Ich denke, erst wenn man deren Beiträge zum Verständnis von uns Menschen würdigt, kann man die Tiefe dieser Einschränkung erahnen. Nur schon das Entstehen von Leben aus anorganischen Substanzen ist ein höchst komplizierter und faszinierender Vorgang. Darauf folgen die grossen Fragen nach Selbstorganisation und Morphogenese, die Deacon aufwirft und die ich im Unterkapitel 5.9 zitiert habe: Kann man diese grossen Schritte der Entwicklung einfach so überspringen? Sie bestimmen doch ganz entscheidend das Sein eines Lebewesens. Deren Resultat nachzubauen könnte schwieriger sein, als man annimmt.

8.5.3 Das Wegfallen einer Angstphase

Ein KI-Roboter hat vom Materiellen her gesehen keine Entwicklungsphasen zu absolvieren. Er wird nie in dem physiologisch unterlegenen Zustand sein, in dem ein Kleinkind auf die Welt kommt. Er wird von Anfang an über einen voll ausgebildeten „Körper“ verfügen, bloss «geistig» muss er sich noch entwickeln. Damit entfällt bei ihm die Angstphase und es kann sein, dass ein KI-Bot keine negativen Gefühle der Angst und Unsicherheit je kennen wird. Allerdings versucht man bei menschenähnlichen Robotern eine Art Risiko-Aufmerksamkeit einzubauen. So sollen sie z.B. je nach Stellung der Beine entscheiden, ob sie einen Abhang heruntergehen sollen oder nicht. Offenbar versieht man diese KI jetzt schon mit einer Art Körper (Wolfangel 2019, S. 39). Wir werden sehen, wohin das noch führt.

8.6 Philosophischer Schlussspurt

8.6.1 Die Wunde des Kartesianismus

Die Grösse der menschlichen Art liegt in der Länge und Tiefe ihrer Entwicklung: sowohl in der Stammesentwicklung als auch in der Individualgenese. Je früher die Geburt des Menschen einsetzt, desto fragiler ist seine Existenz, desto grösser sind aber auch sein Potential und seine Freiheit. Es wäre die Aufgabe der Wissenschaft, sich auf die Seite dieses gefährdeten Wesens zu stellen.

Über Jahrhunderte haben sich Naturwissenschaftler nicht als verantwortlich für Ethik verstanden. Sie untersuchten angeblich Gegenstände, die nicht über eine Freiheit verfügen. Die menschliche Art ist zur Freiheit verdammt, wie die Existenzialphilosophen sagen. Menschen sind nicht determiniert und ihr Entwicklungspotential ist riesig. Die Containerwände sind sehr weit weg: Die prinzipielle Freiheit des Menschen ist kaum eingeschränkt. Und dennoch sind die Containerwände da und nötig. Sie sind die Leitplanken und Charakteristika des Wesens Mensch. Die fünf Unterkapitel versuchten sie zu fassen:

- Der Mensch ist ein lernendes Wesen – er lernt beinahe alles, was ihn auszeichnet, vom aufrechten Gang bis hin zur Verwendung der Null.
- Der Mensch ist ein bewertendes Wesen – er schützt, erhält und reproduziert seinen Körper.
- Der Mensch ist ein denkendes Wesen – er erlebt die Welt nicht nur mit, sondern er beobachtet sie aus einer übergeordneten Perspektive und wird so fähig, sich selbst zu verbessern.
- Der Mensch ist ein tauschendes Wesen – er ist fähig, die Intention seines Artgenossen wahrzunehmen. Menschen gehen davon aus, dass der andere kooperiert. Diese Kooperation betrifft zuerst und einzigartig die Aufzucht der Nachkommen. Diese Bereitschaft zur Zusammenarbeit verleiht der menschlichen Art Flügel, in der Form von Sprache und Kultur.
- Der Mensch ist ein gebrechliches Wesen – auch in seiner Individualentwicklung beginnt er ganz weit vorne und erschafft sich selbst; das entstandene Kunstwerk lag nicht in seinen Genen verborgen.

Leider arbeiten wir Wissenschaftler seit Jahrhunderten in zwei getrennten Welten. Wir haben den Geist vom Körper separiert: «Cogito ergo sum» statt: «Ich lebe, also bin ich». Es wäre an der Zeit, diese kartesianische Wunde zu heilen. Der Körper und sein Wohlergehen bestimmen unseren Geist genauso wie unsere Hirnfunktionen. Sein Erhalt ist eine Aufgabe, die unseren Geist durchzieht. Das Wohlergehen ist eine finale Ursache, die unsere Weiterexistenz bestimmt. Als naturalistisch orientierte Denker sollten wir sie in unser Weltbild einbeziehen und unsere Zukunft nicht obskuren Heilsversprechern überlassen.

8.6.2 Metaphern für eine neue Denkweise

In diesem Text wollte ich Ihnen einige Metaphern beliebt machen und so eine neue Denkweise begründen:

Die Metapher des Tunnels: Zwischen dem erkennenden Menschen und der ihn umgebenden Realität erstreckt sich ein enger Tunnel. Er generiert und kanalisiert Information. Diese Information muss aus der Wirklichkeit herausgezogen werden. Die Vorgänge der realen Welt müssen in Information umgesetzt werden. Dies ist kein trivialer Vorgang; er zerstört z.B. im Fall ganz kleiner Strukturen die Welt, die beobachtet wird. Am Ende des Tunnels steht ein Mensch mit Körper und Gehirn: Er bearbeitet diese Information, indem er sie filtert, reduziert, strukturiert und aufarbeitet. Er baut sich aus dieser Information und der Wechselwirkung mit der Welt, ein Bild der Realität auf.

Die Metapher des «Als-ob»: Das Modell oder das Bild der Welt, das wir in uns erzeugen, sollte nicht mit der Welt «draussen» verwechselt werden. Das Konstrukt in uns ist nicht identisch mit der Welt um uns herum: obwohl wir leben, als ob dies so wäre. Wir sollten Erkenntnis und Sein, Epistemologie und Ontologie, nicht miteinander verwechseln. Es genügt für den Menschen, dass seine Modelle ihm eine zuverlässige Beschreibung, eine für ihn adäquate Erklärung und eine Voraussage ermöglichen. Diese Bilder und Modelle der Welt sind nicht bloss Information. Sie sind Ausdruck eines Geistes, der aus der Verarbeitung und Bewertung von Information und der Wechselwirkung mit der Realität entsteht.

Die Metapher der zwei Ebenen und des dünnen Fadens: Neue Information kann auch durch sehr einfache, vorerst rein physikalische Systeme erzeugt werden. Wir sprechen von Emergenz und illustrieren sie durch zwei Ebenen: einer unteren mit einem materiellen System und einer oberen mit sehr viel mehr Information und Struktur. Im Einzelfall kann der Weg von unten nach oben nachgezeichnet werden wie beim Pendel, das von einem genau bezeichneten Ausgangspunkt startet. Die Beschaffenheit der oberen Ebene lässt sich aber nicht vorausberechnen. Die Diskrepanz zwischen unten und oben kann nur überwunden werden, wenn der Weg unglaublich oft durchlaufen wird. Wenn wir dann von oben nach unten blicken, stellen wir fest, dass Emergenz entstanden ist. Sie charakterisiert komplexe Systeme.

Die Metapher des Containers: Das Bild besteht aus Wänden oder Randbedingungen und dient zur Beschreibung, was Information ist und wie sie entsteht: eine Entropiereduktion durch Containment. Dieser Prozess weist drei Merkmale auf: Er verfügt über Redundanz, erzeugt Referenz und hat im Falle von Geist auch eine Relevanz. Ich habe das Modell mit NC3R bezeichnet.

Zu Anfang dieses Textes stellte ich Ihnen meine Ziele und Hypothesen vor. Was haben wir erreicht? Als erstes wollte ich mit diesen Metaphern die Dynamik und das Endprodukt einer neuen Denkweise veranschaulichen, des Denkens in komplexen Systemen. Diese Denkweise sollte dem äusserst erfolgreichen Reduktionsprinzip zur Seite gestellt werden. Damit könnten Finalität, Geist, Bewusstsein, Sinn und Ethik auf eine naturalistische Grundlage gestellt werden.

Wenn wir nun fragen, ob ein rationaler Agent, ein Roboter oder ein Computer, intelligent und kreativ sein kann und ob er menschliche Eigenschaften nachzubilden vermag, dann stellen wir einen Menschen mit Körper und Gehirn auf die eine Seite des Tunnels und versuchen durch den Computer auf der anderen Seite diesen Menschen zu emulieren. Dabei treffen wir auf ähnliche Probleme, wie sie Menschen auch haben, wenn sie die äussere Realität in ihrem Gehirn abbilden wollen. Sie müssen Information generieren und verarbeiten. Wir haben Folgendes festgestellt:

1. Ein Computer kann mit Schaltern und Drähten eine grosse Menge neuer Information erzeugen. Als komplexes System ist er fähig zu Emergenz.
2. Auch ein rationaler Agent kann fundmentale menschliche Fähigkeiten ausbilden, wie die Analyse von Sprache oder die Kategorisierung von Bildern.
3. Rationale Agenten können an Beispielen lernen. Dieses Lernen kann überwacht sein, wie beim Erlernen der Analyse von Bildern. Es kann aber auch ohne Überwachung vor sich gehen, wie z.B. beim Lernen eines Schachcomputers, der gegen sich selbst spielt.
4. Rationale Agenten können sowohl Bilder als auch Sprache und Musik selbst generieren. Wir können meist nicht entscheiden, ob das Produkt von einem Menschen stammt oder von einer Maschine.
5. Als Tandempartner verstanden, können rationale Agenten die Fähigkeiten von Menschen enorm erweitern. Sie greifen z.B. in Sekundenschnelle auf das gespeicherte Wissen der Menschheit zu. Sie sind fähig, bei einem medizinischen Symptomkomplex die Ärztin oder den Arzt zu unterstützen mit einem Diagnosevorschlag, der unter Millionen von Fällen vielleicht nur einmal vorkommt. Sie analysieren ein Röntgenbild subtiler als jeder Mensch mit zwei Augen.
6. Rationale Agenten können Strategien entwickeln, mit denen Menschen nicht mehr mithalten und die sie nicht mehr zu durchschauen vermögen. Dies zeigt sich z.B. bei Schachcomputern, aus deren Verhalten Menschen keine Muster mehr ableiten können, um selber auch besser zu werden. Selbst künstliche neuronale Netzwerke sind uns Menschen zum Teil überlegen. Wir verstehen ihr Funktionieren vielfach nicht – und sie schlagen uns beim Analysieren oder Spielen.
7. Ob durch diese Fähigkeiten Geist erzeugt wird, haben wir nicht abschliessend geklärt. Sicher sind Computer fähig, neue Information zu erzeugen. Sie sind im Stande komplizierte Analysen durchzuführen. Ihre Produkte können beim Betrachter Reaktionen hervorrufen, die wir auch ästhetischen und künstlerischen Produkten zuschreiben. Geist aber erfordert ein Selbst, das in der ersten Person Singular Erlebnisse macht. Vom Selbst ist ein rationaler Agent noch weit entfernt.

8. Der besagte Tunnel reduziert für einen Computer die Emulation von Mensch und Welt in dreierlei Hinsicht:
   - Er verengt die Welt auf Information.
   - Er simuliert nur das Gehirn und nicht den Körper.
   - Er ist kein evolutives System.

Die Problematik, dass ein natürliches System auf Information reduziert wird, ist meiner Meinung nach noch zu wenig diskutiert und durchdacht. Dies sollte eigentlich erstaunen, wenn man daran denkt, dass hüben und drüben von Digitalisierung gesprochen wird. Die Beschreibung der Welt mit Zahlen ist für uns so selbstverständlich, dass vor allem Naturwissenschaftler diesen Prozess kaum hinterfragen können. Mit der Metapher von Achilles wollte ich dazu anregen, diese Problematik zu überdenken. Vielleicht könnte man auch die Erfahrungen mit On-line-Unterricht und Online-Konferenzen hinzuziehen. Es ist bekannt, dass Teilnehmerinnen und Teilnehmer dabei viel stärker ermüden. Sie sehnen sich zurück nach Präsenz. Woran liegt das eigentlich? Es werden doch die gleichen Sinnesorgane angesprochen, wie beim Präsenzunterricht auch: das Sehen und das Hören. Vielleicht ist die Interaktion über den Körper mit seinem zwanglosen Hin und Her mehr als die Kommunikation über Information, die ausgetauscht wird. Es wäre interessant zu untersuchen, ob der Wunsch nach Präsenz auch dann noch da wäre, wenn die Kommunikation über Methoden der virtuellen Realität läuft. Ich vermute, dass die analoge Reaktion des Körpers bei Präsenz nicht vollständig in Information umgesetzt und übertragen werden kann. Das Wechselspiel Körper-Sinnesorgane ist ein komplexer Prozess, der durch den dünnen Faden, den die Umsetzung in Information darstellt, nur ungenügend abgebildet wird. Damit sind wir wieder beim Körper angelangt, den ich für unabdingbar halte, wenn es um Geist geht.

Man ist bereits daran, Computer mit Körpern auszustatten. Es könnte sein, dass rationale Agenten in Zukunft über mehr als nur digitale Werkzeuge verfügen. Ein Roboter-Körper könnte als analoges Pendant dienen. Die Frage ist, ob das sinnvoll ist. Und noch spekulativer ist die Frage, ob ein solcher allfälliger Computerkörper auch reifen wird. Das könnte spannend werden, und in einigen Fällen täuschen wir uns wohl auch gründlich über die Zukunft.

Deshalb möchte ich die Leserinnen und Leser ermutigen, weiterzuforschen. Wir haben zwar gesehen, dass gewisse Vorkommnisse nicht prognostizierbar sind und sich deshalb prinzipiell unserer Kenntnis entziehen. Das ist kein Grund zur Resignation. Wir können die Erkenntnisse mindestens auf zwei Arten positiv interpretieren: Einerseits können wir uns über die Kreativität dieser Systeme freuen: Sie werden stets neue Dinge hervorbringen wie Spielstrategien (Schach und Go), Musik, Bilder. Wer weiss, was das in Zukunft alles sein wird. Wir werden uns auf jeden Fall nicht langweilen. Anderseits haben wir gesehen, dass wissenschaftliche Disziplinen zwar zusammenhängen, doch nicht vollständig aufeinander zurückgeführt werden können. Es handelt sich z.B. bei der Neurologie und der Psychologie um zwar verschiedene Ebenen der Beschreibung, vielleicht der gleichen Phänomene, doch sind die Phänomene auf der höheren Ebene kaum auf die Beschreibung auf der unteren Ebene reduzierbar – aufgrund der Komplexität der Vorgänge. So ergeben sich zahlreiche distinkte Disziplinen, die es alle wert sind, auch unabhängig von den anderen untersucht zu werden. Mögliche Verbindungen zwischen den Gebieten sind eine Herausforderung, doch wenn sie gelingen, sind sie sehr bereichernd. Gerade dieser Text soll als Beispiel dienen, wie die Verknüpfung von Mathematik, Informatik und Physik mit der Philosophie äusserst belebend sein kann.

8.6.3 Müssen wir uns fürchten?

Am Ende des Kapitels zum Bewusstsein haben wir mit Tetens gefragt, ob man Hirnzustände mit geistig-seelischen Zuständen gleichsetzen darf. Allein auf der Grundlage einer Analyse des Gehirnes als isoliertem System haben wir gezögert. Es ist unabdingbar, einerseits die einzigartige Wechselwirkung von Menschen mit ihrer Umwelt und ihren Artgenossen in Betracht zu ziehen und andererseits den wahrhaft unverzichtbaren und unvergleichlichen Entwicklungsprozess hinzuzudenken. Dann können wir uns getrost Tetens‘ Meinung anschliessen, wenn er sagt:

> Nach allem, was wir über das Gehirn und seine Entwicklung wissen, bedarf es genau einer solch komplexen natürlichen und kulturellen Umwelt, wie sie normalerweise gegeben ist, damit sich das Gehirn eines Menschen voll entwickeln kann. Erst dann vermag der Mensch in dieser natürlichen und kulturellen Umwelt zu leben, erst dann vermag er sie mitzugestalten.
>
> Wenn wir zum Beispiel wollen, dass sich das Gehirn eines Kindes so entwickelt, dass es lernt, mit anderen und auch für sich verständig zu sprechen, dann bringen wir das letztlich nur auf eine Weise zustande: Wir reden mit diesem Kind. Wir tun also genau das, was wir schon immer für die Entwicklung unserer Kinder tun. Das Gehirn braucht diesen permanenten Stimulus, um eine Maschine zu werden, die Sprache versteht, produziert und mit anderen kommuniziert.

Wenn wir uns den Menschen als verkopft vorstellen, dessen Wert allein in seinem leistungsfähigen Gehirn gründet, dann muss man Angst davor haben, dass dieses Gehirn manipuliert werden kann und dass wir uns von Robotern in Zukunft nicht gross unterscheiden werden. Wenn wir aber die Interaktion mit der Umwelt und den Entwicklungsprozess von einer Frühgeburt zu einem erwachsenen Menschen miteinbeziehen, dann können wir mit Tetens ruhig sagen (Tetens 1999, S. 4):

> Auch aus der Sicht des neurokybernetischen Verhaltensmodells lässt sich der übliche Umgang von Menschen mit sich und anderen in einer hochkomplexen natürlichen und kulturellen Umwelt durch nichts ersetzen. Neurotechnisch zugerichtete Labormonster haben wir nicht zu befürchten. Jeder moralische Vorwurf gegen das neurokybernetische Verhaltensmodell läuft ins Leere.

Dank

Ich besitze das Privileg, viele Lehrinnen und Lehrer zu haben, von denen ich lernen konnte und auch heute noch lernen darf. Neben meinen Eltern sind das interessanterweise auch Migranten, die aus dem damals faschistischen Österreich fliehen mussten: sehr konservative und auch sehr radikale.

Bei den eigenen Eltern läuft man Gefahr, die Qualität ihres Einflusses zu unterschätzen. Deren Werte und Normen gehören zum Hintergrund, der so selbstverständlich ist, dass man ihn als gegeben betrachtet. Erst mit der Zeit wurde mir bewusst, dass sich die Werthaltung meiner Eltern in einer subtilen Weise mit der jener Migranten deckte. Bei meinem Vater waren es die Werte der bäuerlichen Selbstorganisation, der Eigenständigkeit und des Föderalismus, die in grossen Teilen mit denen der Bundisten aus dem ehemaligen Raum von Polen Litauen übereinstimmen. Sie lernte ich durch diese Flüchtlinge kennen. Bei meiner Mutter ist es eine kritische Intellektualität, die auch vor «heiligen» Themen nicht haltmacht und trotzdem den Respekt vor den traditionellen Werten des Humanismus bewahrt, die die katholischen Kaderschmieden in der Innerschweiz prägten. In einem solchen humanistischen Gymnasium lernte ich die konservativen Intellektuellen der K.-u.-k.-Monarchie kennen – und ihr Bemühen, auch einem aufgeweckten Bauernjungen den Zugang zu Bildung zu ermöglichen.

Als Lehrer an einem grossen Gymnasium in einem kleinen, aber wohlhabenden Kanton lebt man eigentlich in einem Think-Tank. Auch darin bin ich privilegiert, dass ich noch zu einer Zeit tätig war, als die Bildungslandschaft dieses Kantons nicht von Sparmassnahmen zerfressen wurde. Von meinen Kolleginnen und Kollegen erfuhr ich eine immense Anregung. Einige dieser intellektuellen Kooperationen sind auch Grundlage des vorliegenden Textes: In physikalischer Hinsicht hat Joachim Kambor neben anderen in unzähligen Diskussionen zu meinem besseren Verständnis von Physik beigetragen. In philosophisch-sprachlicher Beziehung verdanke ich Richard Egger sehr viel. Er hat auch in seiner seriösen Art den ganzen Text lektoriert: Dabei versteht es sich von selbst, dass er mit meinen Gedanken nicht immer einverstanden war. Wenn Sie als Leserin oder Leser auf Fehler und Ungereimtheiten stossen, sind sie mir zuzuschreiben.

Schön ist, dass auch einige meiner ehemaligen Schülerinnen und Schüler heute zu meiner geistigen Weiterentwicklung beitragen.

Wenn Sie das Durchhaltevermögen hatten, bis zum zweiten Teil des Buches zu lesen, dann sehen Sie, dass ich den Vergleich von künstlichem Künstler und Mensch auch dazu benutze, meine Grundüberzeugungen als Psychologe darzustellen. Ich arbeite seit Jahren mit Kolleginnen und Kollegen in der psychologischen Beratung zusammen. Die Gespräche und gemeinsam geteilten Sorgen haben mich zu einem tieferen Verständnis des Menschen und zu mehr Humanität gebracht. Vielen Dank an euch alle, die ihr mein Leben bereichert.

Literaturliste

Tages Anzeiger 2020-02-13, Lenz Christoph: *Wie knackt man ein Chiffriergerät?* Auffindbar unter: https://www.tagesanzeiger.ch/schweiz/crypto-leaks/jedes-geraet-hat-seine-schwaechen/story/29577910 (13.02.2020).

Tages Anzeiger 2020-09-25, *Haben Affen Humor?* Tages-Anzeiger, Freitag, 25.09.2020, S. 40.

Ansbacher 1972, Ansbacher Rowena R. und Heinz L.: *Alfred Adlers Individualpsychologie.* Ernst Reinhardt, München 1972.
Breite, geistreiche und umfassende Einführung in die Psychologie von A. Adler. Eher etwas für Spezialistinnen.

BAG 2020, Bundesamt für Gesundheit: *Impfstoffe.* Auffindbar unter: https://www.impfengegengrippe.ch/de-ch/impfung/impfstoffe.html (13.03 2020).

Bauer 2005, Bauer Joachim: *Warum ich fühle, was du fühlst. Intuitive Kommunikation und das Geheimnis der Spiegelneurone.* Hoffmann und Campe, Hamburg 2005, 2. Auflage.
Wie viele Bücher von Bauer: Es zeigt ein grosses Engagement für das Humane in uns. Dies begründet er auch mit der Struktur unseres Gehirns und seiner Reifung.

Bieri 1995, Bieri Peter: *Was macht Bewusstsein zu einem Rätsel?* In: Metzinger Thomas: *Bewusstsein. Beiträge aus der Gegenwartsphilosophie.* Schöningh, Paderborn 1995, S. 61 - S. 77.
Sehr überzeugend und gut lesbar geschrieben. Eindrücklich: Was uns fehle bei der Philosophie des Bewusstseins, sei eine adäquate Sprache.

Bub 2004, Bub Jeffrey: *Why the quantum?* Auffindbar unter: https://arxiv.org/abs/quant-ph/0402149v1 (20. Feb. 2004).

Christian 2018, Christian James, Middleton-Spencer Holly: *The magnetic pendulum. A tabletop demonstration of chaos.* Chalkdust, (2018.10.18). Auffindbar unter: http://chalkdustmagazine.com/features/the-magnetic-pendulum/ (20.02.2021).

Churchland 1995, Churchland Paul M: *Die Seelenmaschine. Eine philosophische Reise ins Gehirn.* Spektrum, Heidelberg Berlin 1997.
Noch immer ein eindrücklicher Text, der in verständlicher Sprache grundlegende Prinzipien von Neuronalen Netzwerken und der Künstlichen Intelligenz mit den Befunden der Neurowissenschaft verbindet.

Damasio 2001, Damasio Antonio R.: *Descartes' Irrtum. Fühlen, Denken und das menschliche Gehirn.* dtv, München 6/2001.
Damasio stellt in diesem grundlegenden Buch überzeugend dar, dass die jahrhundertealte Trennung von Körper und Geist ein Irrtum ist. Der Körper ist unabdingbar für die Bewertung von Wahrnehmungseindrücken. Körper und Geist arbeiten untrennbar miteinander zusammen, wobei der Körper Wahrneh-

mungsprozesse markiert und ihnen damit eine Bedeutung verleiht. Dadurch entstehen die primären Emotionen.

Damasio 2010, Damasio Antonio R.: *Selbst ist der Mensch. Körper, Geist und die Entstehung des menschlichen Bewusstseins.* Pantheon, München 2013.
Echt Damasio: anschaulich geschrieben, gute Beispiele, setzt aber z. T. Kenntnisse zu neurologischen Befunden voraus. Versucht die neuronalen Grundlagen des Erlebens in der ersten Person, der so genannten Phänomenologie, zu begründen. Überzeugend, was die Emotionen betrifft. Gute Ergänzung zum Konzept von Edelmann, das die neurologischen Grundlagen des Bewusstseins höherer Ordnung in den reentranten, parallel geschalteten und rückgekoppelten Prozessen im Gehirn sieht.

Deacon 1998, Deacon Terrence W.: *The Symbolic Species. The Co-evolution of Language and the Brain.* W.W. Norton, NY 1998.
Standardwerk der Sprach-, Gehirn-, Sozial- und Denkentwicklung des Menschen. Fasst den Zusammenhang zwischen Objekt (Bezeichnetes) und Zeichen (Token, Bezeichnendes) genauer und legt so die Grundlage, den Unterschied zwischen Geist/Körper, Intentionalität/"Mechanik" und Mensch/Tier präziser zu bestimmen. Sehr kompetent, was die Gehirnentwicklung und die Linguistik betrifft. Setzt einen Kontrapunkt zur Sprachtheorie von Chomsky.

Deacon 2013, Deacon Terrence W.: *Incomplete Nature. How Mind Emerged from Matter.* W. W. Norton Company, NY 2013.
Das Buch ist anspruchsvoll. Man weiss lange nicht, was der Autor eigentlich will. Deshalb sollte man zuerst das Glossar am Schluss des Buches lesen. Dort schreibt er unter «Emergent Dynamics», worum es ihm geht. Deacon ist für mich eine Referenz. Seine Gedanken habe ich im deutschsprachigen Raum noch kaum diskutiert gefunden.

Dennett 2017, Dennett Daniel C.: *Von den Bakterien zu Bach – und zurück. Die Evolution des Geistes.* Suhrkamp, Berlin 2/2018.
Dennett ist eine Autorität, wenn es um das Verständnis von Geist geht. Das Buch ist gut, fordert aber vom Leser etwas Toleranz: Er muss zu einigen Begriffen schon Bescheid wissen, um die Argumentation schlüssig nachvollziehen zu können. Uns Europäer stört auch ein bisschen die Ichbezogenheit des Autors.

Deshpande 2016, Deshpande Adit: *A Beginner's Guide To Understanding Convolutional Neural Networks.* Auffindbar unter: https://adeshpande3.github.io/adeshpande3.github.io/A-Beginner's-Guide-To-Understanding-Convolutional-Neural-Networks/ (2020.07.22).
Ein schönes Beispiel einer leserlichen Einführung in ein ziemlich schwieriges Thema: die Analyse von Bildern.

Domingos 2015, Domingos Pedro: *The Master Algorithm. How the Quest for the Ultimate Learning Machine Will Remake Our World.* Basic Books, Paperback Edition, NY 2018.
Das Buch eines begeisterten Informatikers, der sehr anschaulich schreibt. Auch für Laien über weite Strecken verständlich. Der Traum vom so genannten Universal-Algorithmus ist typisch für die hochfliegenden Ideen von Computer-Freaks. Cum grano salis sind sie aber durchaus interessant.

Dunker 2006, Duncker Hans-Rainer: *Vorstellungen zu einer aktuellen Anthropologie aus biologisch-medizinischer Sicht.* In: Dunker Hans-Rainer (Hg): *Beiträge zu einer aktuellen Anthropologie.* Steiner, Stuttgart 2006. S. 11 - 129.
Gute Fortführung des Portmann'schen Gedankens von der physiologischen Frühgeburt des Menschen. Aktuellerer Forschungs- und Erkenntnisstand. Wichtige Einsichten zur Ontogenese. Sehr akademisch geschrieben.

Dunker Hg, Dunker Hans-Rainer (Hg): *Beiträge zu einer aktuellen Anthropologie.* Steiner, Stuttgart 2006.
Als Jubiläumsband der Wissenschaftlichen Gesellschaft der J. W. Goethe-Universität in Frankfurt kann das Werk eine grosse akademische Reputation beanspruchen und als Referenz für den Stand der Diskussion in einem breiten wissenschaftlichen Feld dienen. Die einzelnen Beiträge sind aber meiner Meinung nach von sehr unterschiedlicher Relevanz.

Edelman 2000, Edelman Gerald M., Tononi Giulio: *Gehirn und Geist. Wie aus Materie Bewusstsein entsteht.* C.H. Beck, München 2002.
Überzeugend mit ihrem Konzept: Die neurologischen Grundlagen des Bewusstseins höherer Ordnung liegen in den reentranten, parallel geschalteten und rückgekoppelten Prozessen im Gehirn. Gut auch, was das Lernen in Analogie zum Immunsystem betrifft; für letzteres bekam Edelman den Nobelpreis. Schwach in der sprachlichen Darstellung, mühsam zu lesen. Ungenau in vielen Begrifflichkeiten, die nicht die Neurologie betreffen.

Egger 2021, Egger Richard: *Mehr Menschlichkeit! Ethik für Leader.* Erscheint 2021.
Von meinem Kollegen Richard Egger. Als Philosoph erklärt und schreibt er anschaulich und führt in das breite Feld der Ethik ein. Das Buch stellt ausserdem dar, inwiefern Ethik die ganze eigene Person betrifft. Indem es Moral und Ethik in die Entstehungsgeschichte des Menschen einordnet, zeigt es auch auf, dass sie ein einzigartiges Projekt in der Geschichte des Lebens darstellen, den Kern dessen, was wir als Menschlichkeit bezeichnen.

Ellenberger 1973, Ellenberger Henry F.: *Die Entdeckung des Unbewussten.*
Hans Huber, Bern, Stuttgart, Wien, 1973.
Noch immer eines der schönsten und lehrreichsten Bücher zum Einstieg in die Psychologie. Ellenberger stellt Freud, Adler und Jung als Menschen in ihrer Zeit dar. Kompetent leitet er daraus ihre psychologischen Positionen ab.

Feynman 1985, Feynman Richard P. *QED. Die seltsame Theorie des Lichtes und der Materie.* Pieper, München Zürich 1988.
Ein didaktisches Meisterstück, geschrieben von einem vorbildlichen Physiker des 20. Jahrhunderts. Für Laien konzipiert, eröffnet es einem interessierten Menschen einen Zugang zur erfolgreichsten Theorie in der Physik, der Quanten-Elektro-Dynamik. Sie beschreibt die Wechselwirkung kleinster Teilchen mit Materie.

Friebe 2018, Friebe Cord, Kuhlmann Meinrad, Lyre Holger, Näger Paul M.: *Philosophie der Quantenphysik. Zentrale Begriffe, Probleme, Positionen.* Springer, Berlin 2018.
Guter Überblick zum aktuellen Stand der Quantenmechanik-Diskussion. Sehr anschaulich und verständlich geschrieben. Die Einführung in die QM erfolgt relativ abstrakt über den Hilbertraum und kommutierende Operatoren. Die Pro-

bleme werden aber umfassend, in einer erfrischenden, nicht-akademischen Sprache und beredt dargestellt. Leider wird das Problem, dass die Natur nur endlich viel Information liefert, nicht thematisiert.

Held 2011, Held R., Ostrovsky Y., de Gelder B. et al.: *The newly sighted fail to match seen with felt.* Nature Neuroscience 14, 551–553 (2011). Auffindbar unter: https:/ /doi.org/10.1038/nn.2795 (10.08.2020).

Heise 2019, Weiss Harald: *IBMs KI Watson geht fremd.* Auffindbar unter https://ww w.heise.de/ix/meldung/IBMs-Watson-geht-fremd-4307481.html (20.07.2020).

Kaku 2014, Kaku Michio: *Die Physik des Bewusstseins. Über die Zukunft des Geistes.* Rowohlt, Reinbek b. Hamburg 3/2019.
Auch ein Naturwissenschaftler, der anschaulich erklären kann. Interessant für mich wegen seines Stufenmodells des Bewusstseins.

Kelly 2016, Kelly Kevin: *The Inevitable. Understanding the 12 Technological Forces That Will Shape Our Future.* Penguin, NY 2017.
Das Buch eines typischen Freaks. Aber sehr gut durchdacht und auch leserlich geschrieben. Manchmal verliert er sich in seinen Lieblingsthemen. Für mich war das Buch aber äusserst nützlich. Bitte sofort mit dem 2. Kapitel «Cognifying» beginnen.

Lakoff 2000, Lakoff George, Nuñez Rafael E.: *Where Mathematics Comes From. How The Embodied Mind Brings Mathematics Into Being.* Basic Books, NY, 2000.
Wie baut das Gehirn abstrakte Begriffe auf? Am Beispiel der Mathematik. Interessant, kompetent, geht ziemlich tief, da die beiden Autoren Top-Spezialisten auf ihrem Gebiet sind.

Leakey 1977, Leakey Richard E., Lewin Roger: *Wie der Mensch zum Menschen wurde. Neue Erkenntnisse über den Ursprung und die Zukunft des Menschen.* Hoffmann und Campe, Hamburg 2/1980.
Noch immer ein beeindruckendes Beispiel einer gelungenen Einführung in einen Teilbereich der Anthropologie: von Forschern, die zu den Wegbereitern der Paläontologie gehören. Was können uns die Paläontologen, die Vorgeschichtsforscher, über die Evolution vom Primaten zum Menschen sagen? Das besondere Verdienst der Autoren liegt darin, nicht nur von Knochenfunden zu sprechen, sondern auch das Sozialverhalten ins Auge zu fassen.

Lewontin 1991, Lewontin Richard C.: *Biology as Ideology, the doctrine of DNA.* HarperPerennial, NY 1991.
Als Harvard-Professor eine Kapazität. Als Denker ein Glücksfall: kritisch, anschaulich, engagiert. Lesenswert vor allem auch, weil er lange Zeit ein Rufer in der Wüste war.

Lyre 2002, Lyre Holger: *Informationstheorie. Eine philosophisch-naturwissenschaftliche Einführung.* Fink, München 2002.
Umfassende, philosophisch-naturwissenschaftliche Darstellung des Konzepts Information in verschiedenen Wissenschaftsbereichen. Setzt sehr viel voraus. Anspruchsvoll.

Metzinger 1995, Metzinger Thomas: *Bewusstsein. Beiträge aus der Gegenwartsphilosophie.* Schöningh, Paderborn 1995.

Standardwerk. Gut. Etwas schwierig zu lesen. Breite Diskussion der Philosophie des Bewusstseins.

Metzinger 2011, Metzinger Thomas: *Der Ego-Tunnel. Eine neue Philosophie des Selbst: Von der Hirnforschung zur Bewusstseinsethik.* Berliner Taschenbuch Verlag, Berlin 2011.
Der erste Satz schreckt ab: "Unser 'Selbst' existiert gar nicht." Trotzdem ist das Buch sehr gut: sauber in der Begrifflichkeit, durchdacht im Aufbau, überzeugend in der Argumentation und in den experimentellen Befunden. Die etwas polemische Schärfe will darauf hinweisen, dass wir naive Realisten sind, die die Welt in ihrem Hirn simulieren, "als ob" sie so wäre, wie wir sie uns vorstellen.

Nielsen 2015, Nielsen Michael A.: *Neural Networks and deep learning.* Determination Press, 2015.
Auffindbar unter: http://neuralnetworksanddeeplearning.com/ (10.08.2020).
Eine gut lesbare Einführung in KNN mit allen Details bis hin zur Programmierung in einem beeindruckenden Online-Buch. Es ist auch didaktisch ein Lehrbeispiel.

Pais 1986, Pais Abraham: *«Raffiniert ist der Herrgott ...». Albert Einstein. Eine wissenschaftliche Biografie.* Vieweg, Braunschweig 1986.
Ein Standardwerk zur wissenschaftlichen Leistung von A. Einstein. Das Werk richtet sich an Leserinnen und Leser, die im Gebiet der Physik bewandert sind. Es ist eine wahre Fundgrube zur Geschichte wesentlicher Konzepte dieser Wissenschaft anfangs des 20. Jahrhunderts.

Pauen 2002, Pauen Michael: *Grundprobleme der Philosophie des Geistes. Eine Einführung.* Frankfurt: Fischer 3/2002.

Penrose 1994, Penrose Roger: *Shadows of the Mind. A Search for the Missing Science of Consciousness.* Vintage Books, London 2005.
Penrose ist ein ausgezeichneter Physiker und Mathematiker. In diesem Buch stellt er in Abrede, dass menschliches Bewusstsein auf einem Computer dargestellt werden könne: aus prinzipiellen Gründen infolge des Gödel'schen Theorems und aus technischen Gründen, weil Hirne Strukturen besässen, die Computer nicht nachbilden können. Obwohl der Text in einfacher Sprache geschrieben ist, habe ich vieles nicht oder nur ungenau verstanden. Man muss sich in theoretischer Mathematik und in Physik sehr gut auskennen, um die Überlegungen beurteilen zu können. Der Text wurde anfangs der Neunzigerjahre verfasst und reagiert noch nicht auf die erstaunlichen Fortschritte vor allem des deep learning. Das Buch hat ein grosses Echo ausgelöst. Positiv finde ich , dass es einer unvernünftigen Euphorie bezüglich KI entgegenwirkt. Negativ finde ich den oft starken naiven Realismus und die Tendenz zu Verabsolutierungen.

Philosophie Lexikon, William James, Diaz-Bone R., Schubert K.: *William James zur Einführung.* Philosophie Lexikon der Argumente, auffindbar unter: https://www.philosophie-wissenschaft-kontroversen.de/details.php?id=517330&a=$a&autor=James&vorname=William&thema=Bewusstsein (28.03.2020).

Portmann 1969, Portmann Adolf: *Biologische Fragmente zu einer Lehre vom Menschen.* Schwab & Co, Basel Stuttgart 3/1969.

Portmann ist ein Wegbereiter für den Gedanken, dass der sehr spezielle Geburtszustand uns Menschen zu dem macht, was wir sind. Auch heute noch ein interessantes Buch – nicht nur aus historischen Gründen.

Ramge 2018, Ramge Thomas: *Mensch und Maschine. Wie Künstliche Intelligenz und Roboter unser Leben verändern.* Reclam, Stuttgart 2018.
Eine sehr gute Übersicht zu Künstlicher Intelligenz. Allerdings sollte man schon ein bisschen KI-Kenntnisse haben, sonst hängt man bis zu Kapitel III in der Luft. Vollständige Laien sollten deshalb die ersten zwei Kapitel meines Buches zuerst lesen. Ramges Werk ist ein Standardwerk – auch bezüglich der gesellschaftlichen Konsequenzen von KI.

Rothbard 1980, Rothbard Murray N.: *Die Ethik der Freiheit.* Academia Verlag, St. Augustin 4/2013.
Eine grundlegende Schrift eines unkonventionellen Ökonomen, der wichtige philosophische Themen aufgreift. Dabei steht das Verhältnis zwischen individueller Freiheit und gemeinschaftlichem Zusammenwirken im Zentrum.

Rovelli 1997, Rovelli Carlo: *Relational Quantum Mechanics*. Auffindbar unter: https://arXiv.org/abs/quant-ph/9609002v2 (24. Feb. 2000).

Russell 2012, Russell Stuart, Norvig Peter: *Künstliche Intelligenz. Ein moderner Ansatz.* Pearson, Hallbergmoos DE 3/2012.
Die „Bibel" der künstlichen Intelligenz: umfassend, begrifflich präzise und auch mit historischen Kapiteln, die die Beiträge der verschiedenen Forscherinnen und Forscher würdigen. Ein typisch universitärer Text, der sich teilweise in stark formalisierten Darstellungen verliert.

Sandrock 2006, Sandrock Jonas: *Logisch gedacht.* Auffindbar unter: https://www.logisch-gedacht.de/knobeleien/addition/loesung/ (17.09.2020).

Schmid 2019, Schmid Guido: *Künstliche Intelligenz.* Beitrag zum Leseweekend 2019.
Meinem Kollegen Guido habe ich sehr viel zu verdanken bezüglich des technischen Verständnisses von Neuronalen Netzwerken und GANs. Der Text ist schwierig zu bekommen. Ich finde es aber fair, ihn dennoch als Quelle zu nennen.

Sejnowski1987, Sejnowski Terrence J., Rosenberg Charles R.: *Parallel Networks that Learn to Pronounce English Text.* Auffindbar unter: https://citeseerx.ist.psu.edu/viewdoc/download;jsessionid=8538359A241B20B5170A2E7051B01127?doi=10.1.1.154.7012&rep=rep1&type=pdf.
Der Originalartikel zu NETtalk. Er ist auch für Nicht-Spezialisten in weiten Teilen verstehbar.

Sejnowski 2020, Sejnowski Terrence J.: *The Unreasonable Effectiveness of Deep Learning in Artificial Intelligence.* Auffindbar unter: https://arxiv.org/abs/2002.04806 (20.04.2020).
Der Titel sagt es schon: Die Qualität, mit der künstliche neuronale Netzwerke Aufgaben lösen, ist auf der Grundlage unserer heutigen Kenntnisse unverständlich. Sejnowski ist ein Vorreiter auf dem Gebiet von KNN und biologischen Systemen. Die Überlegungen im Artikel sind nachvollziehbar mit dem Wissen, das „Künstliche Künstler" zu vermitteln versucht.

Simon 1981, Simon Herbert A.: *Die Wissenschaft vom Künstlichen.* Springer, Wien NY 1981.
Das Buch ist ein früher Grundlagentext zur theoretischen Auseinandersetzung mit Computern.

Spitzer 2002, Spitzer Manfred: *Lernen. Gehirnforschung und die Schule des Lebens.* Spektrum, Heidelberg Berlin 2002.
Kompetente und wichtige Darstellung der Erkenntnisse der Lernforschung. Auswirkungen der neurowissenschaftlichen Resultate der 90-er Jahre auf das Verständnis von Lernen. Wichtig für die Grundlagen der Didaktik.

Stephan 2007, Stephan Achim: *Emergenz. Von der Unvorhersagbarkeit zur Selbstorganisation.* Mentis, Münster 4/2017.
Eine ziemlich umfassende Darstellung des Emergenzbegriffs und seiner historischen Entwicklung. Das Buch ist nicht ganz einfach zu verstehen, weil es wenig Beispiele bringt.

Szegedy 2014, Szegedy Christian et al: *Intriguing properties of neural networks.* Auffindbar unter: https://arxiv.org/pdf/1312.6199.pdf (10.03.2021).

Tetens 1999, Tetens Holm: *L'Homme Machine: Die erleuchtete Maschine.* Aufzufinden unter: https://www.zeit.de/1999/24/199924.t_mensch_.xml/ (14.04.2020).

Tomasello 2008, Tomasello Michael: *Die Ursprünge der menschlichen Kommunikation.* Suhrkamp, Frankfurt a. Main 2011.
Die menschliche Kommunikation ist einzigartig, sie unterscheidet uns von den nächsten Nachbarn vor allem dadurch, dass Kommunikation durch Kooperation entsteht. Kompetent. Einführung in den Stand der Forschung zur Kommunikation.

Tomasello 2014, Tomasello Michael: *Eine Naturgeschichte des Menschlichen Denkens.* Suhrkamp, Berlin 2014.
Überzeugende, naturalistische Darstellung des Weges der Menschen vom Schimpansen hin zum modernen Menschen. Eine Begründung für die zentrale Stellung von Gemeinschaftsgefühl (kollektive Intentionalität) und gegenseitiger Hilfe für die Ausbildung einer Kultur und einer gesprochenen (konventionalisierten) Sprache.

Truttmann 2010, Truttmann Paul A.: *Die Macht der Beziehung. Die eigenen Gefühle gestalten – Schule im 21. Jahrhundert.* Wagner, Gelnhausen 2010.
Das Buch handelt von den Diskrepanzen zwischen Wissen und Handeln: Welche Grenzen setzen uns die eigenen Gefühle? Über welche Möglichkeiten verfügen wir, Gefühle zu verändern? Diese Menschheitsfragen illustriere ich an Beispielen aus der Schule. Der Text, eine Mischung aus Erzähl- und Sachbuch, fesselt mit lebensnahen Stories und verallgemeinert dann den Einzelfall und vertieft ihn theoretisch.

Vaas 2000, Vaas Rüdiger: *Willensfreiheit*: in Lexikon der Neurowissenschaft. auffindbar unter: www.spektrum.de/lexikon/neurowissenschaft/willensfreiheit/14020 (29.09.2020).

Vaihinger 1972, Vaihinger Heinz L.: *Fiktionalismus und Finalität.* In: Ansbacher Heinz L., Ansbacher Rowena R.: *Alfred Adlers Individualpsychologie. Eine systema-*

tische Darstellung seiner Lehre in Auszügen aus seinen Schriften. München Basel 1972.
Interessante Darstellung dessen, wie der Mensch die Welt und seine Mitmenschen in seinem Gehirn repräsentiert. Eine sehr frühe Quelle, die heutige Philosophen meist nicht nennen. Dieses Buch von Ansbacher und Ansbacher ist nach wie vor ein Standardwerk zum Verständnis der Psychologie Alfred Adlers.

Vaitl 2006, Vaitl Dieter: *Das Menschenbild in der Psychologie.* In: Dunker Hans-Rainer (Hg): *Beiträge zu einer aktuellen Anthropologie.* Steiner, Stuttgart 2006. S. 379 - 401.
Sehr instruktiv was die Menschenbilder in der Psychologie im Laufe der Geschichte betrifft. Verdienstvoll, weil der Autor auch einen eigenen Vorschlag zur Synthese macht.

Vollmer 1994, Vollmer Gerhard: *Evolutionäre Erkenntnistheorie.* Hirzel, Stuttgart 6/1994.
Dieses Standardwerk von Vollmer bietet auch heute noch eine lohnende und verständliche Einführung in das schwierige philosophische Thema des Erkenntnisgewinns.

Weinberg 1993, Weinberg Steven: *Der Traum von der Einheit des Universums.* Bertelsmann, München 1993.
Weinberg ist wie Feynman ein exzellenter Physiker und ein ebenso exzellenter Didaktiker. Er beschreibt in diesem Buch das Konzept der Symmetrien und führt in anschaulicher Sprache unter anderem ins Standardmodell ein.

Wheeler 1989, Wheeler John Archibald: *Information, Physics, Quantum: The Search for Links.* In: Proceedings III International Symposium on Foundations of Quantum Mechanics. Tokyo: pp. 354-358 (1989)
Auffindbar unter: https://philpapers.org/archive/WHEIPQ.pdf (20.08.2020).

Wiener 1981, Wiener O.: *Kambrium der künstlichen Intelligenz.* In: Simon Herbert A.: *Die Wissenschaft vom Künstlichen.* Springer, Wien NY 1981, S. 175 – 228.

Wolfangel 2019, Wolfangel Eva: *Die Angst der Maschine.* In: Die Zeit N° 33, 8. August 2019, S. 32.

Weiterführende Literatur zu Big-Data

Buch, das die Daten-Sharing-Forderung begründet: Mayer-Schönberger Viktor, Ramge Thomas: *Das Digital. Markt, Wertschöpfung und Gerechtigkeit im Datenkapitalismus*, Econ, Berlin 2017.
Eher volkswirtschaftlich orientiert und nicht direkt auf die gesellschaftlichen Konsequenzen von KI fokussiert. In diesem Buch wird aber die wichtige Forderung begründet, die grossen Datensammler müssten ihre Daten der Öffentlichkeit zur Verfügung stellen.

Diesen Pionier sollte man ehren! Snowden Edward: *Permanent Record.* Macmillan, London 2019.
Eine beeindruckende Autobiografie. Meist versteht auch ein Nicht-Informatiker, worum es geht und welche eminenten gesellschaftlichen Auswirkungen wir zu gewärtigen haben.

Big Data und Überwachung: Greenwald Glenn: *Die globale Überwachung.* Droemer, München 2014.
Neben der spannenden Geschichte, wie Greenwald mit Snowden die Überwachung durch die NSA dokumentierte, enthält das Buch zwei sehr wichtige Kapitel zur Datenanalyse im Internet: die Manipulation der Presse und die Unterhöhlung der demokratischen Grundrechte.

Abbildungsverzeichnis

Fig. 1.4 a: Analoger Computer 20

Fig. 2.2 a: Was haben diese Menschen gemeinsam? Erzeugt mit: www.thispersondoesnotexist.com 35

Fig. 2.2 b: Neuronales Netz 35

Fig. 2.2 c: Natürlich oder künstlich? 36

Fig: 3.2 a: Magnetpendel 52

Fig. 3.2 b: Bilder von zwei anfänglich gleichen Bahnen. Von: Christian 2018 53

Fig. 3.2 c: Je genauer die Startposition, desto länger laufen die Bahnen nebeneinander 54

Fig. 3.2 d: Gebiete, die angeben, bei welchem Magneten das Pendel stoppt 55

Fig. 3.2 e: Hineinzoomen in die Endpunkte der Bahnen. Von: Christian 2018 55

Fig. 3.2 f: Postitionen der Magnete 57

Fig. 3.4 a: Pfeilmultiplikation 63

Fig. 3.4 b: Mandelbrot Menge 64

Fig. 3.4 c: Zoomen: Scaling-Eigenschaft. Erstellt mit dem Programm Ultra Fractal 6.03 von: https://www.ultrafractal.com/ 65

Fig. 3.4 d: Bei grosser Vermehrungsrate (r) wird die Populationsgrösse unvorhersagbar 67

Fig. 3.4 e:	Einfache und rückgekoppelte Systeme	70
Fig. 3.4 f:	Informationsfluss bei einem komplexen System	71
Fig. 4.5 a:	Prinzip-Schema der Neuronenebenen von NETtalk. Adapiert nach Churchland 1995, S. 101	96
Fig. 4.5 b:	Aussprache-Training am Beispiel circuit	97
Fig. 4.5 c:	Merkmalsraum von NETtalk. Adaptiert nach Churchland 1995, S. 104	98
Fig. 4.5 d:	Vokale und Konsonanten werden bei NETtalk getrennt. Adaptiert nach Churchland 1995, S.106	100
Fig. 4.6 a:	Klassifizieren von Objekten	101
Fig. 5.2 a:	Einfaches rückgekoppeltes künstliches Netzwerk. Adaptiert nach Churchland 1995, S. 118	110
Fig. 5.3 a:	Merkmalsraum der Neuronen, die das Hinterbein einer Katze steuern. Adaptiert nach Churchland 1995, S. 120	113
Fig. 6.3 a:	Vase oder Gesicht? Das Bewusstsein kann nicht zwei Dinge gleichzeitig denken	136
Fig. 6.3 b:	Die stammesgeschichtliche Entwicklung des Gehirns. Adaptiert nach Kaku 2014, S. 35	143
Fig. 7.3 a:	Gas presst auf Kolben	164
Fig. 7.3 b:	Teilchen in zwei Räumen	164
Fig. 8.2 a:	Fitnessfunktion	194
Fig. 8.3 a:	Baby, 8 Wochen alt. Von: Wikipedia	196
Fig. 8.4 a:	Was wir sehen. Von: Deshpande 2016	198
Fig. 8.4 b:	Was ein Computer sieht. Von: Deshpande 2016	198

Fig. 8.4 c: Rasterbild einer gebogenen Linie, gemäss Deshpande 2016. Von: Deshpande 2016 199

Fig. 8.4 d: Bildung eine convolution-Schicht 200

Fig. 8.4 e: Linie der Maus. Von: Deshpande 2016 201

Deren Pixelwerte 201

Pixelwerte des Rasters 201

Fig. 8.4 f: Analyse der Ohr-Form. Von: Deshpande 2016 201

Fig. 8.4 g: Schema eines CNN für die Erkennung handschriftlicher Ziffern: Mit diesem System identifiziert Nielsen 9'967 von 10'000 solcher Ziffern richtig. Adaptiert nach Nielsen 2015 203

Fig. 8.4 h: Overfitting erzeugt unsinnige Genauigkeit 205

Fig. 8.4 i: CNN erkennt den rechten Schulbus nicht. Von: Szegedy 2014 206

Register

Das Register verweist auf Personen, die ich im Text erwähne und auf Fachbegriffe der Naturwissenschaften und der Anthropologie. Es ergänzt das Inhaltsverzeichnis und soll beim Suchen von Themen helfen, die in den Kapitelüberschriften nicht sichtbar werden. Der fachkundigen Leserin oder dem bereits orientierten Leser gibt es Hinweise, wo ein Thema erstmals oder vertieft abgehandelt wird. Das Register stellt nicht den Anspruch, jede Textstelle zu listen, in der ein Eintrag vorkommt.

Adler, Alfred 129
- siehe Als ob 134
- siehe Gemeinschaftsgefühl 150
- siehe Individualpsychologie 18

Algorithmik 25
- siehe § 1.4 21

Anthropologie 21, 158, 209
- siehe auch conditio humana 21

Atlas-Detektor 103

Backpropagation
- siehe auch Anhang § 11.2.3 27

Bauer, Joachim 41

Bayes
- naiver ~ Algorithmus, siehe § 9.2.4 182

Bayes, Thomas 24
- siehe auch Anhang § 9.2.2 182

Bewusstsein 17
- Definition des ~ 129
- Ebenen des ~ 119
- Philosophie des ~ 128
- reflexiv 91
- Selbst ~ 61
- Stufen des ~ 140

Bieri, Peter 49
- siehe Freiheit 73

Boltzmann, Ludwig 168, 170

Bub, Jeffrey 85

CERN 103

Chaos
- mathematisch, erstmals erklärt 44

Churchland, Paul M. 95, 97, 111, 180

Computer
- analoger 19–219
- erstmals erklärt Anhang § 9.1 22
- Grundfunktionen 22

conditio humana 123, 196, 208
- siehe auch Anthropologie 123

Damasio, Antonio R. 124
- siehe basale Emotionen § 5.1 109
- siehe Selbst 133

Deacon, Terrence W. 29, 87, 126
- siehe Benutzerillusion 146
- siehe Darwin-Information 175
- siehe ententionales System 192
- siehe Geteilte Intentionalität 149
- siehe Instabile Stammesgruppen 156
- siehe Kutur und Sprache 150
- siehe Symbolische Kommunikation 158

Deep Learning
- erstmals erklärt 23

Dennett Daniel C. 122

Didaktik
- siehe auch Anhang § 12 30

Digitalisierung
- erstmals erklärt 19–219

Dolmetscher-Roboter 101

Domingos, Pedro 184
- siehe Algorithmik § 1.4 22

Dostojewski, Fjodor M. 28

Dualismus 14, 15, 50

Edelman, Gerald M. 130, 132
- siehe Bewusstsein § 6.2 131
- siehe Gedächtnis 135
- siehe reentry Prozess § 6.3.7 139
- siehe Selektion, somatisch 158

Egger, Richard 131, 218

Einstein, Albert 14, 77

Elman, Jeffrey L.
- siehe § 5.2 110

Emergenz 61, 82
- erstmals erklärt 58
- zwei Ebenen 81

Emotion 28
- basale 109, 119
- emotionale Intelligenz 45
- primäre 121, 141

Entanglement
- siehe auch Anhang § 10.1.3 77
Ethik 211
Evolvierende Systeme 26

Fähigkeiten
- kognitive 45, 113, 114, 154, 155, 159
Feld
- siehe auch Anhang § 10.2.3 188
Feynman, Richard P.
- siehe auch Anhang § 10.1.2 78
Freiheit
- erstmals erklärt § 3.5.1 73
- Problematik der ~ 14
Freud, Sigmund 129
Frühgeburt
- physiologische 93
siehe auch Portmann Adolf

Galilei, Galileo 103
Gefühl
- der Angst 211
- erstmals erklärt 109
- Philosophie des ~ 28
- siehe auch Emotion 108
Gehirn
- erstmals erklärt 109
Geist
- empirisch erforschen 14
- erstmals erklärt 83
Gemeinschaftsgefühl 156, 208
- erstmals erklärt 150
Genese 91, 180, 189
- Morpho~ 211
- Onto~ 126
- Phylo~ 126
Gradient
- siehe Anhang § 11.2.3 27
Grenzwert
- siehe Anhang § 9.5.1 20
Gruppentheorie
- siehe Anhang § 10.2.6 88

Heisenberg
- Unschärfe, siehe auch Anhang § 10.1.5 56
Heuristisch 60, 104
Humanität 21
- siehe auch conditio humana 90

Idealismus 50
Individualpsychologie 18
Information
- nachrichtentechnisch § 7.3.4 171
- Problematik der ~ 15
Intelligenz 62, 105
- emotionale 45, 106
- erstmals erklärt 45
Intention 129
Intentionalität 157
- geteilte 150
- geteilte erstmals erklärt 153

James, William 131

Kaku, Michio
- siehe § 6.3.8 140
Kategorien bilden 95
Kelly, Kevin 39
Kognition 45
- siehe auch Fähigkeiten, kognitive 46
Kooperation 150, 162, 212
Künstliche Intelligenz
- schwache 45
- starke 45

Lakoff, George 160
Laplace, Pierre-Simon 52, 55, 69, 82
Leaky, Richard E. 105
Learning
- deep 23
Lyre, Holger 122
- siehe § 7.3.5 168

Marić, Mileva 14, 77, 88
Markov-Kette 185
- siehe auch Anhang § 9.3 185
Materie
- deterministisch 14
- erstmals erklärt Anhang § 10.2 14
Metzinger, Thomas 17
- siehe auch Selbst, § 6.3.1 133
Mill, John Stuart 81
Monismus 15, 50, 53
Moore, Gordon 94
Mutation 106, 162, 175

Nachrichtentechnisch
- Informationsbegriff 121
- Informationsbegriff, erstmals erklärt 162
Natur
- des Menschen 91
siehe auch conditio humana
Naturalismus 177, 186, 196, 212
Neurologie 41, 50, 62
Neuron 40
- erstmals erklärt 20
Nielsen, Michael A. 203
- siehe auch § 8.4.2 203
Norm 218
- ethische 208
- soziale 155–157

normativ 176
– siehe auch § 7.4.2 177
Norvig, Peter 22, 27

Pais, Abraham 78
Penrose, Roger 78
Portmann, Adolf 93, 158
– siehe auch Frühgeburt § 8.3 196
Putnam, Hilary 41, 43, 187
Pythagoras
– Satz des ~ 99

Quanten 76
– ~mechanik 76
Quantengravitation
– siehe auch Anhang § 10.1.9 76

Ramge, Thomas 34
Reafferenzprinzip 173
Reduktion 25, 50
– erstmals erklärt 48
Rizzolatti, Giacomo 41, 161
Rosenberg, Charles 95
Rothbard, Murray N. 150
Russel, Stuart 22, 27

Schmetterlingseffekt 79, 123
– erstmals erklärt 75
Schrödingers Katze 79, 85
Sejnowski, Terrence J. 41
– siehe auch Anhang § 11.4 203
– siehe NETtalk § 4.5 95
Selbst 18
– erstmals erklärt 125
– ~gewissheit 19
Selektion
– somatisch 158
Shannon, Claude 167
– siehe auch Anhang § 11.1 167
Simon, Herbert 149
Snowden, Edward 39
Spiegelneuronen 161
Spitzer, Manfred 30, 100, 113
– siehe auch Lernen § 4.2 93
Standardmodell 84
– siehe auch Anhang § 10.2 85
Stellenwertsystem
– Null 88
– siehe Anhang 9.1 22
Stephan, Achim 58
– siehe auch Emergenz § 3.5.6 58
Symmetrien
– Brechung von ~, siehe § 10.2.5 88
– siehe auch Anhang § 10.2.1 88

System
– chaotisches 32
– ententionales 192
– evolvierendes 26, 126
– komplexes 14, 42, 213
– quantenmechanisches 32

Tetens, Holm 146, 216
Theorem
– Bayes, siehe auch Anhang § 9.2 182
– CBH siehe auch Anhang § 10.2 85
Tomasello, Michael 91, 149, 153, 156
– siehe auch Intentionalität § 7.2.5 161
– siehe auch Kultur und Sprache § 7.2 150
Tononi, Giulio 130
– siehe Bewusstsein § 6.3 131
– siehe Reentry-Prozess § 6.3.7 139
Trainieren
– Batch siehe auch § 11.2.3 36
– Epoch, siehe § 11.2.3 36

Unendlichkeit 20
– siehe Anhang § 9.5.1 21

Vaas, Rüdiger 120
Vaihinger, Heinz L. 134
– siehe Als ob § 6.3.2 134
– siehe auch Selbst § 5.9.2 125
Vaitl, Dieter 209
Verantwortung 209
Vokale
– trennen von Konsonaten 95
Vollmer, Gerhard
– siehe Anhang § 12.2 30
Vorausberechenbarkeit 49
– erstmals erklärt 81

Wahrscheinlichkeit 23
– erstmals erklärt 182
– siehe auch Anhang § 9.2.1 24
Weinberg, Steven 85
– siehe Anhang § 10.2 85
Wellenpakete
– quantenmechanische § 10.1.5 76
Wheeler, John A. 85
Wille
– freier 73, 74
Wolfangel, Eva 211

Zahlen 19
– addieren 22
– komplexe, siehe Anhang 9.3 77
– Null 88
Zeitstruktur erzeugen 135

FSC
www.fsc.org
MIX
Papier | Fördert
gute Waldnutzung
FSC® C083411

Kolibri 360 GmbH
Ferdinand-Jühlke-Straße 7
99095 Erfurt, Deutschland
produktsicherheit@kolibri360.de